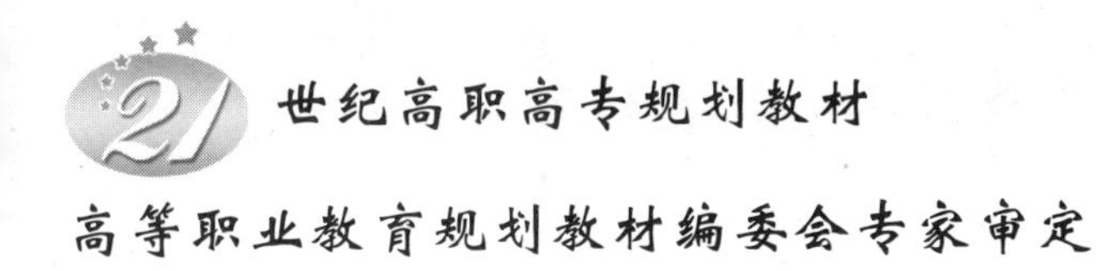

高等职业教育规划教材编委会专家审定

模拟电子技术项目教程

主　编　吴新杰　吕殿基
副主编　周国娟　于福华　张拥军

北京邮电大学出版社
www. buptpress. com

内 容 简 介

本书采用项目式教学方式组织内容，由浅入深，语言平实，通俗易懂。书中主要包括直流稳压电源的制作、小信号放大器的制作、功率放大器的制作、正弦波振荡器的制作和频率指示电路的制作五个项目，五个项目制作的电路可以结合为一个完整的扩音器电路。书中的实操环节采用了软件仿真和硬件实物制作与调试两种方法，这两种方法相辅相成，既提高学习效率，又提高电路的设计、安装与调试技能。本书设置知识拓展环节，便于读者扩大知识面。

本书涵盖了高职模拟电子技术教学大纲要求的内容，可以作为高等职业技术学院、中等职业学校、广播电视大学等的教学用书，也是电子技术爱好者的自学参考书。

本书备有电子课件和仿真电路，欢迎索取。

图书在版编目（CIP）数据

模拟电子技术项目教程 / 吴新杰，吕殿基主编. -- 北京：北京邮电大学出版社，2017.5
ISBN 978-7-5635-5068-5

Ⅰ.①模… Ⅱ.①吴… ②吕… Ⅲ.①模拟电路－电子技术－教材 Ⅳ.①TN710

中国版本图书馆 CIP 数据核字（2017）第 080062 号

书　　名：模拟电子技术项目教程
著作责任者：吴新杰　吕殿基　主编
责 任 编 辑：刘　颖
出 版 发 行：北京邮电大学出版社
社　　址：北京市海淀区西土城路 10 号(邮编:100876)
发　行　部：电话：010-62282185　传真：010-62283578
E-mail：publish@bupt.edu.cn
经　　销：各地新华书店
印　　刷：保定市中画美凯印刷有限公司
开　　本：787 mm×1 092 mm　1/16
印　　张：10
字　　数：253 千字
版　　次：2017 年 5 月第 1 版　2017 年 5 月第 1 次印刷

ISBN 978-7-5635-5068-5　　定　价：25.00 元

· 如有印装质量问题，请与北京邮电大学出版社发行部联系 ·

前　言

进入21世纪以来，我国在职业教育方面进行了卓越的改革，新时期对职业技能人才提出了很多新的要求，不仅包括适度的理论知识和熟练的专业技能，还包括学习能力、信息检索能力、团队合作能力等职业能力。本书的编写考虑到综合培养职业技能型人才的需求，本着理论知识适度够用、专业技能熟练扎实、提高学习能力、增强信息检索能力和培养团队合作能力的主导思想，在内容取舍、难易配合、体系架构等方面进行了综合考虑。

在体系架构方面，本书调整了课程体系架构，改变了传统教材的章节安排顺序。传统教材在章节安排上一般先介绍二极管和三极管，然后讲单管放大和多级放大，再讲直接耦合和集成运放，之后是负反馈和运放的线性应用，后面是运放的非线性应用和振荡器，功率放大和直流电源一般都非常靠后了。这种传统架构基本按照电子学的发展先后顺序进行，将集成电路视为一种具体电路，希望学生能了解集成电路内部结构，掌握模拟电路的一般规律，但实际上很多内容联系不紧密，学习难度跳跃很大。传统教材各章节基本按照功能类别组织内容，各章节的电路功能是割裂的，联系不大，容易造成学生的疑惑，导致学生学了很多个独立的电路单元后，并不清楚这些电路单元的应用场景，感觉非常繁复和凌乱。

本书以项目为载体，采用情境式教学，整体项目背景是一个完整的扩音器电路，其中分为五个项目(五章)，包括直流稳压电源的制作、小信号放大器的制作、功率放大器的制作、正弦波振荡器的制作和频率指示电路的制作等。第一个项目引入二极管相关知识，并以实际的直流稳压电源作为项目载体，使学生对二极管有比较深刻的认识，入门容易，学习难度低。第二个项目引入集成运放，将集成运放当作一个实际的器件，不仅学习起来比三极管还要容易许多，而且在小信号放大的实际应用中也逐渐取代了三极管。在这一部分还介绍了负反馈的概念，集成运放与负反馈结合起来学习的难度比三极管分立元件放大电路与负反馈结合起来的难度要小不少。第三个项目是功率放大器，在这个项目中介绍了三极管和三极管基本放大电路，这主要是由于实际的功率放大器多数还是分立器件构成的电路，本着从应用出发的角度，三极管也是必须要讲的内容。第四个项目是正弦波振荡器的制作，里面介绍了正反馈，这部分内容也是运放和三极管的具体应用。第五个项目是频率指示电路的制作，这部分的内容对于整体扩音器电路来说属于扩展功能，装饰的成分更大一些，但是就学习的知识架构来说却很重要，里面包括了比较器(运放的非线性应用)、有源滤波器、精密整流和峰值检测电路等内容，是前面学过的很多知识的综合运用。

本书的体系架构从浅入深，前后呼应，联系紧密，模拟了实际工作场景，各章节的学习难度起伏不大。

目前信息技术飞速发展，互联网和手机广泛深入人们的学习、工作和生活中，学生只要掌握一定的信息检索技术，就能随时查找自己所需要的知识。因此，在内容取舍方面，不需要担心内容不够丰富的问题。现在的教材只要能够将最重要的知识以合理的架构紧密的结合起来就可以了，教师在教学过程中指导学生适度、快捷、熟练地使用互联网获取知识也是教学的重要内容。

本书本着适度、够用的原则组织内容，难易适中，一些与核心内容联系不太紧密的内容和较难的内容放在了知识拓展部分。

本书的实操环节采用了软件仿真和硬件实物制作与调试两种方法，这两种方法相辅相成，既提高了学习效率，又提高了电路的设计、安装与调试技能。希望读者能认真阅读软件仿真部分，有些电路细节在仿真部分有较详细的讨论，电路中的各元器件的作用和效果也需要通过仿真进行仔细体会，可以说，只有通过认真仿真才能真正理解一个电路。实际安装、调试电路不仅仅是一项职业技能，更是真正掌握一个电路的必由之路。电子技术是实际的工程技术，只有理论和仿真是远远不够的。实际安装、调试电路可以每人独立完成，也可以采取小团队配合的形式，两种方式各有优点，可根据实际情况安排。

本书由北京经济管理职业学院教师吴新杰、吕殿基主编，周国娟、于福华、张拥军担任副主编。吴新杰负责总体策划、全书统稿和项目二、项目三的编写工作，吕殿基负责项目五的编写工作，周国娟负责项目一的编写工作，于福华和张拥军负责项目四的编写工作。付丽琴、金红莉、孟淑丽、吴劲松和杨军等同志参与了各章内容的讨论和部分编写工作。

本书在编写过程中得到了单位领导和同仁的大力支持，参考了大量同类教材和网络资源，部分图片和内容来自于互联网，在这里一并表示感谢。

本书凝结了编者二十余年的教学经验，由浅入深，语言平实，通俗易懂，备有电子课件和仿真电路，欢迎索取。

联系邮箱：wuxinjie@biem. edu. cn

编　者

2017 年 2 月

目　　录

项目一

直流稳压电源的制作

项目剖析

(1) 功能要求

实现将 220 V 交流照明电转换为低压直流电的功能。

(2) 技术指标

输入：交流电压 220 V。

输出：一路直流电压+5 V，输出电流 1 A；一路+3～+12 V 可调，输出电流 0.5 A。

纹波系数：小于 0.01%。

(3) 系统结构

交流高压变为直流低压，需要有两个转变，一个就是交流变直流，另一个是高压变低压。这两个转变可以分别进行，常见的方法是先用变压器将高压交流转变为低压交流，然后再将低压交流变换为低压直流。变压器只能将交流信号进行升压或降压，不能对直流进行电压升降变换。

低压交流转换为低压直流，不能一步达到要求，需要两步：第一步是通过整流电路，将交流变换为广义的直流，这样的直流波纹系数非常大，不能满足用电设备需求；第二步是滤波，滤波将去掉绝大多数的电流波纹，使波纹系数达到技术指标要求。

按照国家标准 GB 12325—2008，标称电压为 220 V 的单相供电电压可以有－10%～+7%的电压偏差。也就是说，220 V 交流电源的电压可能在 198～235.4 V 之间波动，而一般的直流用电设备不希望电源有这么大的波动，所以，直流稳压电源都有稳压环节。

综上所述，直流稳压电源的系统结构如图 1.0.1 所示。

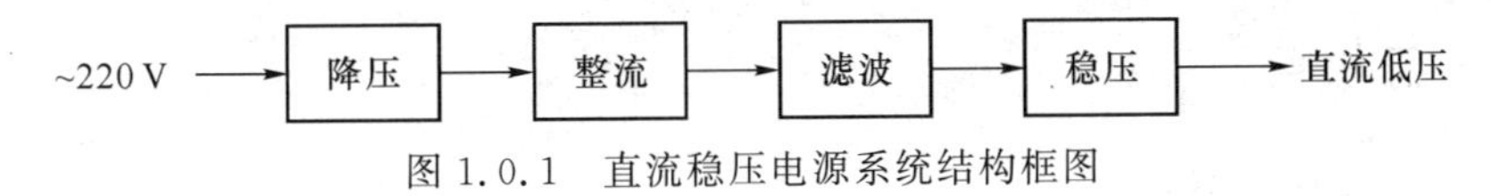

图 1.0.1　直流稳压电源系统结构框图

项目目标

(1) 知识目标

① 了解半导体、PN 结的基本知识；

② 深刻理解二极管单向导电性，了解二极管主要参数；

③ 理解直流稳压电源系统结构；

④ 了解波纹系数的含义；

⑤ 理解滤波的几种方法；
⑥ 了解稳压电路的工作原理；
⑦ 了解集成电路的基本知识。
(2) 技能目标
① 能熟练识别和检测电阻、电容、电感和二极管等元器件；
② 能对简单电路进行安装、调试；
③ 能对直流稳压电路关键参数进行测量；
④ 能较为熟练地掌握焊接技巧；
⑤ 会使用万用表和示波器；
⑥ 初步掌握仿真软件的使用方法，能对简单电路进行仿真。

任务一　二极管的识别与检测

知识 1　半导体

半导体(Semiconductor)是指导电性能介于绝缘体和导体之间的材料，是绝大部分电子产品的关键原材料。常见的半导体材料有硅、锗等元素半导体和砷化镓等化合物半导体，目前硅材料的元器件应用最为广泛。

硅(Si)元素是地壳中广泛存在的元素，丰富程度仅次于氧元素，硅通常以含氧化合物形式(如二氧化硅)存在岩石、沙砾和尘土中。硅化合物经冶炼提纯后，可以制备为多晶硅、单晶硅，多晶硅常用于太阳能电池，也用于制备单晶硅，单晶硅广泛用于三极管、集成电路等电子元件。

半导体材料常具备热敏性、光电效应、压电效应、导电性等性质。利用热敏性可以制作热敏电阻，用来测量温度；利用光电效应可以制作光敏二极管、光敏电阻，测量光的强弱，也可以制作太阳能电池；利用压电效应可以制作优良的滤波器，也可以测量机械振动。

纯净半导体材料导电性能较弱，可以用掺杂的方法改善导电性。如果在纯硅中掺入少许的砷或磷，就会形成 N 型半导体；如果在纯硅中掺入少许的硼，就形成 P 型半导体。掺杂越多，P 型半导体和 N 型半导体的导电能力越强，通过控制掺杂浓度，可以准确地控制半导体材料的导电性能。

知识 2　二极管

1. 二极管的结构和符号

如果在纯净硅材料一侧通过掺杂制备成 P 型半导体，另一侧制备成 N 型半导体，在两者的交界处就会形成一种有趣的结构，称为 PN 结。将 PN 结用塑料、玻璃等绝缘物质封装起来，分别从 P 型半导体和 N 型半导体引出金属导线，就构成了二极管(Diode)。从 P 型半导体引出的金属导线称为阳极(或正极)，从 N 型半导体引出的金属导线称为阴极(或负极)。

半导体二极管按其结构的不同可分为点接触型、面接触型和平面型等几类。点接触型二极管适于做高频检波和脉冲数字电路中的开关元件，也可用来作小电流整流。面接触型二极管适用于整流等低频电路。平面型二极管是用制造集成电路的工艺制成的，结面积较大的平面型二极管可用于整流等低频电路，结面积小的平面型二极管，适用于高频电路和脉冲数字电路。

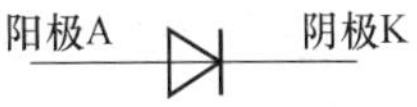

阳极A 阴极K

图 1.1.1 二极管符号

二极管的符号如图 1.1.1 所示。

2. 单向导电性

二极管具有与 PN 结相同的性质，最重要的就是单向导电性：当二极管阳极电位高于阴极的时候，电流很容易从阳极流向阴极；当二极管阴极电位高于阳极的时候，几乎没有电流从阴极流向阳极。简单理解就是：电流只能从 P 型半导体一侧流向 N 型半导体一侧，反之则不行。二极管的这个性质类似于机械结构的单向阀门，比如：用打气筒给自行车打气的时候，空气只能从打气筒进入到轮胎内部，而不能从轮胎内部排向外部。

3. 二极管伏安特性

要准确描述二极管两端电压和电流的关系，必须使用伏安特性曲线图，如图 1.1.2 所示。

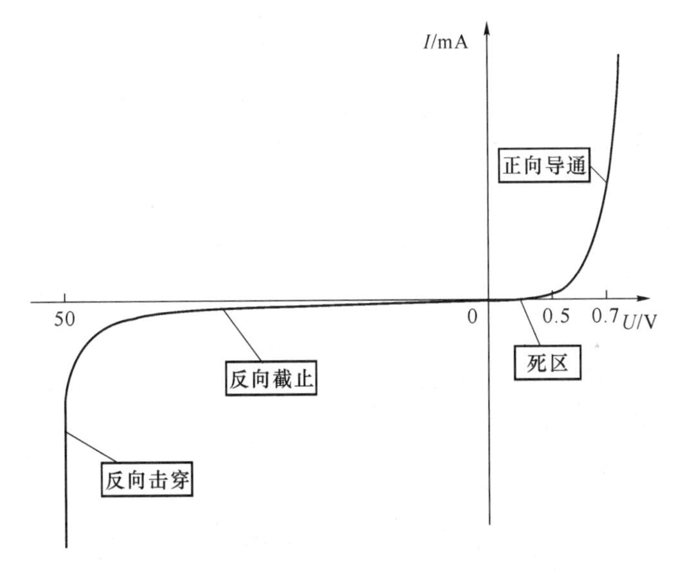

图 1.1.2 二极管伏安特性曲线图

普通二极管在工作时有两个状态：导通和截止。导通是指电流从阳极流向阴极，也称为正向导通。二极管在导通时，两端电压比较稳定，一般小功率硅二极管导通压降 0.6～0.8 V，锗二极管导通压降 0.1～0.3 V。导通压降的高低与二极管的功率和结构有关系。

截止是指没有电流流过二极管，严格来讲，只有二极管两端电位相同才绝对没有电流流过二极管，当阳极电位略高于阴极电位时和阴极电位略高于阳极时，都有极微量的电流从电位高的一侧流向电位低的一侧，这种极微弱的电流往往可以忽略不计，称为漏电流，漏电流相当于打气筒微弱漏气，或者说单向阀门密封不严。正向截止区域也被称为死区，只有给二极管所加的正向电压超出死区范围时，二极管才会有比较明显的正向电流，这个电压一般称作导通电压，用 U_{on} 表示。室温时，硅二极管导通电压约 0.5 V，锗二极管导通电压约 0.1 V。二极管反向截止的区域比较大，一般用参数反向击穿电压来衡量，不同型号差距很大，一般从几十伏到几百伏不等。

反向击穿区是特殊状态，如果二极管两端反向电压极大（大到反向击穿电压），超出二极管承受能力，二极管就会反向击穿，这时候流过二极管的反向电流急剧增大，容易造成二极管永久损坏。应该避免二极管进入反向击穿区。为保证二极管不被损坏，通常在设计环节选择二极管型号的时候，应使二极管两端正常最大反向电压不超过反向击穿电压的一半。

4. 电容效应

二极管和 PN 结还具有电容效应，称为结电容，类似于皮法级的小电容。电容对电流的阻抗大小与频率有关。在低频和直流的时候，电容效应可以忽略不计，二极管仅对电流产生阻碍作用，类似于电阻；在高频的时候，二极管等效为一个小电容和电阻的并联，总阻抗小于低频的时候，甚至在频率足够高的场合，电容效应会导致二极管的单向导电性完全失效。

二极管内部结构的不同，决定其等效电容的大小。如果电路需要利用较大结电容的二极管，可以选用变容二极管。变容二极管是一类专门制作的二极管，其结电容较大，并且结电容大小与变容二极管反偏电压的大小有关。

5. 二极管分类

• 按结构的不同，可分为点接触型、面接触型和平面型；

• 若按应用场合的不同，可分为整流二极管、稳压二极管、检波二极管、限幅二极管、开关二极管、发光二极管等；

• 若按功率的不同，可分为小功率、中功率和大功率；

• 若按制作材料的不同，可分为锗二极管和硅二极管等。

6. 二极管主要参数

(1) 最大整流电流 I_{FM}

I_{FM}是指二极管长时间工作时允许通过的最大正向平均电流。实际工作时，二极管通过的电流不应超过这个数值，否则将导致二极管过热而损坏。

(2) 最高反向工作电压 U_{RM}

U_{RM}是指二极管不被击穿所允许施加的最高反向电压。一般取反向击穿电压 U_{BR} 的 1/2～2/3。点接触型二极管的 U_{RM} 约数十伏，而面接触型二极管的 U_{RM} 可达数百伏。

(3) 最大反向电流 I_R

I_R是指二极管加最高反向工作电压时的反向电流。反向电流越小，管子的单向导电性能越好。常温下，硅管的反向电流一般只有几微安，锗管的反向电流较大，一般在几十微安至几百微安之间。反向电流受温度影响大，温度越高，其值越大，硅管的温度稳定性比锗管好。

(4) 最高工作频率 f_M

最高工作频率反映二极管的结电容大小，二极管工作时的信号频率应该低于最高工作频率。

实操：二极管的识别与检测

1. 二极管外观

常见二极管的外观如图 1.1.3 所示，另外还有一些表贴二极管，体积较小，外形与表贴电阻类似。

二极管有阳极和阴极两根引线（也称为管脚），所以，二极管外观最重要的特点是有两根引线。

二极管引线分为阴极和阳极，所以在外观上，二极管阴极和阳极也是有着明显区别的，比如：发光二极管的两个管脚一长一短，长的为阳极，短的为阴极；有的二极管上标有二极管符号，管脚极性与符号方向一致；有的二极管在某一端有白色或黑色环状标记，有环状标记一侧的管脚为阴极，另一侧为阳极；有的大功率二极管直接在某一管脚上标明＋或－。

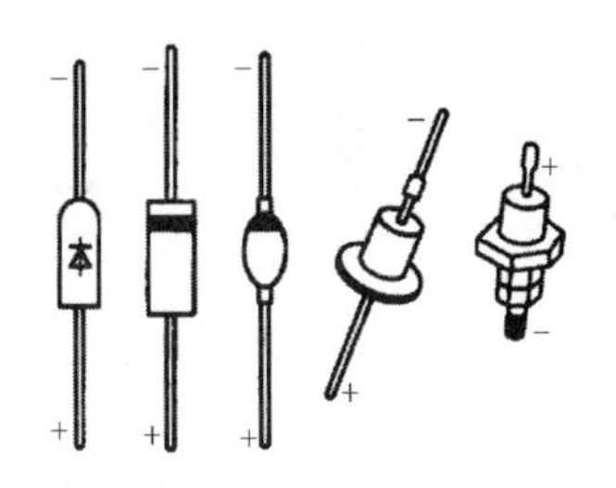

图 1.1.3　半导体二极管的外形

二极管的外壳有塑料、玻璃或者金属等不同种类，一般功率越大，二极管体积越大，玻璃外壳的仅限于小功率二极管，中等功率的二极管一般采用塑料外壳，大功率二极管通常采用金属壳，以便于散热。

2. 二极管检测

一般通过万用表或简易电路对二极管进行常规检测，能够检查二极管的单向导电性是否被破坏，多数万用表能够检测小功率二极管的正向导通压降。二极管的准确伏安特性曲线需要使用晶体管特性图示仪进行测量，晶体管特性图示仪是比较贵的专用设备，一般只有学校的实验室或研究机构才有。

大多数的场合仅需要对二极管进行常规检测，二极管的主要参数可以查找数据手册获得。用简易电路检测二极管需要使用一个扬声器、一节 1.5 V 电池和两三根导线，用一根导线连接电池负极和扬声器一个端子，然后二极管阳极接电池正极，阴极接扬声器另一个端子的时候，扬声器会发出咔咔的声音，如果二极管反向接，则扬声器不出声。用这种方法测试的时候要注意不要长时间接通电路，应该快速连接并迅速断开，反复几次。简易电路检测如图 1.1.4 所示。

用数字万用表测试二极管时，先将万用表打到二极管挡位，然后红色表笔接二极管阳极，黑色表笔接二极管阴极，则万用表显示二极管正向压降，反接时，万用表用指针式万用表测试二极管时，红、黑表笔的接法与数字万用表相反。显示断路。二极管正向压降差别较大，小功率二极管大约零点几伏，发光二极管可达二点几伏。在用万用表测量时，正向连接的发光二极管有可能会发光，而反向连接的发光二极管不会发光。用数字万用表测试二极管的示意图和测量结果如图 1.1.5 所示。

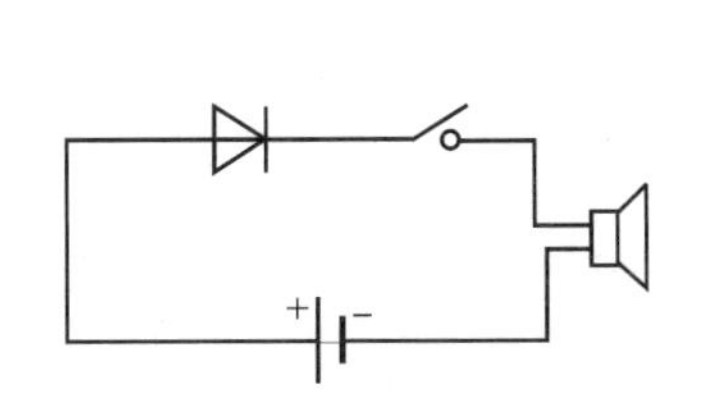

图 1.1.4　简易电路检测示意图

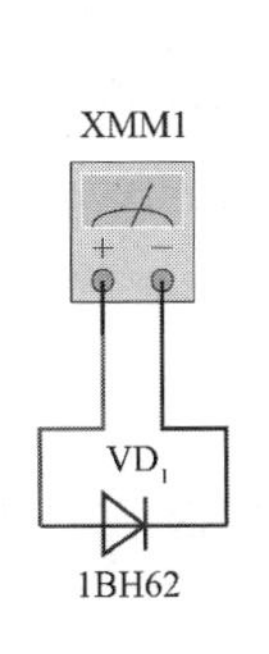

图 1.1.5　万用表测试二极管

任务二　整流电路的应用

知识 1　单相半波整流电路

发电厂发出来的电是 50 Hz 交流电，经过远距离传输，传递到用电单位的仍是 50 Hz 交流电，一般送到工业用电户的为 380 V 的三相交流电，送到普通民用户的为 220 V 的单相交流电。电子设备内部一般使用直流电作为电源，将发电厂送来的交流电转变为电子设备内部使用的直流电就需要二极管整流滤波电路。

二极管整流滤波电路一般分为半波整流、全波整流和桥式整流：半波整流最简单，性能较差，用在要求较低的场合；全波整流性能较好，但是需要中间抽头的变压器，所以现在应用较少；桥式整流价格低廉，性能较好，所以现在桥式整流应用最为广泛。

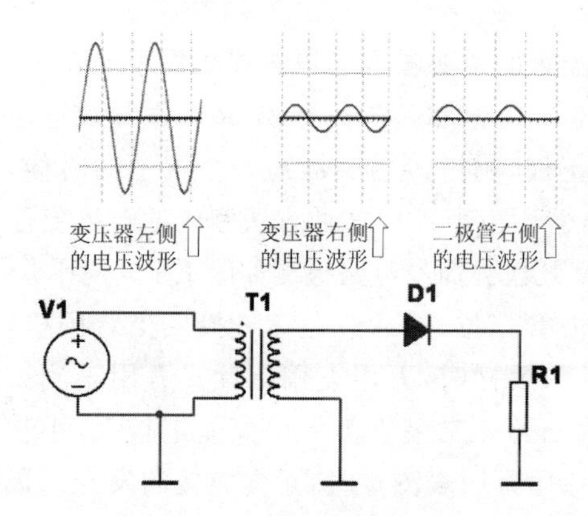

图 1.2.1　二极管半波整流电路

二极管半波整流电路如图 1.2.1 所示。图中 V_1 为发电厂送来的 220 V 单相交流电，T_1 为降压变压器，D_1 为整流二极管，R_1 为用电负载。图中画出了电路中各点的电压波形，可以看到，受二极管 D_1 单向导电性影响，负载 R_1 上的电压变成了单方向的电压，这就是广义的直流电，与电子设备中常用的直流电还有差别，但是，电流已经是单向流动的了。

电阻 R_1 两端的瞬时电压是变化的，其有效值不变，为

$$U_{R1} = 0.45\,U_{V1}$$

式中，U_{V1} 为变压器副边有效值。

二极管截止时承受的反向电压峰值为

$$U_{\mathrm{RM}} = \sqrt{2}\,U_{V1} \approx 1.414\,U_{V1}$$

U_{RM} 是设计电路时选择二极管型号的重要参数，用于防止二极管被反向击穿。

实操 1：单相半波整流电路的仿真

1. 用 Multisim 软件绘制电路图(如图 1.2.2 所示)

绘制电路图时，注意在选项-全局偏好-元器件-符号标准中选择“DIN”标准，如图 1.2.3 所示。

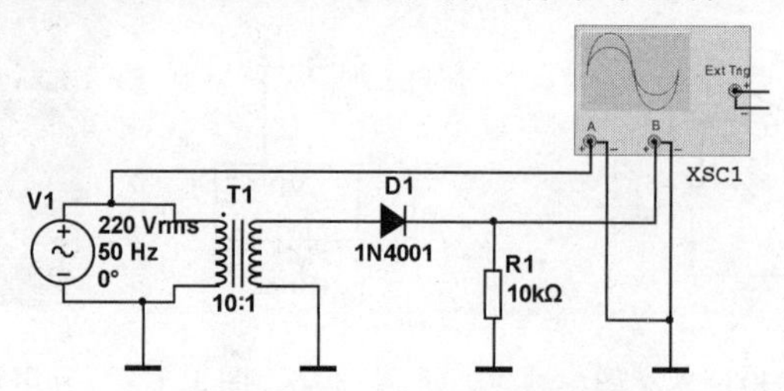

图 1.2.2　单相半波整流电路

V_1为 220 V、50 Hz 交流电压源。变压器 T_1一次线圈匝数为 10，二次线圈匝数为 1。二极管型号为 1N4001，R_1为 10 kΩ 电阻。XSC1 为示波器。

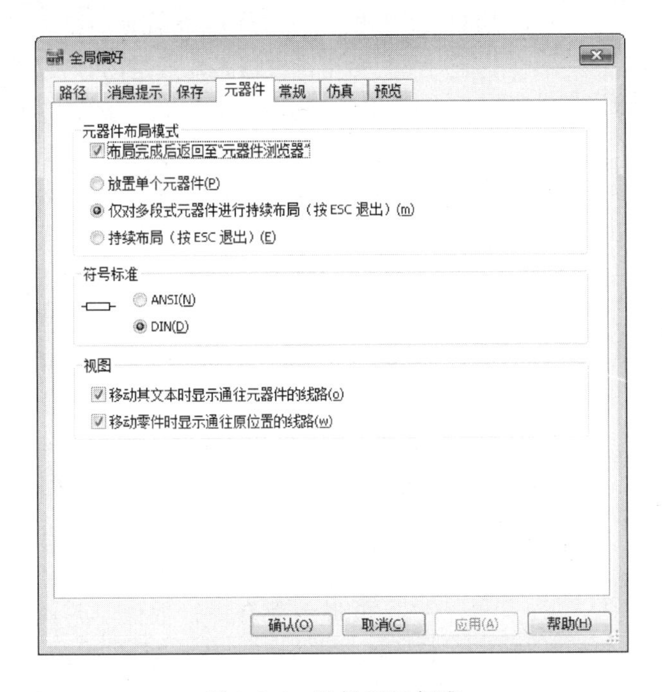

图 1.2.3　选择 DIN 标准

2. 运行仿真，读取示波器测量结果

电路绘制完毕后，运行仿真，如果电路图有错误，Multisim 会给出错误提示，如果没有错误，仿真将会运行，双击示波器 XSC1 图标，则出现示波器运行界面，调节通道 A 和通道 B 的刻度以及 Y 轴位移，则可以使通道 A 波形(V_1)在上，通道 B 波形(R_1)在下，如图 1.2.4 所示。

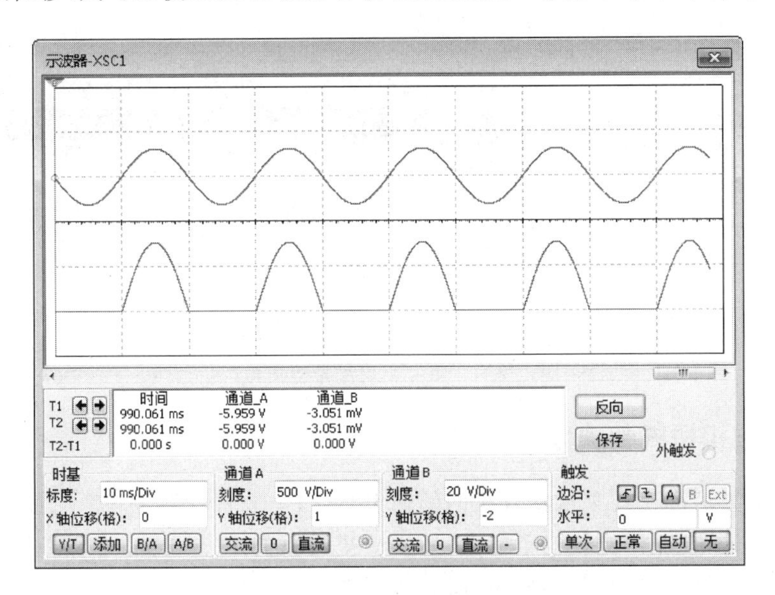

图 1.2.4　示波器界面

通过示波器的时基标度 10 ms/Div 可以知道，示波器横轴方向每大格代表 10 ms 的时间间隔，V_1 波形每周期占有 2 个横向大格，2 Div×10 ms/Div=20 ms，所以 V_1 的周期为20 ms，取倒数可得频率为 50 Hz。同样的方法可以读出半波整流后的波形周期也是 20 ms，频率也是 50 Hz。

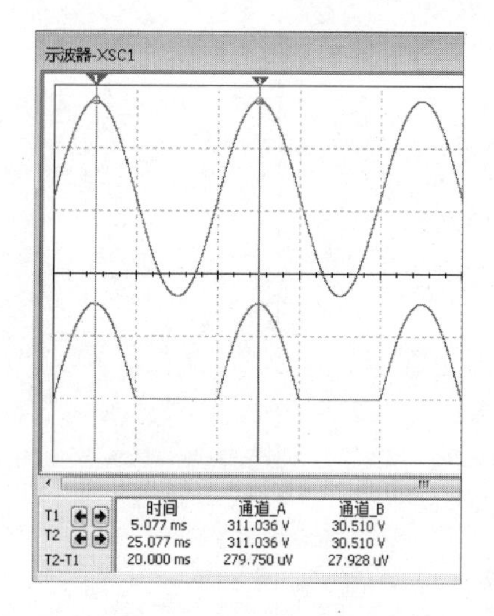

图 1.2.5　示波器游标的使用

由于示波器是双通道的，所以读取通道 B 信号幅度时，应用通道 B 信号所占有的纵向大格乘以通道 B 的刻度。通过通道 B 刻度 20 V/Div 可以知道，通道 B 信号在示波器纵轴方向每大格代表 20 V，R_1 两端电压幅度约1.5个大格，1.5 Div×20 V/Div=30 V，即 R_1 两端电压瞬间电压最大幅度为 30 V。

其实用数格数的方法并不十分准确，尤其是像通道 A 的情况，每大格达到 500 V，数格数的时候稍有误差，最后的数值就会偏离很多。采用游标来测量就会精确得多，游标是用来读取示波器内部数值的辅助工具。在示波器波形最左侧边沿有两根游标线，可以用鼠标向右拖动，也可以点击下方 T1、T2 后面的箭头左右移动，如图 1.2.5所示。

波形下面有三行数值，第一行为游标 1 时间的数值，第二行为游标 2 时间的数值，第三行为两个时间的差值。通过游标可以较为精确的读出信号周期为 20.000 ms，通道 A 信号幅度为 311.036 V，通道 B 信号幅度为 30.510 V。

3. 用万用表测量输出电压(如图 1.2.6 所示)

将示波器去除，改为用万用表测量输出电压，如图 1.2.6 所示。图中，(a)为测量电路图，(b)为万用表直流电压挡测量结果，(c)为万用表交流电压挡测量结果。需要注意的是，实际上真实的万用表并不能准确测量整流后的所有交流谐波分量，仅能测量较低频的部分。测量结果显示直流分量没有交流分量大。

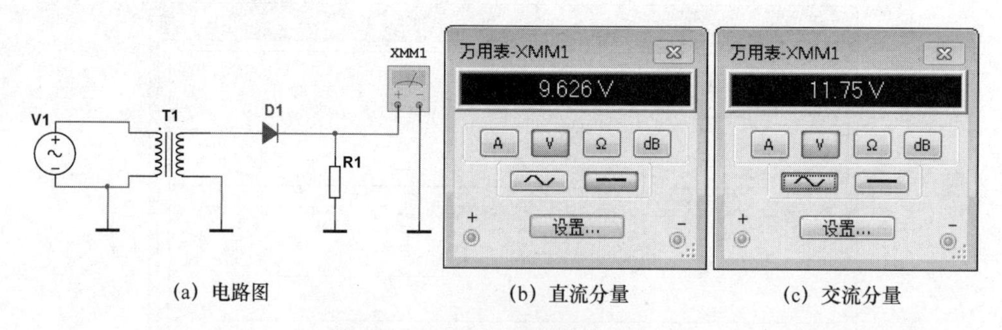

(a) 电路图　(b) 直流分量　(c) 交流分量

图 1.2.6　用万用表测量输出电压

知识 2　单相桥式整流电路

二极管全波整流和桥式整流具有相同的输出波形，全波整流使用两个二极管，需要使用有中间抽头的变压器，变压器比较复杂一点；桥式整流需要四个二极管，采用普通变压器。因为桥式整流谐波成分少，二极管价格低廉，所以桥式整流应用广泛。图 1.2.7 就是二极管桥式整流电路原理图，图中绘制出了各部分的电压波形，其中(a)为 50 Hz 220 V 交流电波形，(b)为

二极管 D_1 和 D_4 导通时的波形，(c)为二极管 D_2 和 D_3 导通时的波形，(d)为负载 R_1 上的波形。从波形图中可以看到，四个二极管分为两组，一组是 D_1 和 D_4，另一组是 D_2 和 D_3，两组轮流导通，(d)波形是(b)波形和(c)波形的叠加，(d)波形的频率为 100 Hz。四个二极管中任何一个因为损坏而断路的话，负载 R_1 上的波形将与二极管半波整流相同。

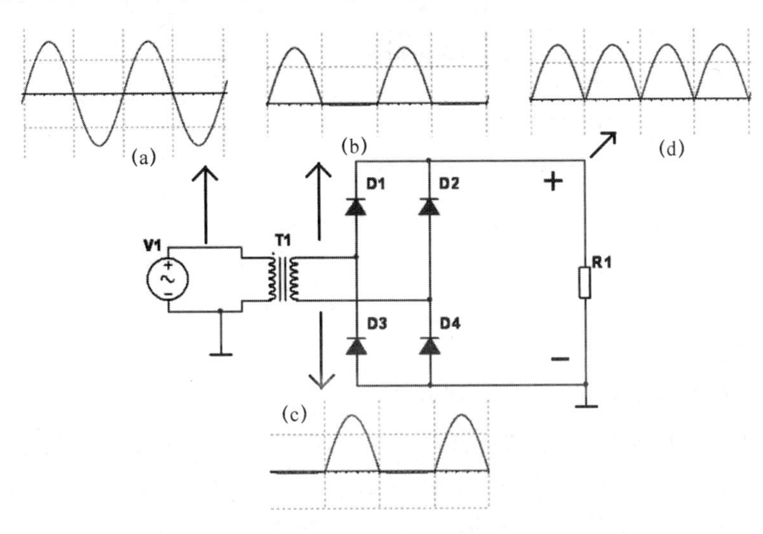

图 1.2.7　二极管桥式整流电路

因为桥式整流应用量非常大，所以市场上有专门的二极管整流桥堆供应，整流桥堆中包括了连接好的四个整流二极管，并且多数都可以安装散热片，照片和电路符号如图 1.2.8 所示。整流桥堆在应用时，标“～”的为输入端，连接交流电，标“＋”的为正极输出端，标“－”的为负极输出端。

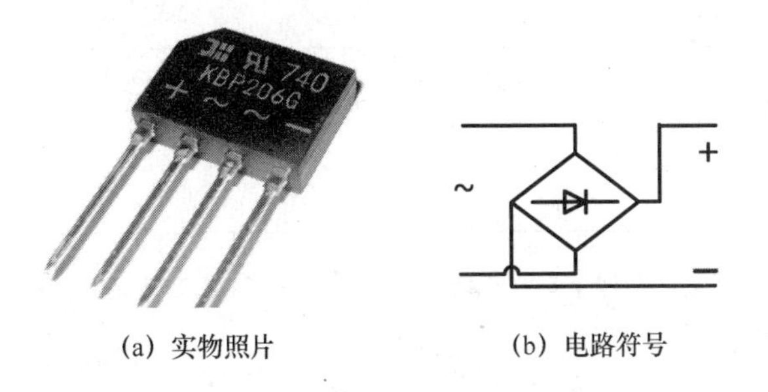

(a) 实物照片　　(b) 电路符号

图 1.2.8　二极管整流桥堆

电阻 R_1 两端的瞬时电压是变化的，其有效值不变，为

$$U_{R1} = 0.9U_{V1}$$

其中，U_{V1} 为变压器副边有效值。

二极管截止时承受的反向电压峰值为

$$U_{\mathrm{RM}} = \sqrt{2}\,U_{V1} \approx 1.414\,U_{V1}$$

实操 2：桥式整流电路的仿真

1. 用 Multisim 软件绘制电路图(如图 1.2.9 所示)

图 1.2.9 中各元器件参数与半波整流仿真(图 1.2.2)相同。

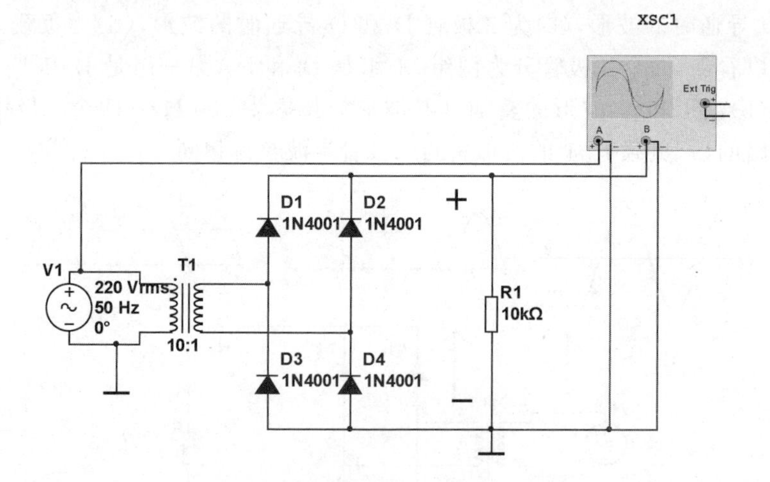

图 1.2.9 桥式整流电路仿真图

2. 读取示波器测量结果(如图 1.2.10 所示)

图 1.2.10 中上面的波形为输入的交流 220 V,下面的波形为整流电路的输出。从图中可以读出输出信号的周期为 10.085 ms,幅值为 29.925 V。理论上,按照 220 V 交流电压经 10∶1变压器后得到 22 V 交流电,桥式整流后得到的幅值应该是

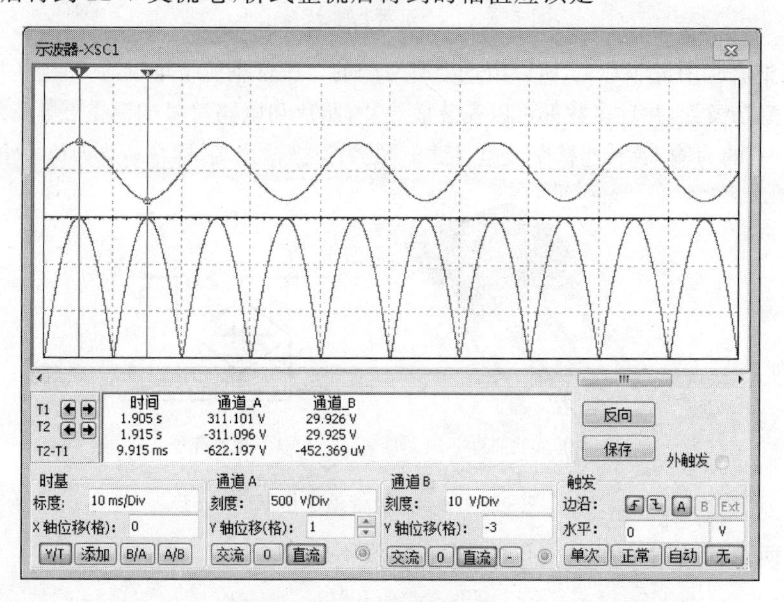

图 1.2.10 示波器界面

$$U_m = \sqrt{2}U \approx 1.414 \times 22 = 31.108 \text{ V}$$

测量值比理论值小 1.183 V,这是因为输出经过了两个二极管,每个二极管有0.5～0.7 V压降,所以测量结果是正确的。

3. 用万用表测量输出电压(如图 1.2.11 所示)

将示波器去除,改为用万用表测量输出电压,如图 1.2.11 所示。图中,(a)为测量电路图,(b)为万用表直流电压挡测量结果,(c)为万用表交流电压挡测量结果。我们可以看到桥式整流的直流分量比交流分量大很多。

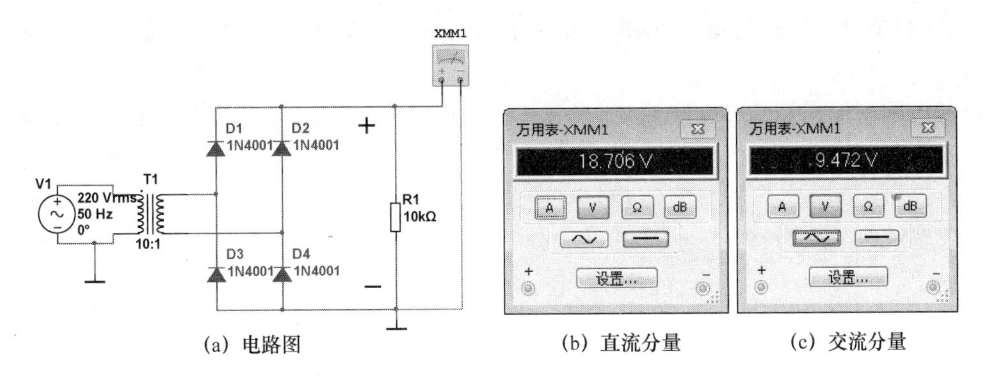

(a) 电路图　　(b) 直流分量　　(c) 交流分量

图 1.2.11　用万用表测量输出电压

任务三　滤波电路的应用

知识 1　纹波系数和电容滤波

通过任务二的实操 1 和实操 2 可以知道，交流电流经过整流之后会有很大的交流成分，半波整流甚至交流分量大于直流分量，这种广义的直流并不符合绝大多数的电子设备使用需求。广义的直流必须经过滤波环节减少交流分量，使其达到技术指标要求，才能供给电子设备。

直流电中的交流成分也称为纹波，纹波有很多危害，会在用电设备中产生不期望的谐波，降低电源的效率，有可能产生浪涌电压或电流，导致用电设备烧毁；干扰数字电路的逻辑关系，影响其正常工作；带来噪音干扰，使图像、音响设备不能正常工作等。

为了衡量电流中交流成分的多少，我们提出一个技术指标——波纹系数。波纹系数是在额定负载电流下，输出纹波电压的有效值 U_{rms} 与输出直流电压 U_{o} 之比，即

$$r = \frac{U_{\mathrm{rms}}}{U_{\mathrm{o}}} \times 100\%$$

抑制纹波、降低纹波系数的常见方法，有以下几种：

(1) 在成本、体积允许的情况下，尽可能采用全波或桥式整流电路；

(2) 加大滤波电路中电容容量，条件许可时，使用效果更好的 LC 滤波电路；

(3) 使用效果好的稳压电路，对纹波抑制要求很高的地方使用模拟线性稳压电源而不使用开关电源；

(4) 合理布线。

图 1.3.1 是二极管半波整流后采用电容滤波的电路原理图，滤波的核心元件是 C_1，负载电阻是 R_1。一般来讲，滤波电容容量越大，滤波效果越好；负载电阻越大，滤波效果也越好，反之亦然。其实滤波效果取决于滤波电容 C_1 和负载 R_1 的乘积，一般取

$$RC \geqslant (3 \sim 5)\frac{T}{2}$$

其中，R 为线路串联总电阻，C 为并联总电容。RC 为时间常数，具有时间的量纲，在电阻单位

为欧姆、电容单位为法拉的情况下，乘积结果的单位为秒。T 为电压波动的周期，周期是频率的倒数。

我国电网一律采用 50 Hz 交流电，半波整流后仍然为 50 Hz，对应的周期是 0.02 s，则半波整流时公式为

$$RC \geqslant (0.03 \sim 0.05)$$

桥式整流时公式为

$$RC \geqslant (0.015 \sim 0.025)$$

实际在对电源滤波电容选择时可以尽量选择更大一些的，滤波效果会更好。需要注意的是太大的电容，尤其是大的电解电容对高频干扰的滤波效果不理想，为了对高频干扰滤波，经常需要再并联微法级或纳法级的瓷片电容，有时候还要增加磁环或磁珠。

电容滤波的效果如图 1.3.2 所示。

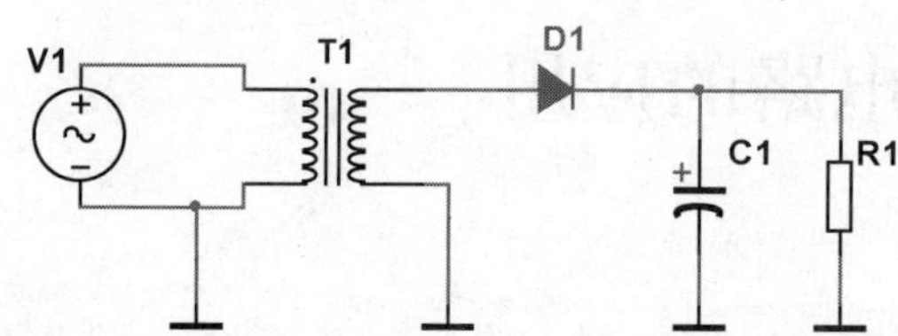

图 1.3.1　半波整流电容滤波电路

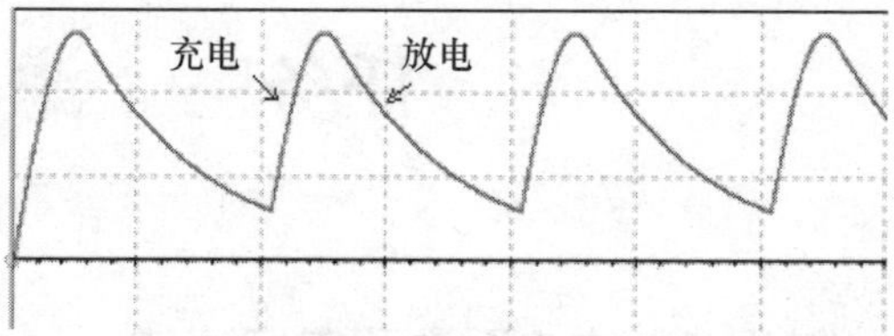

充电　放电

图 1.3.2　电容滤波效果

可以用能量的存储和释放来进行解释电容滤波现象。当通过整流二极管的电压高于电容原有电压时，电容充电，进行能量的存储，同时电压逐渐上升；当通过整流二极管的电压低于电容电压时，整流二极管截止，电容放电，原来存储的能量释放，随着时间的延迟，电压逐渐缓慢降低，直到下一个充电周期的到来。负载电阻的阻值越大，放电的电流越小，能量释放过程越漫长，如果电容和电阻都非常大的话，电压降低的非常缓慢。

在空载情况下，负载电阻相当于无穷大，输出电流为 0，则输出电压为滤波前的电压峰值。不管半波整流还是桥式整流电路，若整流之后电压有效值为 U_2、峰值为 U_m，则增加电容进行滤波后输出电压 U_o为

$$U_o = U_m = \sqrt{2}\, U_2 \approx 1.414\, U_2$$

带上负载后，随着输出电流的增加，交流分量占比增加，直流分量有所下降，通常在电流不太大的情况下，桥式整流电路可以按照下式进行估算：

$$U_o \approx 1.2\, U_2$$

半波整流电路滤波后输出电压略低一些，如下：

$$U_o \approx (1 \sim 1.1)\, U_2$$

实操 1：电容滤波电路的仿真

(1) 用 Multisim 软件绘制电路图，如图 1.3.3 所示。

(2) 保持 R_1不变，改变 C_1大小，用示波器观察输出波形的变化；保持 C_1不变，改变 R_1大小，用示波器观察输出波形的变化。

(3) 将图 1.3.3 中的示波器换成万用表，测量纹波系数，如图 1.3.4 所示。分别改变 C_1和 R_1的大小进行测量，分析 C_1和 R_1大小对纹波系数的影响。

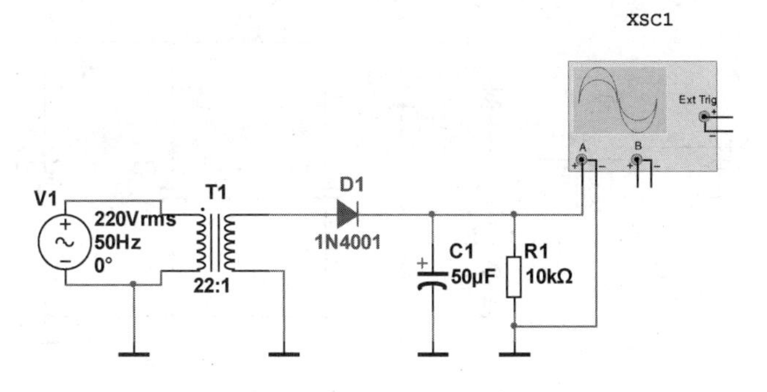

图 1.3.3 电容滤波电路

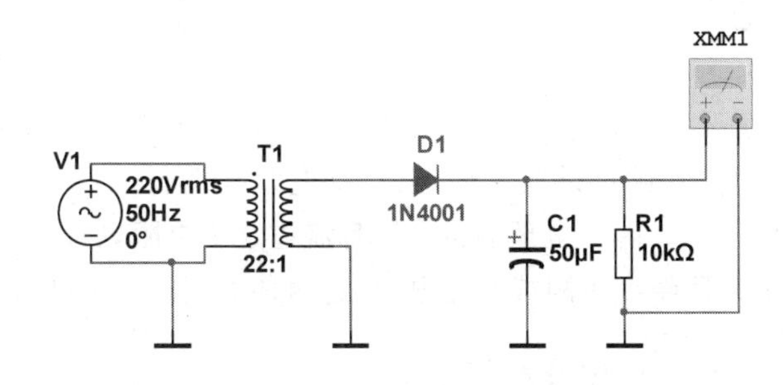

图 1.3.4 测量纹波系数

(4) 桥式整流的电容滤波电路如图 1.3.5 所示，分别改变 R_1、C_1 的大小，用示波器观察波形变化；将示波器换成万用表，测量其波纹系数并与半波整流测量结果对比。

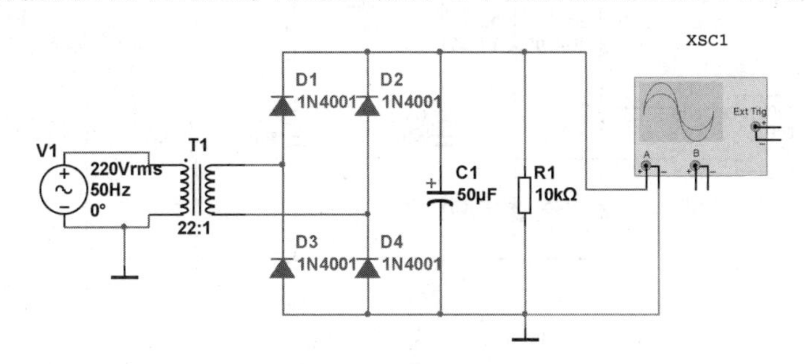

图 1.3.5 桥式整流的电容滤波

知识 2 π 型滤波电路

电容利用储能、释能进行滤波，类似的，电感也能利用储能、释能进行滤波。电感滤波的优点是可以输出大电流，但是，在低频的时候，要想获得比较好的滤波效果，电感必须非常大才行，而电感通常都是用铜线绕制，大电感需要很多的铜材料，体积大、昂贵、重量大等缺点使得人们很少使用电感进行低频滤波。

电容滤波体积小、重量小、价格低，通常适用于较小电流的场合。将电容滤波和电感滤波相结合，构成 π 型滤波电路既可以获得更好的滤波效果，也可以同时获得比较大的输出电流。

π 型滤波电路结构如图 1.3.6 所示。

电感滤波输出电压为

$$U_o \approx 0.9U_2$$

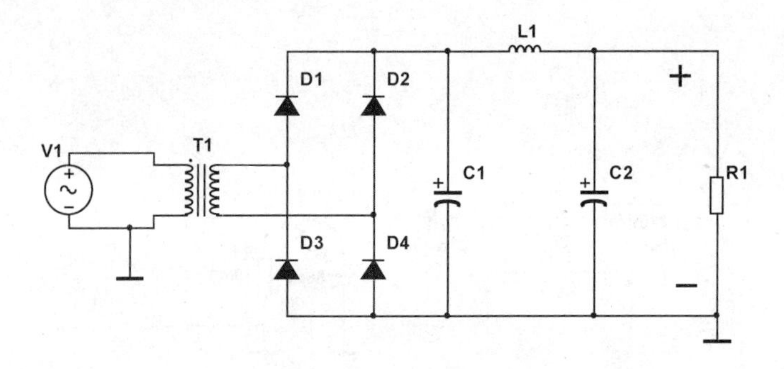

图 1.3.6 π型滤波电路

π型滤波输出电压为

$$U_o \approx 1.2U_2$$

在输出电流不大的情况下可以用电阻 R 代替电感 L_1，称为 $RC\pi$ 型滤波。R 的阻值不能太大，一般几欧姆至几十欧姆，其优点是成本低，缺点是电阻要消耗一些能量，滤波效果不如 $LC\pi$ 型电路，输出电压也略低一点。因为全部输出电流都流过这个电阻，所以这个电阻的功率要足够大，功率较大时可以考虑采用绕线电阻或水泥电阻，这两种类型的电阻都可以承受较大的功率。

实操 2：π型滤波电路的仿真

(1) 用 Multisim 软件绘制电路图，如图 1.3.7 所示。

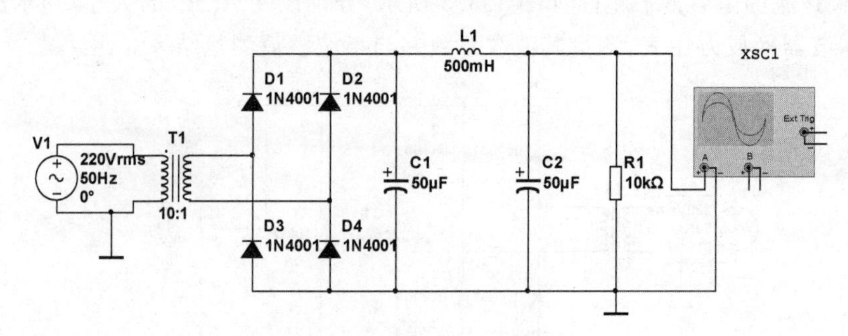

图 1.3.7 π型滤波电路

(2) 分别改变电路中 R_1、C_1、C_2、L_1 等元件的数值大小，用示波器观察输出波形的变化。

(3) 用万用表替代示波器，测量电路的纹波系数。

任务四 集成稳压电路的特点与使用

知识 1 固定稳压集成电路

对于直流电源来说，整流滤波电路虽然能够提供较为平滑的直流电流，但是由于电网电压波动或负载波动，其输出的电压经常不稳定，在很多要求较高的场合，还需要使用稳压电路稳定输出电压，使输出电压的高低不随电网电压或负载发生波动。

现在常用的直流稳压电源电路主要分为线性稳压电源电路和开关稳压电源电路。线性稳压电源电路输出平滑，稳定性较好，干扰小，体积较大，自身功耗较大，效率低，带负载能力较差，一般用在电流较小和对干扰敏感的电路里。开关稳压电源体积小，输出功率较大，效率高，有高频干扰，价格较低，使用非常广泛。

直流稳压电源的集成电路价格低廉，能简化设计，易于调试，性能较好，所以应用非常多。线性稳压电源的集成电路一般分为可调稳压集成电路和固定稳压集成电路两大类。

三端稳压集成电路是常见的线性稳压集成电路，图 1.4.1 为三端稳压集成电路 7805 的实物图。常见的三端稳压集成电路分为 78 系列和 79 系列，都是固定稳压集成电路，78 系列为正电源，79 系列为负电源，型号的后两位数字代表输出电压的幅度。例如，7805 的输出就是 +5 V，7912 的输出就是 −12 V。78 系列和 79 系列通常要求输入电压比输出电压(绝对值)高 3 V 以上。

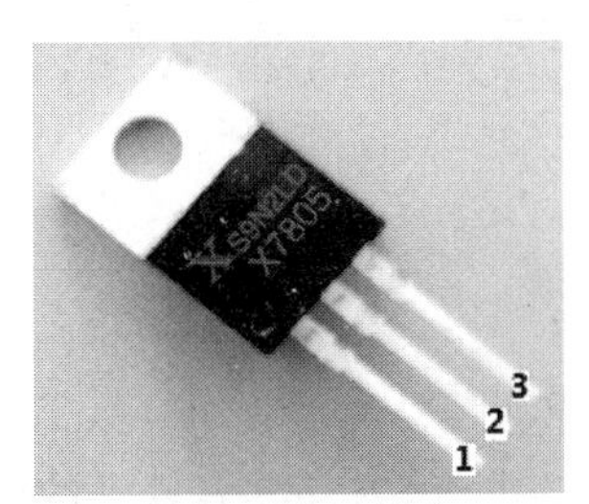

1输入；2地；3输出

图 1.4.1 三端稳压集成电路 7805

图 1.4.2 为采用 7805 的电路原理图，图中 C_2、C_3 和 7805 构成了稳压电路，C_2 和 C_3 一般是零点几微法的小电容，主要用来防止集成电路 7805 自激振荡，C_2 的典型值是 0.33 μF，C_3 的典型值是 0.1 μF。C_1 是滤波电容，要求容量较大，一般几百微法，甚至更大。

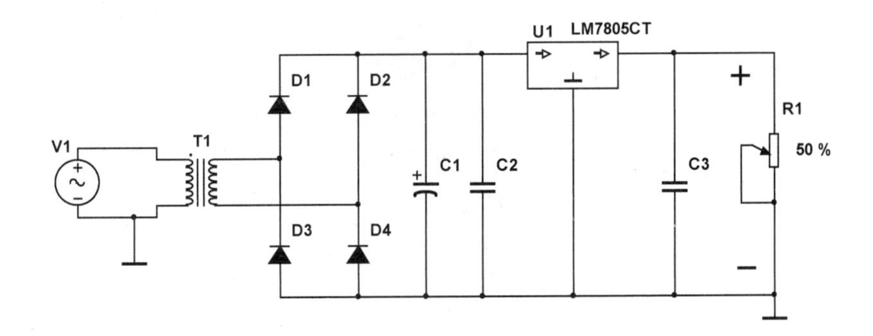

图 1.4.2 采用 7805 的稳压电路

79 系列是负电源，在使用上和 78 系列有所不同，图 1.4.3 是 79 系列的管脚排列图，其管脚排列与 78 系列不同：1 脚为接地端，2 脚为输入端，3 脚为输出端。

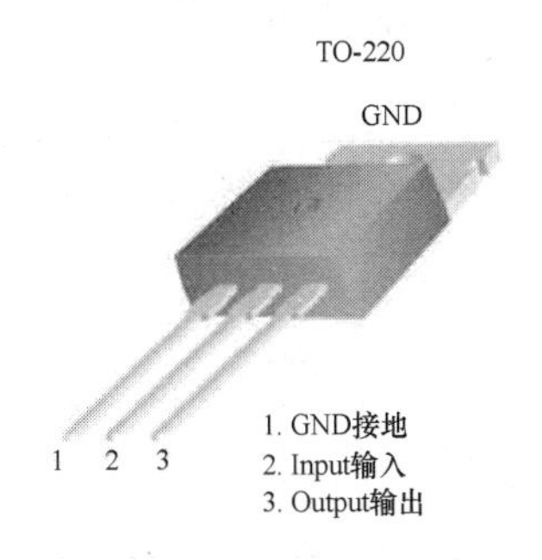

图 1.4.3 79 系列管脚排列图

图 1.4.4 是采用 7905 的稳压电路原理图，要注意到整流二极管 D_1～D_4、滤波电容 C_1 和输出电压的极性方向都与图 1.4.2 中相反。

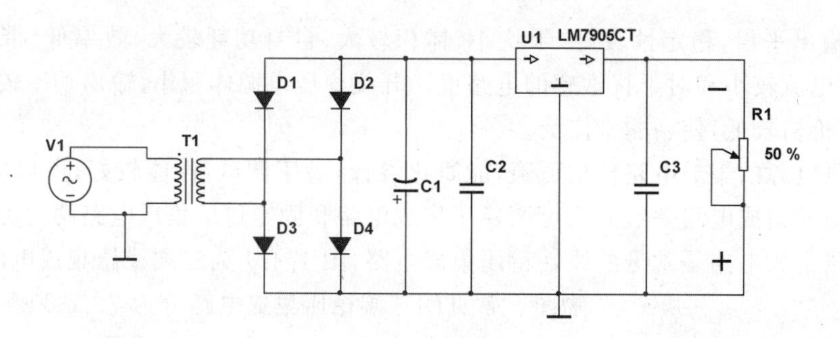

图 1.4.4 采用 7905 的稳压电路

知识 2 可调稳压集成电路

有些三端稳压集成电路可以通过外接简单电路实现输出电压可调，比如 LM317、TL431 等。LM317 输出电压在1.2～37 V 范围内可调，能够输出 1.5 A 的电流，内部具有较好的保护电路，LM317 的管脚排列如图 1.4.5 所示。

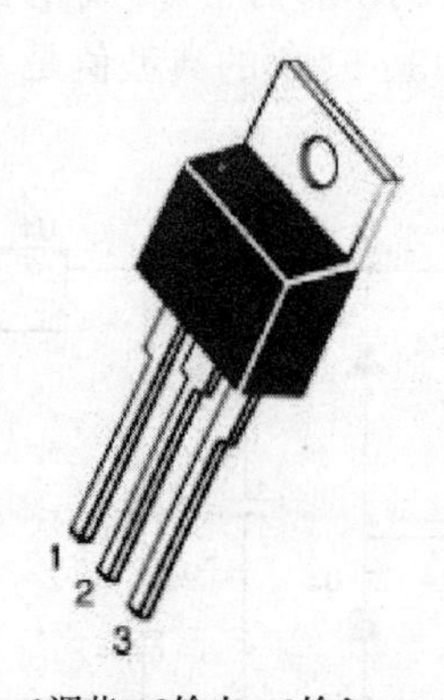

1调节；2输出；3输入

图 1.4.5 LM317 管脚排列图

图 1.4.6 为使用 LM317 的稳压电路原理图，图中电容 C_2 和 C_3、电阻 R_2、电位器 R_1 和集成电路 LM317 共同构成稳压电路。小电容 C_2 和 C_3 用来改善纹波和防止自激震荡，电阻 R_2 和电位器 R_1 构成电压调节电路，调节电位器 R_1 可以改变负载 R_3 两端的电压。

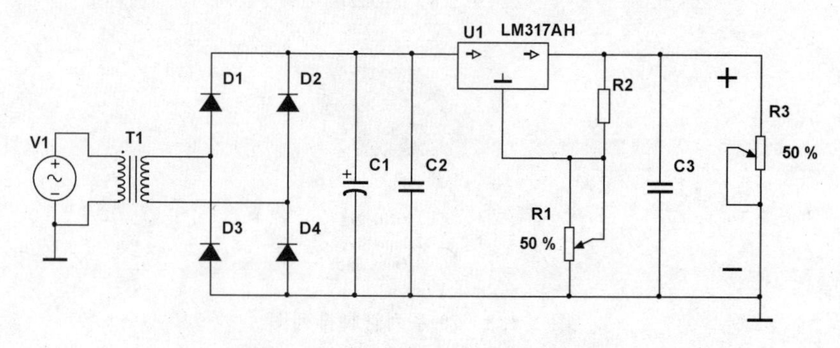

图 1.4.6 使用 LM317 的稳压电路

实操：稳压集成电路仿真

(1) 用 Multisim 软件绘制电路图，如图 1.4.7 所示。改变负载 R_1 的大小，用示波器观察波形变化，用万用表测量纹波系数。改变交流电源 V_1 的电压大小，用示波器观察波形变化，用万用表测量纹波系数，并与前面的测量结果对比，调整时注意 LM7805 输入和输出电压差不能小于 3 V。

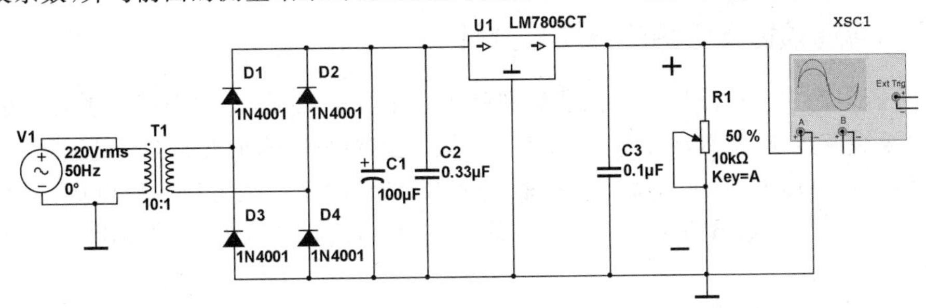

图 1.4.7 LM7805 稳压电路

(2) 用 Multisim 软件绘制电路图，如图 1.4.8 所示。改变负载 R_1 的大小，用示波器观察波形变化，用万用表测量纹波系数。改变交流电源 V_1 的电压大小，用示波器观察波形变化，用万用表测量纹波系数，并与前面的测量结果对比，调整时注意 7905 输入和输出电压差不能小于 3 V。

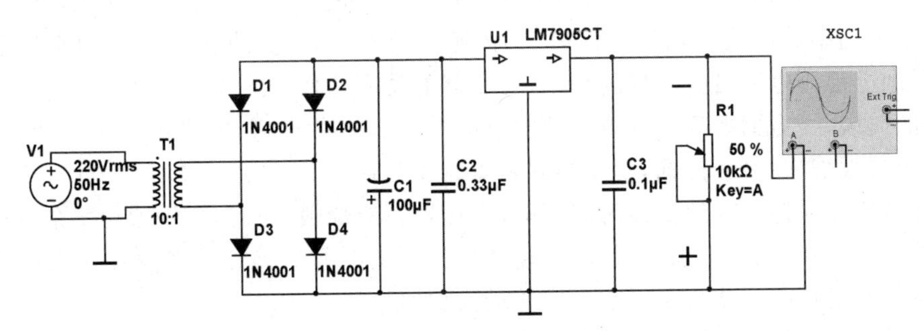

图 1.4.8 LM7905 稳压电路

(3) 用 Multisim 软件绘制电路图，如图 1.4.9 所示。改变负载 R_3 的大小，用示波器观察波形变化，用万用表测量纹波系数。改变交流电源 V_1 的电压大小，用示波器观察波形变化，用万用表测量纹波系数，并与前面的测量结果对比。改变调整电阻 R_1 的大小，用万用表测量 R_1 两端阻值和对应的输出直流电压，并进行记录。

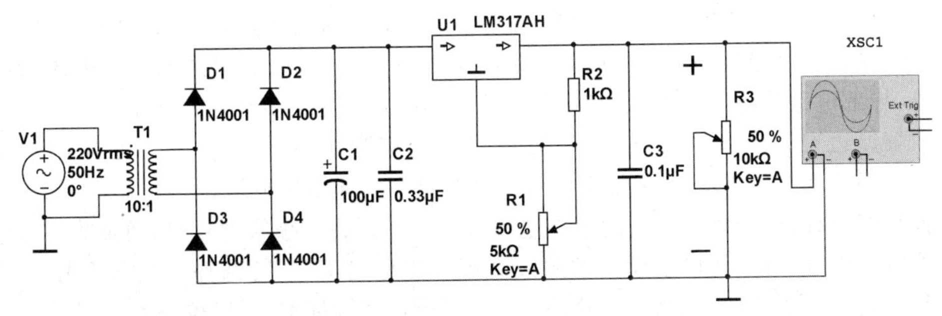

图 1.4.9 LM317 可调稳压电路

任务五 小功率直流稳压电源的制作与调试

知识 可调式稳压电路的组成与分析

直流稳压电源主要由降压、整流、滤波和稳压几个部分组成，降压变压器需要考虑的主要因素有：次级线圈数量、次级输出电压、功率。次级线圈数量和输出直流电压的路数有关系，如果只有一路直流电压输出，就仅需一个次级线圈；如果有两路直流电压输出电压，但是这两路直流电压差不大，也可以只使用一个次级线圈；如果有多路电压差很大的直流输出，则应该选用多个次级线圈的变压器。

变压器的次级输出电压根据输出直流电压进行推算。因为 220 V 交流电可以有－10％～＋7％的电压偏差，所以设计电路时必须考虑变压器初级线圈输入电压在 198～235.4 V 之间波动，输出都能满足技术指标要求。如果输出直流电压要求有 12 V，则考虑 7805 之类的三端稳压集成电路两端 3 V 压降，则要求滤波电路的输出至少达到 15 V，按照 1.2 倍的关系换算成变压器副边有效值就是 12.5 V。变压器的匝数比应该是 198/12.5＝15.84，取整为 15∶1。再按照 15∶1 的匝数比可以推出整流滤波后的直流电压值范围为 15.84～18.83 V。

变压器的功率可以从负载的功率得到，按照项目要求，两路直流的负载功率分别为 5 W 和 6 W，再加上稳压电路自身消耗的功率，变压器的功率选择 12～15 W 比较合适。在选择变压器功率的时候，一方面要考虑的很多情况负载并不是满载运行，本身是有余量的，所以变压器不用预留过大功率；另一方面，变压器偶尔短时少量超过额定功率并不会损坏；还要考虑某些特殊情况，比如误操作导致的短时间短路，变压器不应烧毁；还有，变压器功率余量过大会导致体积、重量、价格的大幅增加。所以，在选择变压器的时候应该充分考虑正常工作的最大功率，变压器的额定功率应略大于正常工作的最大功率。

通过前面的分析可以知道，对于本项目来说，由于＋3～＋12 V 一路的三端稳压集成电路输入电压比较高，并不适合直接给 7805 供电，否则容易使 7805 过热，所以应该使用两个次级线圈的变压器。给 7805 供电的变压器线圈匝数比应为 29∶1；给 LM317 供电的变压器线圈匝数比应为 15∶1。

为减小纹波，采用桥式整流，整流二极管的选择非常重要。技术指标要求 7805 一路的直流电流为 1 A，所以整流二极管的最大平均整流电流应不小于 1 A，为应对干扰、误操作等特殊情况，选择器件型号时应留有至少 10％的余量，如果条件允许可以选择 2～3 倍安全系数，所以 7805 一路选择 2 A 的整流二极管型号，0.5 A 的 LM317 一路选择 1 A 的整流二极管型号。

整流二极管可能遇到的最高反向电压是必须考虑的一个问题，过高的反向电压会永久损坏二极管，导致电路故障。正常工作时，二极管反向峰值电压由变压器次级输出电压的峰值决定。变压器原边有效值最高 235.4 V，按照匝数比应为 15∶1 计算出副边有效值最高为 15.69 V，则幅值为 22.19 V，即正常工作时二极管最高反向工作电压为 22.19 V。为了应对各种不可预见的干扰（比如雷电导致的电网电压波动），在选择二极管型号时，通常将二极管最高反向工作电压提升一倍，所以本项目按照最高反向工作电压 50 V 选择二极管型号。7805 一路的最高反向工作电压低于 LM317 这路，50 V 是个很低的标准，所以也按照最高反向工作电压 50 V 选择二极管型号。

如果两路的技术指标差距甚大,某些参数要求过高,则符合要求的器件会特别昂贵,这时候减少昂贵器件的数量、降低设备成本就很重要,相反,在技术指标差距很小时,很多器件虽然型号不同,但是价格相同,这时候可以用高指标的型号替代低指标的型号,能够减少器件种类。

综上所述,7805 一路的整流二极管的型号都选择 1N5401,其最大平均整流电流 3 A,最高反向工作电压 50 V,LM317 一路的整流二极管的型号选择 1N4001,其最大平均整流电流1 A,最高反向工作电压 50 V,满足技术指标要求。

由于工作电流不太大,滤波电路可以采用电容滤波。滤波电容一般选择铝电解电容,在高品质电路中一般选择钽电解电容,钽电解电容价格较高,性能较好。电解电容的耐压是容易忽视的问题,电解电容的耐压应高过工作电压 1/3 以上,很多场合取工作电压的 1.5～2 倍,以防止过高的干扰电压导致电容失效。电解电容的工作电压应按照整流电路输出的峰值计算,LM317 一路应该按照下式计算:

$$U = \sqrt{2}\,\frac{U_{1\max}}{N} = \sqrt{2}\,\frac{235.4}{15} \approx 22\ \mathrm{V}$$

其中,N 为变压器匝数比。

考虑到余量,可以选择耐压 35 V 或者 50 V 的电解电容。过高耐压值的电容会带来体积和价格的增加。7805 一路可以选择 25 V 耐压的电解电容。

电解电容的容量可以根据实际需要进行灵活选择,从几十微法到 1 000～2 000 μF 都可以考虑。一般负载动态范围大的需要选择大容量电容,大容量电容体积大,价格高。在这里我们选择 470 μF 的电容。

稳压电路就使用 LM7805 和 LM317 典型电路。

实操 1:直流稳压电路仿真测试

(1) 用 Multisim 软件绘制电路图,如图 1.5.1 所示。

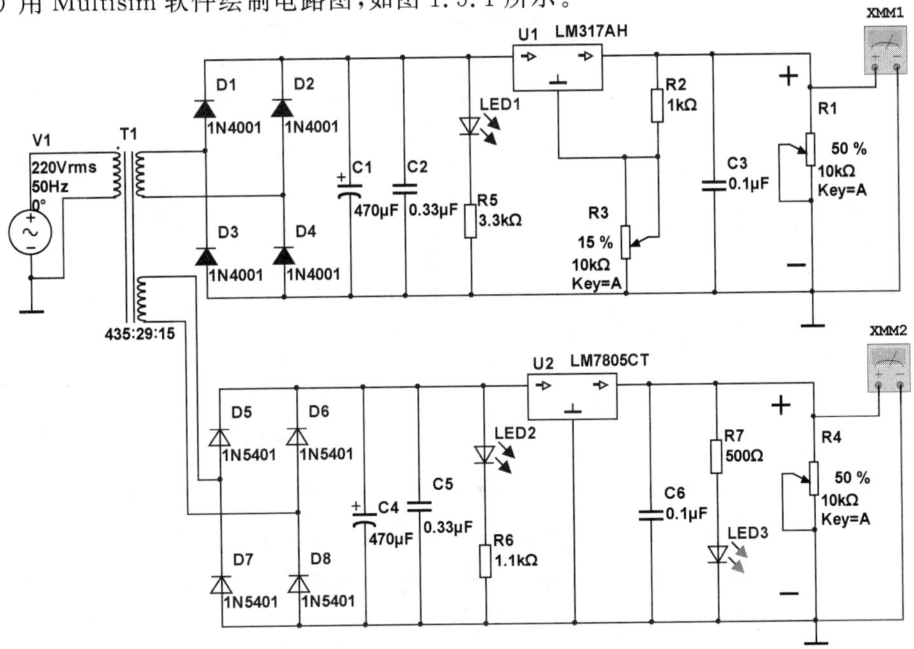

图 1.5.1 小功率直流稳压电源

(2) 调节电位器 R_3,用万用表测量输出电压,记录输出电压变动范围,与设计指标对比。

(3) 调节负载电位器 R_1,测试输出波纹系数,与设计指标对比。

(4) 测量负载电位器 R_4 两端电压,与设计指标对比。

(5) 调节负载电位器 R_4,测试输出波纹系数,与设计指标对比。

(6) 用示波器观察电路中各处波形。

(7) 仿照图 1.5.1,用 LM7809 和 LM7909 设计一个双电源电路,绘制电路并进行仿真。

实操 2: 小功率直流稳压电源电路的制作与调试

(1) 按照表 1.5.1 所列元器件和耗材进行装接准备工作,对元器件进行检查测试。

表 1.5.1 小功率直流稳压电源耗材清单

序号	标号	名称	型号	数量	备注
1	R_1、R_3、R_4	电位器	10 kΩ	3	
2	R_2	电阻	1 kΩ	1	
3	R_5	电阻	3. 3 kΩ	1	
4	R_6	电阻	1. 1 kΩ	1	
5	R_7	电阻	500 Ω	1	
6	C_1	电解电容	470 μF/35 V	1	
7	C_4	电解电容	470 μF/25 V	1	
8	C_2、C_5	瓷片电容	0.33 μF	2	
9	C_3、C_6	瓷片电容	0.1μF	2	
10	D_1、D_2、D_3、D_4	二极管	1N4001	4	
11	D_5、D_6、D_7、D_8	二极管	1N5401	4	
12	LED_1、LED_2	发光二极管	红	2	
13	LED_3	发光二极管	绿	1	
14	U_2	三端稳压	LM7805	1	集成电路
15	U_1	三端稳压	LM317	1	集成电路
16	T_1	变压器	220 V/15 V+8 V	1	12~15 W
17		电源插头		1	两脚
18		导线	多芯铜线		若干
19		绝缘胶带			若干
20		保险管	1 A	1	
21		保险管	0.5 A	1	
22		保险管座	与保险管相配	2	
23		万能板	单面三联孔	1	焊接用
24		散热片	带安装孔	2	稳压集成电路用

(2) 按照电路图安装、焊接元器件,剪去多余管脚,检查焊点,清除多余焊渣。

(3) 通电前检查有无短路情况,电路连接是否可靠,元器件有无错装、漏装现象。

(4) 通电检查,应密切注意观察指示灯是否点亮、有无糊味、有无冒烟、有无保险管熔断等现象,一旦发现异常应立即断电,断电之后详细检查电路。

(5) 通电检查没问题后,进行参数测试,用万用表测量输出电压、输出电压调节范围、波纹系数等技术指标并记录，检查是否达到设计要求。用示波器观察各处信号波形，与仿真结果对比。测试过程中 R_1 和 R_4 阻值不能调得过小，以免烧毁。测试过程中应注意观察有无元器件过热现象。

（6）稳压电源在实际使用中应拆除电位器 R_1 和 R_4。

（7）若实际负载功率较小，可以适当减小变压器功率，这样可以降低成本、减轻重量，提高便携性。

（8）若 LM7805 和 LM317 不加装散热片，则可能出现过热现象，不可触摸，以免烫伤，甚至可能达不到设计功率就烧毁器件，因此应按照数据手册安装指定大小的散热片。

（9）有条件的话，制作一个 ±9 V 的双电源。

知识拓展

1. 发光二极管

发光二极管(LED)是能发光的二极管统称，不同材料的发光二极管能发出从紫外线、可见光到红外线多种光谱的光。常见的电视机、空调的遥控器就是使用的红外发光二极管。可见光二极管主要有红、绿、黄、白等颜色。早期的可见光发光二极管主要用于信号指示灯，后来逐渐用于大屏幕显示图像，现在越来越多的照明灯也开始采用发光二极管。

发光二极管的符号和外形如图 1. 拓. 1 所示。

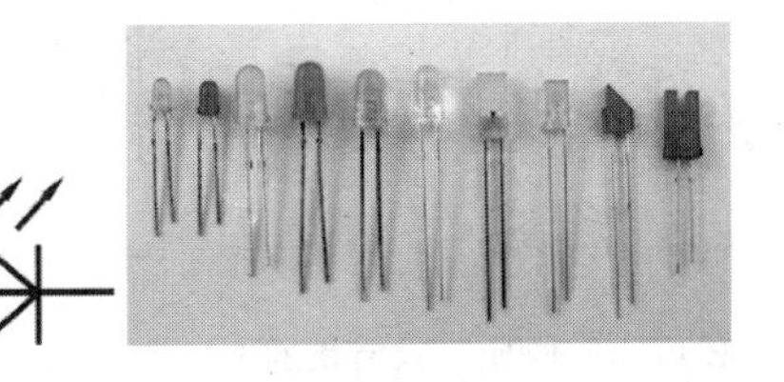

图 1. 拓. 1　发光二极管符号和外形

发光二极管一种外壳是无色透明的，另一种是彩色透明的，无色透明的有可能发白光，俗称白发白，也可能发有色光，如白发黄、白发红等，彩色透明的一般发光颜色与外壳相同。

描述 LED 发光是否够亮的单位是毫坎德拉(mcd)。坎德拉(cd)为光学常用单位，$1\ \mathrm{mcd} = 1\times 10^{-3}\ \mathrm{cd}$。通常用于指示灯的 LED 在 10 mA 电流时可以发出几毫坎德拉的光，强光 LED 常达到几百 mcd，随着技术的进步，单颗 LED 发光能力越来越强。

大功率白光 LED 单颗功率已经达到 10 W，电压 3.3 V，电流 3 A。小功率红光 LED(如常见的直径 5mm 的直插 LED)电压 2～2.4 V，典型电流 20 mA。小功率发光二极管工作电流不宜太大，电流约 1 mA 就能发光，正常工作电流为 5～30 mA，最大工作电流值为 50 mA。工作电流越大，则发光亮度高，但是会降低使用寿命。小功率发光二极管的正向压降一般在1.6～3 V范围内，反向耐压一般大于 5 V，最高不超过十几伏。

由于 LED 的亮度直接与电流大小相关，驱动发光二极管的常见方法有两种：指示灯对于亮度稳定性要求不高时，常用电压源加限流电阻的方法；照明或显示屏常采用电流源的方法。

在仿真时可能限流电阻大小合适，实际安装也能发光，但是仿真不发光。这是因为仿真软件里 LED 的默认发光电流为 5 mA，如果电路中电流小于 5 mA，在仿真软件里 LED 就不会发光。实际上小功率 LED 电流大于 1 mA 就能发出光来，为了使仿真和实际一致，可以把仿真软件里的 LED 参数调小到 1 mA。

2. 稳压二极管

稳压二极管常简称为稳压管，稳压二极管能够在一定电流下工作于反向击穿区而不会损坏，当电流大于其极限值时稳压二极管仍然会损坏。稳压二极管在工作于反向击穿区的时候，其两端电压比较稳定，可以当作电压基准源使用。稳压二极管的正向特性与普通二极管相同。

稳压二极管的符号如图 1.拓.2 所示，外形与普通二极管类似。

稳压二极管最重要的参数就是稳压值了，稳压值是稳压二极管在反向击穿区工作时的反向电压值。稳压值通常在几伏到几十伏之间，功率都比较小，一般小于 1 W。

稳压二极管在使用时要注意两点：一是要加限流电阻，二是稳压二极管要反向偏置，如图 1.拓.3所示。图中 R_1 为限流电阻，R_2 为负载电阻，D_1 为稳压值为 6.2 V 的稳压管，V_1 为直流电压源。

当改变电源 V_1 电压大小时，R_2 两端电压几乎稳定在 6.2 V 不变；改变负载电阻 R_2 阻值时，R_2 两端电压也非常稳定。

3. 光敏二极管

光敏二极管也被称为光电二极管，受到光照能够使阻抗变小、产生电流，主要用于光耦合、光电读出装置、红外线遥控装置、红外防盗和路灯自动控制电路等。光敏二极管的符号和外形如图 1.拓.4 所示。

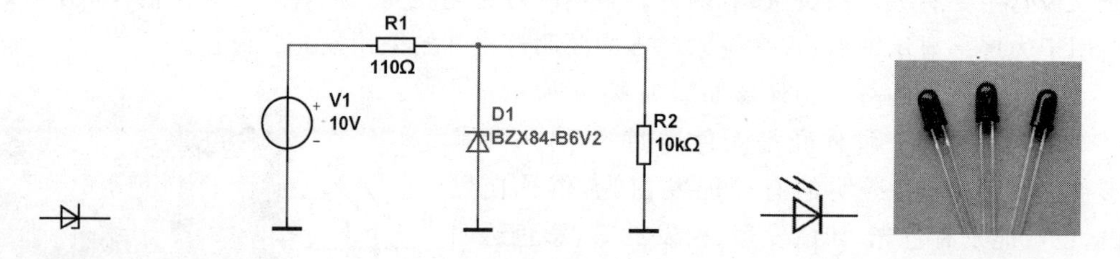

图 1.拓.2 稳压二极管的符号　　图 1.拓.3 稳压管应用电路　　图 1.拓.4 光敏二极管符号和外形

光敏二极管在使用时大多采用反向偏置，阴极接高电位，阳极接低电位。在无光照射时，光敏二极管的伏安特性和普通二极管一样，此时的反向电流叫暗电流，一般在几微安到几百微安之间，其值随反向偏压的增大和环境温度的升高而增大。在检测弱光电信号时，必须考虑用暗电流小的管子。

有光照时，光敏二极管在一定的范围内，其反向电流将随光照强度的增加而线性增加，这时的反向电流又叫光电流。因此，对应一定的光照强度，光敏二极管相当于一个恒流源。

在有光照而无外加电压时，光敏二极管相当于一个光电池，输出电压 P 区为正，N 区为负，随光照强度的改变，由于光电转换，光敏二极管两极的输出电压也随着改变。

检测光敏二极管的好坏，可以根据有无光照时的阻值变化来判断，没有光照时阻值大，有光照时阻值小。因此可用万用表区别正负极，方法是将万用表置于电阻挡，用物体挡住管子的受光窗口，用红、黑表笔对调测出两次阻值。如果用的是数字万用表，其阻值较大的一次测量(反向阻值)，红表笔所接的引脚为负极，黑表笔所接的引脚为正极。

光敏二极管有一定光谱响应范围，并对某波长的光有最高的响应灵敏度(峰值波长)光敏二极管对于照射光线的响应程度是不一样的，它某一范围内的光谱有着最强烈的响应，而对另外一些光波则响应不佳，主要表现为反向电流的大小不一。因此，要想获取最大的光电流，应选择光谱响应特性符合待测光谱的光敏二极管，同时加大照度和调整入射的角度。

4. 温度对二极管伏安特性的影响

二极管是对温度变化敏感的器件，温度对二极管伏安特性的影响如图1.拓.5所示。温度的变化对二极管其伏安特性的影响主要表现为：随着温度的升高，其正向特性曲线左移，反向特性曲线下移。当温度升高时，导通电压 U_{on} 减小，正向压降减小，反向电流增大。在室温附近，温度每升高1 ℃，正向压降减小2～2.5 mV；每升高10 ℃，反向电流约增大一倍。

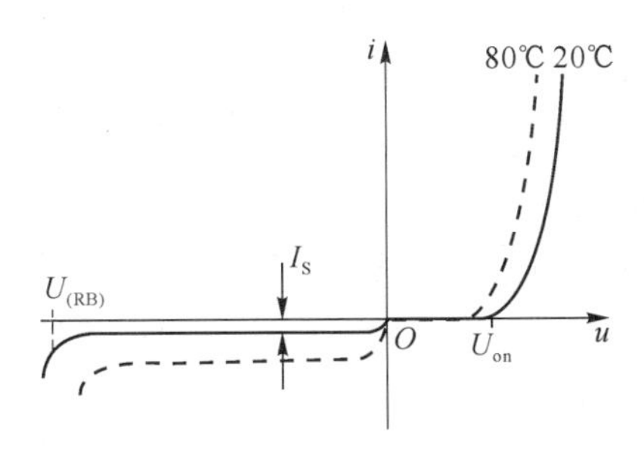

图1.拓.5　温度对二极管的影响

项目小结

(1) 半导体材料的导电性能介于导体和绝缘体之间，与掺杂浓度密切相关，掺杂浓度越高导电性越好。

(2) 半导体材料具有掺杂特性、热敏性、光电效应、压电效应等特点，可以用来制作各种元器件。

(3) 两种掺杂半导体交界处形成PN结，PN结具有单向导电性，是二极管和其他半导体元器件的基本结构。

(4) 二极管最重要的特性是单向导电性。

(5) 整流电路利用二极管的单向导电性，将交流转变为脉动的直流。

(6) 滤波电路利用电容和电感滤除电路中的交流分量，被滤除的交流分量频率取决于电路中电容和电感的参数。

(7) 稳压集成电路性能好，使用方便，是稳压电源常用元器件。

(8) 稳压集成电路在使用时要注意安装符合要求的散热片，不然达不到技术手册上的功率上限。

(9) 开关稳压电源具有体积小、重量轻、效率高、输出电流大等优点，但是也有干扰大的缺点，所以在很多对干扰敏感的场合仍然使用线性直流稳压电源。

思考与练习

(1) 半导体材料都有哪些性质？可以用来制作哪些传感器？

(2) 半导体元器件的基本结构是什么？

(3) 二极管最主要的特性是什么？

(4) 整流的功能是什么？主要采用什么样的元器件进行整流？

(5) 滤波的功能是什么？主要采用什么样的元器件进行滤波？

(6) 线性直流稳压电源和开关稳压电源的区别是什么？

(7) 稳压的功能是什么？集成稳压电路有什么好处？

(8) 谈谈你对集成电路的认识？

(9) 小功率直流稳压电源在调试中应该注意哪些问题？

项目二

小信号放大器的制作

项目剖析

(1) 功能要求

实现音频小信号放大功能。

(2) 技术指标

输入:音频 1 kHz 交流信号,有效值 5 mV。

输出:音频 1 kHz 交流信号,有效值 2 V。

输入阻抗:大于 100 kΩ。

输出阻抗:小于 8 Ω。

系统带宽:20 Hz～20 kHz。

电压放大倍数:400 倍。

(3) 系统结构

电能的应用主要有两个方面,一方面侧重于能量的应用,比如电动机、电灯和电热水器;另一方面侧重于信息的处理,比如收音机、手机和计算机。当然,这两方面是相辅相成的,比如电动机什么时间启动,转动方向是顺时针还是逆时针,转多快,都是有一定信息含量的,而收音机和手机在处理信息的同时也是消耗能量的。

电子设备通常指以信息处理为主的设备。电子设备在工作的时候会释放出热量,这部分能量来源于电源,微弱的信号经过放大电路得到功率上的增加,这部分能量也来自于电源。因为电子设备要处理复杂的信息,所以希望电源越“干净”越好,以免给信息处理增加难度,而狭义的直流电是最简单的电源,即最“干净”的电能,所以直流电源成为各种电子设备必备的组成部分。本项目的电源就采用项目一设计的直流稳压电源。

一般单级放大倍数过大会导致系统不稳定,所以在要求很大的放大倍数时,常采用多级放大。本项目要求的电压放大倍数达到 400 倍,采用两级放大,每级 20 倍。

为了能够有切身体验,前级加上话筒,用来把声音变成电信号,末级加上扬声器,把电信号还原成声音,这样就构成了一个扩音器系统,绘制系统框图,如图 2.0.1 所示。图中直流电源给整个系统供电,没有绘制指向箭头,系统中的扬声器本身并不需要直流供电。

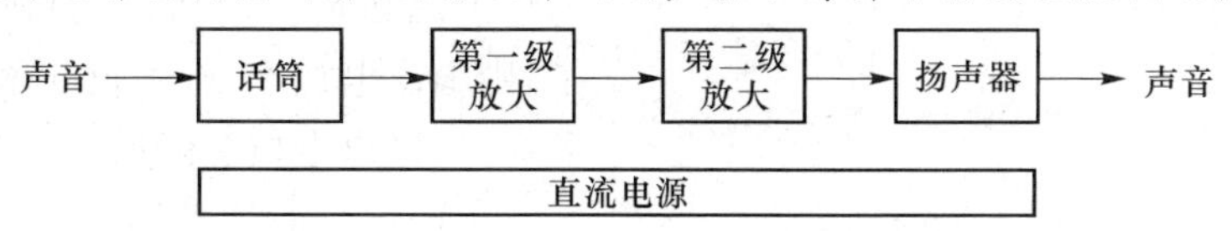

图 2.0.1　小信号放大器系统结构框图

项目目标

(1) 知识目标

① 了解小信号放大器的含义；

② 了解集成运算放大器的功能和特点；

③ 理解负反馈的含义、结构和特点；

④ 掌握同相比例放大电路的结构和计算；

⑤ 掌握反相比例放大电路的结构和计算；

⑥ 了解话筒的分类和使用方法；

⑦ 了解扬声器的分类和使用方法。

(2) 技能目标

① 能熟练识别集成运算放大器的型号和管脚序号；

② 能对集成运算放大器电路进行安装、调试；

③ 能较为熟练的利用电烙铁和吸锡器折装元器件；

④ 能对小信号放大器的关键参数进行测量；

⑤ 能较为熟练的运用万用表和示波器对电路进行测量；

⑥ 能较为熟练的运用仿真软件进行辅助设计。

任务一　集成运算放大器

知识　集成运算放大器

集成运算放大器常简称为集成运放或运放，内部通常包括几十个至数百个晶体管，以及众多的电阻、导线。运放虽然内部结构复杂，但是在应用时却非常简单，只需要知道其外部特性和参数，不需要关注其内部结构。集成运放的电路符号如图 2.1.1 所示，(a)为国家标准符号，(b)为 ANSI 符号。

集成运算放大器有同相和反相两个输入端，同相输入端标正号，反相输入端标负号，输出端也标正号，如图 2.1.1(a)所示。运放的输入输出关系符合公式：

$$u_o = A_{od}(u_+ - u_-)$$

其中，u_+ 为同相输入电压，u_- 为反相输入电压，u_o 为输出电压，A_{od} 为开环差模电压放大倍数。

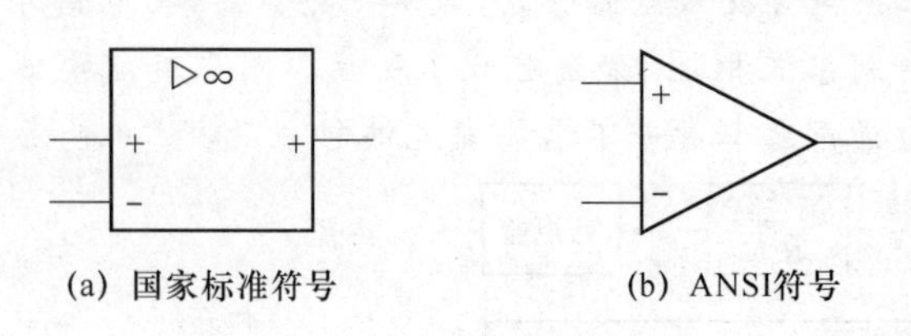

图 2.1.1　集成运放的符号

同相输入端的电压变化和输出端的电压变化方向一致，反相输入端的电压变化方向与输出端相反。例如，同相输入端电位升高了，则输出电位也升高；反相输入端电位如果升高了，输出电位会降低。

集成运放的增益高(可达 60～180 dB)，输入电阻大(几十 kΩ 至百万 MΩ)，输出电阻低(几十 Ω),共模抑制比高(60～170 dB),失调与漂移小,而且还具有输入电压为零时输出电压亦为零的特点,适用于正、负两种极性信号的输入和输出。集成运放除具有+、-输入端和输出端外,还有电源供电端、公共接地端,有些运放还有外接补偿电路端、调零端、相位补偿端等其他附加端。运放的闭环放大倍数取决于外接反馈电阻,这给使用带来很大方便。

表征集成运算放大器性能的参数非常多,常用的有以下几种：

(1) 开环差模电压放大倍数:简称开环增益,表示运算放大器本身的放大能力,一般为50 000～200 000 倍。

(2) 输入失调电压:表示静态时输出端电压偏离预定值的程度。一般为 2～10 mV(折合到输入端)。

(3) 单位增益带宽:表示差模电压放大倍数下降到 1 时的频率,一般在 1 MHz 左右。单位增益带宽数值等于增益带宽积,增益带宽积是一个运放的放大倍数与带宽的乘积。增益带宽积对于每一个运放是一个固定值,增益越高时,带宽就越窄,增益越低时,带宽越宽。

(4) 转换速率(又称压摆率):表示运算放大器对突变信号的适应能力。一般在 0.5 V/μs 左右。

(5) 输出电压和电流:表示运放的输出能力。一般输出电压的峰-峰值要比电源电压低 1～3 V,短路电流在 25 mA 左右。

(6) 静态功耗:表示无信号条件下运放的耗电程度。当电源电压为±15 V 时,双极型晶体管型运放静态功耗一般为 50～100 mW,场效应管型运放一般为 1 mW。

(7) 共模抑制比:表示运放对差模信号的放大倍数和对共模信号放大倍数之比。一般为 70～90 dB。

按照集成运算放大器的参数分类,可以将集成运放分为以下几类：

(1) 通用型运算放大器;

(2) 高阻型运算放大器;

(3) 低温漂型运算放大器;

(4) 高速型运算放大器;

(5) 低功耗型运算放大器;

(6) 高压大功率型运算放大器。

集成运放的电源供给方式有对称双电源供电方式和单电源供电方式,对于不同的电源供给方式,对输入信号的要求有所不同。

运放多采用对称双电源供电方式供电。相对于公共端(地)的正电源(+E)与负电源(-E)分别接于运放的 U_{CC} 和 U_{EE} 管脚上。在这种方式下,可把信号源直接接到运放的输入管脚上,而输出电压的振幅可接近正负对称电源电压。本书中运放电源连接端凡是标有 U_{CC} 和 U_{EE} 的都采用了对称双电源供电。

单电源供电是将运放的 U_{EE} 管脚连接到地上。此时为了保证运放内部单元电路具有合适的静态工作点,在运放输入端一定要加入一个稳定的直流电位。此时运放的输出是在这个直流电位基础上随输入信号变化。

由于集成运放的输入失调电压和输入失调电流的影响,当运算放大器组成的线性电路输入信号为零时,输出往往不等于零。为了提高电路的运算精度,要求对失调电压和失调电流造成的误差进行补偿,这就是运算放大器的调零。常用的调零方法有内部调零和外部调零,而对于没有内部调零端子的集成运放，要采用外部调零方法。

由于运放具有极高的开环增益，所以在集成运放的电路中，要特别注意运放是处于开环应用状态还是闭环应用状态，两者是截然不同的工作效果。判断开环和闭环的关键是看运放输出端是否有负反馈支路连接到输入端，如果有负反馈支路，则处于闭环工作状态，如果没有，则处于开环工作状态。

由于运放输入电阻极大，不管开环工作状态还是闭环工作状态，都可以认为同相输入端和反相输入端的电流近似为 0，即

$$i_+ \approx i_- \approx 0$$

运放工作在闭环状态时，运放处于线性区，同相输入端和反相输入端电压相差极小，有

$$u_+ \approx u_-$$

开环工作状态时则没有这个特点。

实操：集成运算放大器的识别

1. 集成电路型号

集成电路型号多数由各大制造厂家自行命名，中国在国标中对此有所规定，但是绝大多数国外厂家并没有遵照中国国标命名，各厂家命名方式繁多，这使得读取陌生集成电路型号比较困难。

集成运算放大器的型号的主体一般采用 2～3 位字母加 3～5 位数字构成，如 LM324，在集成电路上面有明确标示，如图 2.1.2 所示。前面的字母可以称为前缀，有的是公司缩写，有的是产品系列代号，具体含义不同。数字一般是功能代号，代表该集成电路能实现的特定功能。有时候不同公司的相同数字代号产品功能和参数完全相同，可以直接互换，有些则是个别参数略有不同，但是主要功能相同，在不苛刻的场景下也可以替换，具体场景应依据厂家提供的数据手册具体判断能否替换。型号主体后面常有后缀，一般紧跟数字代号后面的是字母，用来表示不同的封装、温度范围、军品、精度等级和管脚数量等，这些后缀也有字母和数字混合的，具体含义应查阅厂家官方数据手册。图 2.1.3 为不同厂家生产的 LM386 外观对比。

图 2.1.2 LM324N 外观

图 2.1.3 不同厂家的 LM386

2. 管脚排列

连接集成电路管脚时常用管脚号来说明如何连线，如“IC1 的 1 脚连接到 IC2 的 3 脚”，所以必须能够熟练掌握管脚号的排列方法，从而能达到熟练接线的目的。

仔细观察图 2.1.2 和图 2.1.3，可以发现图 2.1.3 中两个集成电路外壳左侧都有一个半

圆形豁口，而图 2.1.2 中的集成电路并没有这样的豁口，但是该集成电路上有一个明显的圆坑，在图 2.1.3 中，右侧集成电路也有类似的圆坑，集成电路外壳上的这些豁口和圆坑就是管脚标记。

为了便于识别集成电路管脚，厂家通常在 1 号管脚附近标有记号，比如缺口、圆坑、切角、凸起或圆点等。其余的管脚通常按照逆时针排列，如图 2.1.4 所示。

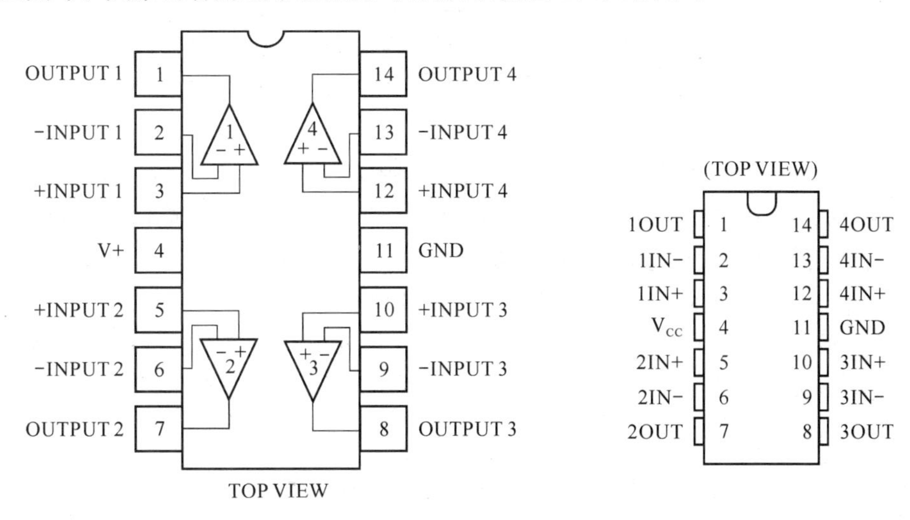

图 2.1.4　LM324 管脚排列图

图 2.1.4 是两个厂家 LM324 数据手册中的管脚排列图对比。图中都有“TOP VIEW”字样，表示从上向下看的意思，即俯视图，角度类似于图 2.1.2 和图 2.1.3，这时候集成电路的型号和印刷标志是在上面的，管脚是在下面的，眼睛看不到管脚尖。

图 2.1.4 中，左侧的图清楚地标示出集成电路内部有四个运放，在管脚名称中分别用后缀 1、2、3、4 区别，这四个运放都是独立的，工作的时候各不相干，仅仅是共用电源。在使用中，这四个运放必须分开分别使用，不能试图将输入信号加在第一个运放的输入（如 1 脚和 2 脚），却从第二个运放的输出端（7 脚）得到输出信号。

图 2.1.4 中，右侧的图虽然没有用示意图的方式标明内部具有四个运放，但是也用管脚名称的前缀 1、2、3、4 表示出其内部的四个运放，两者使用方法相同。

任务二　集成运放的线性应用

知识 1　负反馈

1. 反馈

反馈是控制系统的重要概念，利用反馈可以实现复杂精准的控制。反馈在电子技术上也有广泛的应用，比如，模拟电子技术利用反馈可以实现振荡器电路，可以利用反馈实现信号的稳定放大，数字电子技术可以利用反馈实现时序逻辑电路等。

反馈就是将系统输出的一部分反向馈送到输入端，在与外来输入叠加后进入系统进行处理，如图 2.2.1 所示。

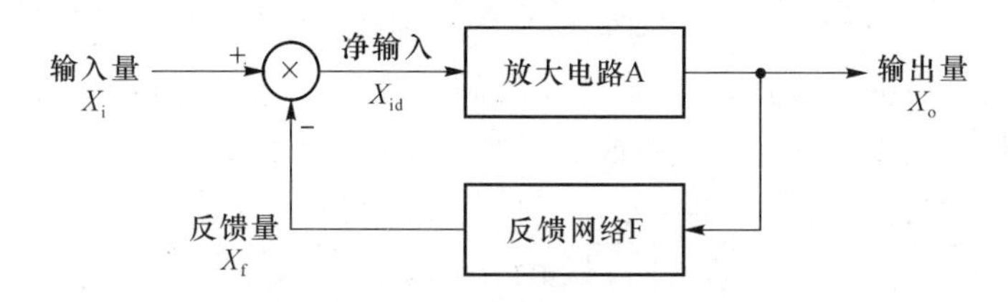

图 2.2.1 反馈系统框图

反馈回来的量在与外来输入叠加时，有同向叠加和反向叠加两种，也就是有加法和减法两种方式，加法方式越加越大，有反馈比没反馈净输入要大，这种称为正反馈；减法方式越减越小，有反馈比没反馈净输入要小，这种称为负反馈。

正反馈起到推波助澜的作用，能够使某个方向的变化迅速增大到极致，类似于雪崩，通常用于振荡器电路。

负反馈能够减小各种波动，使突然的变化变得平顺，常用来稳定系统，使用非常广泛。

2. 负反馈的分类与应用

负反馈又有多种分类方法，比如根据反馈量是交流信号还是广义直流信号可以分为交流反馈和直流反馈；根据反馈量是电压信号还是电流信号可以分为电压反馈还是电流反馈；根据反馈支路与正向支路是串联还是并联可以分为串联反馈还是并联反馈。

各种负反馈都有自己的特点和用处，通常根据实际需要选择对应的负反馈类型，如果系统比较复杂，可以混合选取多种类型的负反馈。

交流负反馈用于稳定交流放大倍数，直流负反馈用于稳定静态工作点。电压负反馈用于稳定输出电压，电流负反馈用于稳定输出电流。串联负反馈可以增大输入电阻，并联负反馈可以减小输入电阻。

对系统稳定性要求比较高的场合通常既有直流负反馈，又有交流负反馈。当系统作为电压源带负载的时候通常会选择电压负反馈，作为电流源带负载的时候会选择电流负反馈。系统作为电压源负载的时候会采用串联负反馈，系统作为电流源负载的时候会采用并联负反馈。

3. 负反馈对系统参数的影响

系统引入负反馈后，放大倍数会降低，但是稳定性会提高，失真会减小，通频带会展宽，串联反馈的总输入电阻会增大，并联反馈的总输入电阻会减小，电压负反馈的输出电阻会减小，电流负反馈的输出电阻会增大。

具体影响会在后续内容中陆续讨论。

知识 2　电压跟随器

电压跟随器是最简单的运放线性应用电路，只需要直接将输出端和反相输入端连接起来就可以了，这根连接线就是负反馈支路，构成了电压串联负反馈，电路如图 2.2.2 所示。

1. 串联反馈

串联反馈的串联是从输入端看进去的效果，如果从输入端看进去放大电路和反馈网络是串联的关系，则该反馈就是串联反馈，如图 2.2.3 所示。实际电路往往比较复杂，在判断是否串联阻抗的时候可以观察输入端电流流入放大电路之前有没有被反馈支路分流，如果输入的电流被反馈支路分流了，则是并联反馈；如果没有被反馈支路分流，进入放大电路后再流入反馈网络，则是串联反馈。

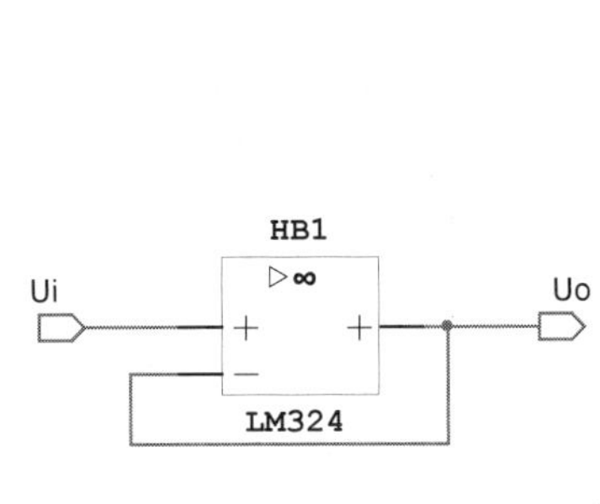

图 2.2.2　电压跟随器

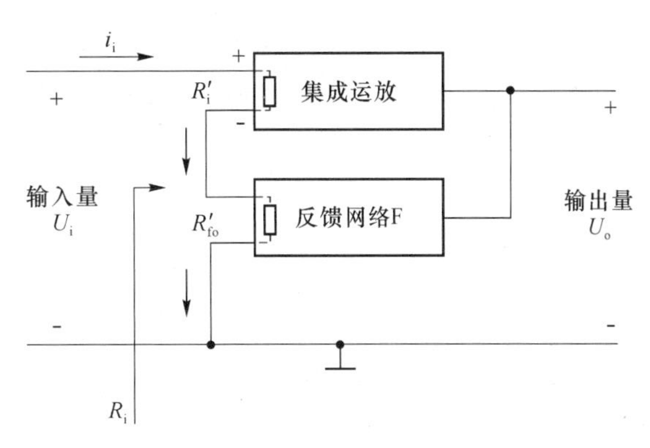

图 2.2.3　串联反馈的输入阻抗

图 2.2.2 中，输入信号的电流先流入运放 LM324 的同相输入端，经过 LM324 后，从反相输入端出来才能进入反馈支路，所以该反馈为串联反馈。

根据图 2.2.3 可知，串联反馈的总输入电阻 R_i 等于原放大电路输入电阻 R'_i 串联反馈网络的输出电阻 R'_{of}，所以总输入电阻大于原放大电路输入电阻。

通常集成运放的输入电阻足够大，引入串联反馈后进一步提高了输入电阻，在大多数场合可以认为串联反馈的输入电阻为无穷大，输入电流约等于 0。

2. 负反馈

反馈分为正反馈和负反馈两种，所以遇到反馈的时候需要判断是否为负反馈，通常采用瞬时极性法判断反馈的正负类型。瞬时极性法先假设输入信号有一个小的跳跃式变化，然后判断这个跳跃式变化经过放大电路后的正负极性有无变化，再判断该变化从输出端经反馈网络到达输入端后与输入信号叠加的效果，若该叠加效果减小了原变化的幅度，则为负反馈，否则为正反馈。

第一步，用瞬时极性法判断图 2.2.2 所示电路，第一步先假设输入 u_i 有一个正向跃变，在图 2.2.4 中用 ↑ 表示，该跃变加在了运放 LM324 的同相输入端上，根据运放的输入输出关系式

$$u_o = A_{od}(u_+ - u_-)$$

可知，该跃变将使输出 u_o 变大，在输出端用 ↑ 表示。

跃变传导过程是：$u_i \uparrow \to u_+ \uparrow \to (u_+ - u_-) \uparrow \to u_o \uparrow$

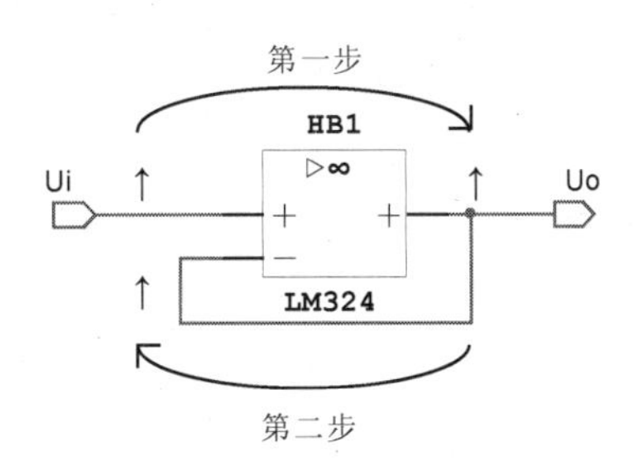

图 2.2.4　瞬时极性法

第二步，输出端正向跃变的信号经反馈导线连接到 LM324 的反相输入端，导线不会导致信号极性变化，所以 LM324 的反相输入端也会有正向跃变，用 ↑ 表示。

跃变传导过程是：$u_o \uparrow \to u_- \uparrow$

第三步,根据运放的输入输出关系式,反相输入端变大将会减小 u_o,这与第一步的效果相反。跃变传导过程是:$u_-\uparrow\rightarrow(u_+-u_-)\downarrow\rightarrow u_o\downarrow$

综上所述,若没有反馈,输入 u_i 的正向跃变将使输出 u_o 变大,而加入反馈后,反馈量使得 u_- 变大,削弱了 u_o 的变大程度,所以该反馈为负反馈。

3. 电压反馈

根据反馈网络从输出端取样值的类型,可以将反馈分为电压反馈和电流反馈两种类型,电压负反馈可以稳定输出电压,使电路接近电压源;电流负反馈可以稳定输出电流,使电路接近电流源。

判断电路是电压反馈还是电流反馈,可以将输出电压(或者电流)设置成0,然后看反馈量是否变成0,若变成0,则是对应类型的反馈,否则就不是。比如,将输出电压设置成接地,这时候反馈量变成0,就是电压反馈;类似的,若将输出端设置成断路,使电路输出电流为0,这时候反馈量变成0,就是电流反馈。

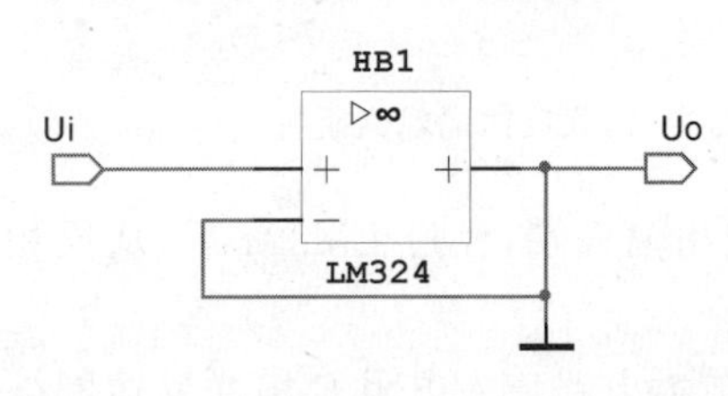

图 2.2.5 电压反馈的判断

以图 2.2.2 为例,图中输出端没有接任何负载,输出电流为0,而此时反馈量仍然等于输出电压值 u_o,并没有变成0,因此不是电流反馈。若将输出端接地,如图 2.2.5 所示,输出电压变成0,则反馈电压立刻也变成0,因此该反馈为电压反馈。

电压负反馈能够稳定输出电压,使输出电压幅度不随负载变化而变化,也就是说输出电流动态范围大,再加上运放本身输出电阻就很小,所以通常可以认为运放电压负反馈的输出电阻近似为0,如果作为电压源的话,可以认为是理想电压源。

4. 运放的线性应用

集成运放的开环差模放大倍数 A_{od} 很大,比如 LM324 就达到 100 dB(100 000 倍),根据运放的输入输出关系式

$$u_o=A_{od}(u_+-u_-)$$

可知,在集成运放高倍数的 A_{od} 情况下,即使 (u_+-u_-) 小到 mV 级,输出 u_o 也会高达上百伏,在 20～30 V 的电源电压情况下,这显然是不可能的。因为集成运放内部并没有类似倍压电路的升压功能,所以输出电压 u_o 总是略低于电源电压的。以此反推,可知运放在线性应用情况下,(u_+-u_-) 非常小,可以认为 $u_+\approx u_-$;若不满足 $u_+\approx u_-$ 的条件,运放必然工作在非线性状态下,输出将达到 u_o 的极限值(接近电源电压值)。

运放的传输特性清楚地描述了这种情况,如图 2.2.6 所示。需要指出的是,运放的线性区非常窄,为了能清楚地标出线性区,图 2.2.6 作了足够的放大。

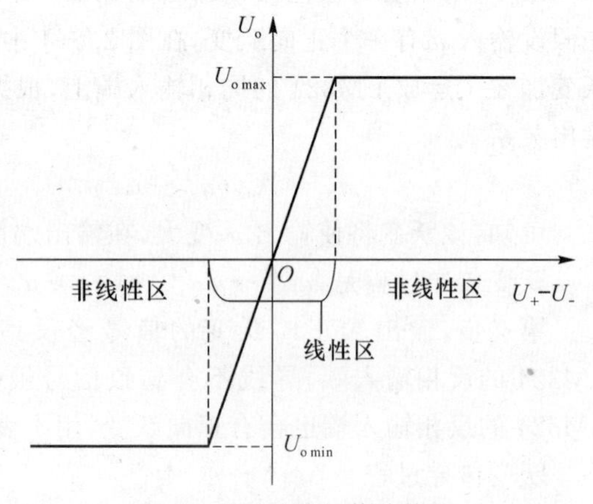

图 2.2.6 运放的传输特性

由运放的传输特性可知,要想让运放能线

性的放大信号，必须使 u_+ 和 u_- 的差值足够小，这可以通过引入深度负反馈实现。负反馈能减小输入带来的变化，引入深度负反馈可以使净输入 $(u_+ - u_-)$ 趋近于 0，从而使运放工作在线性区。

以图 2.2.4 为例，图中负反馈导线使得 $u_- = u_o$，假设 $u_i > u_o$，即有 $u_+ > u_-$，在大 A_{od} 情况下，输出 u_o 会增大（即 u_- 增大），会使得 u_- 逐渐趋近于 u_+，直至两者近似相等，所以最后会有 $u_o \approx u_i$。输出 u_o 跟随 u_i 变化，两者保持近似相等，所以该电路被称作电压跟随器。

5. 电压放大倍数

电压放大倍数是放大电路的重要参数，是用输出电压与输入电压的比值定义的，公式为

$$A_u = \frac{u_o}{u_i}$$

对于电压跟随器来说，由于 $u_o \approx u_i$，所以 $A_u \approx 1$。

6. 电压跟随器的特点

由于电压跟随器具有电压串联负反馈，所以输入阻抗高，输出阻抗低。电压放大倍数为 1，输出与输入同相位。一般用作多级放大器的缓冲级或隔离级。

实操 1：电压跟随器的仿真

（1）用 Multisim 软件绘制电路图，如图 2.2.7 所示。图中 XFG1 为函数发生器，XSC1 为示波器，V_{CC} 为正电源，V_{EE} 为负电源，R_1 为负载电阻。

（2）将函数发生器设置为振幅 100 mV、频率 1 kHz 的正弦波，运行仿真，用示波器观察波形，比较输出波形与输入波形的关系。仿真波形如图 2.2.8 所示。

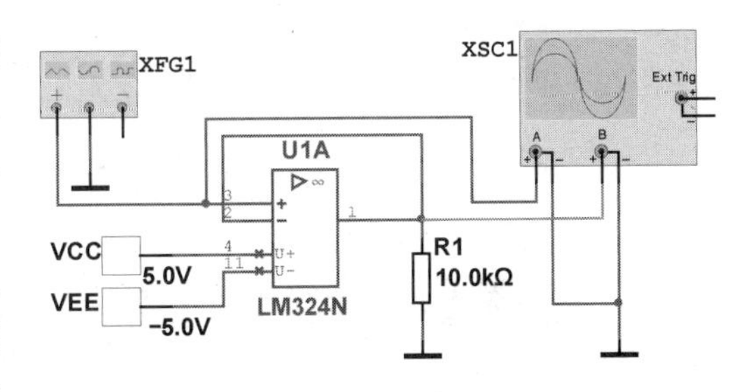

图 2.2.7　电压跟随器仿真电路

图 2.2.8 为电压跟随器波形图，上面的波形是输入信号，下面的波形是输出信号，从中可以看到两者大小相等，相位相同。

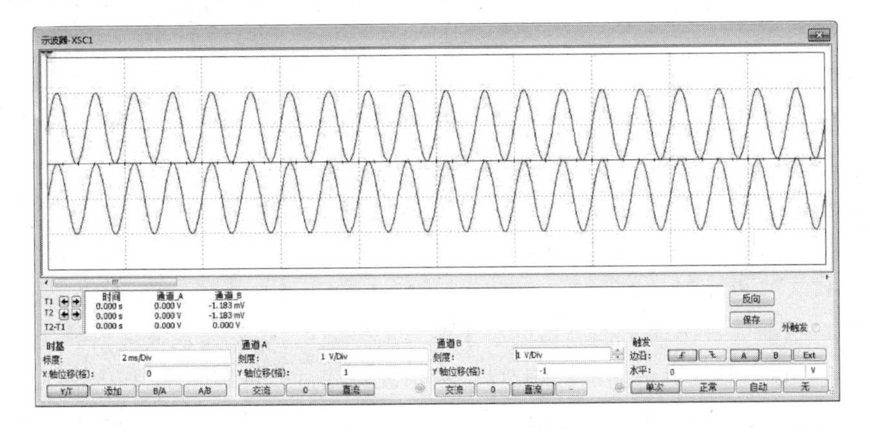

图 2.2.8　电压跟随器仿真波形

（3）改变函数发生器的幅度，用示波器观察波形变化。

在信号幅度较小时,可以观察到,该电路对不同幅度的信号有很好的“跟随”性能,但是当幅度过大的时候会失真。当函数发生器幅度达到 4 V 时,输出波形已经有比较明显的失真了,如图 2.2.9 所示。失真的主要原因是信号幅度接近电源电压值,出现“饱和”现象,如果提高电源电压可以消除该失真。

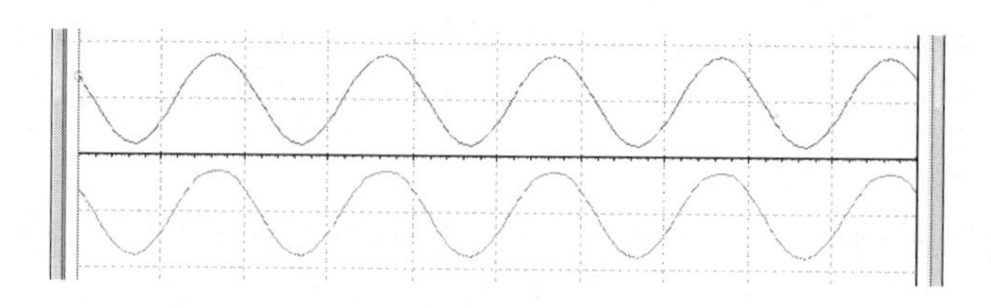

图 2.2.9 信号幅度过大导致失真

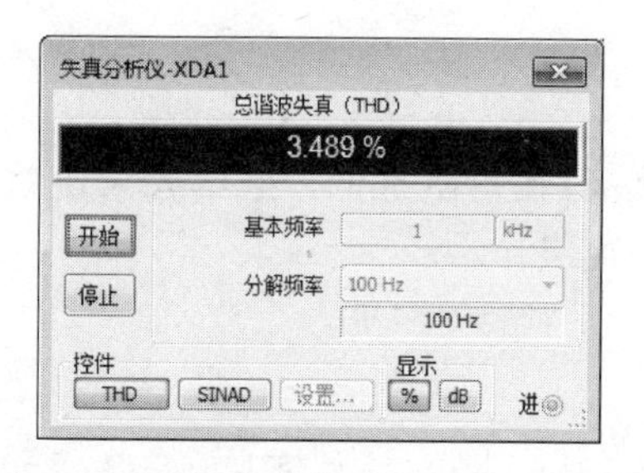

图 2.2.10 用失真分析仪测量谐波失真

对于失真程度的判断,可以采用失真分析仪仿真,比如在输入振幅为 4 V 的 1 kHz 正弦波后,可以用失真分析仪测出输出波形的总谐波失真为 3.489%,如图 2.2.10 所示。

在将电源 V_{CC} 提升至 6 V、V_{EE} 降至 −6 V 之后,总谐波失真降到了 0.001%,失真已经可以忽略不计,如图 2.2.11 所示。因此,在使用运放的时候需要注意避免信号幅度过大,以免带来较大失真。

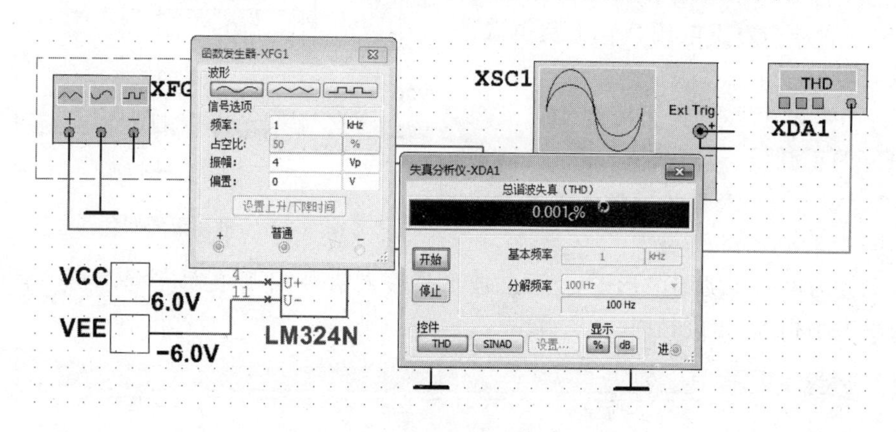

图 2.2.11 提升电源电压降低失真

(4) 改变函数发生器的频率,用示波器观察波形变化。

在信号频率较低时,可以观察到,该电路对不同频率的信号有很好的“跟随”性能,但是当频率过高的时候输出信号幅度会变小。例如,在函数发生器设置为 1 MHz、振幅 100 mV 正弦波的情况下,输入输出波形如图 2.2.12 所示。图中上方的波形为输入信号,下方的波形为输出信号,从中可以明显看出输出信号幅度小于输入信号幅度,也就是说放大倍数变小了。

要研究信号频率对放大电路的影响,可以使用波特测试仪进行测试,如图 2.2.13 所示。

波特测试仪也称为频率特性测试仪,测试窗口如图 2.2.14 所示,类似示波器,波特测试仪也有游标辅助测量。

可以测出 −3 dB 带宽大约 1.2 MHz,如图 2.2.15 所示。

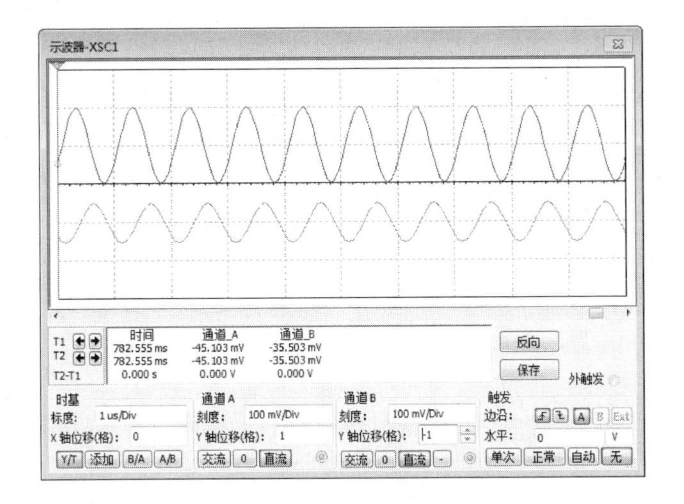

图 2.2.12　信号频率过高导致放大倍数变小

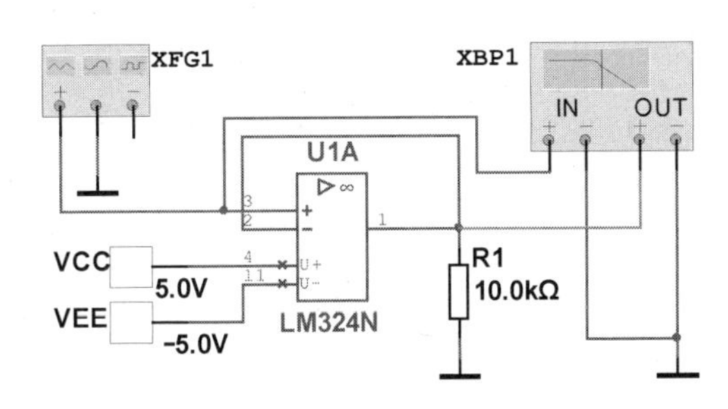

图 2.2.13　用波特测试仪测量电路频率特性

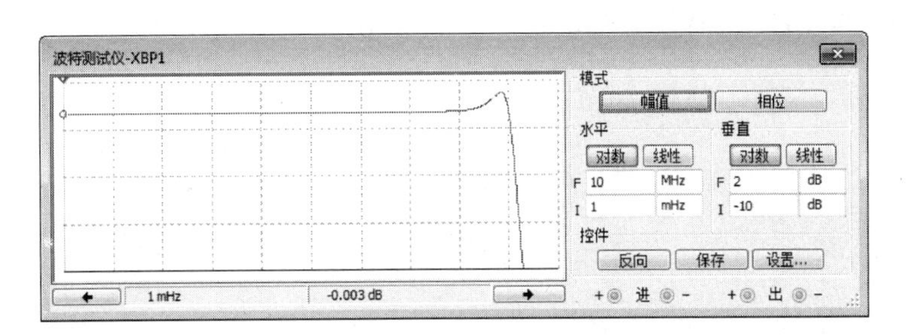

图 2.2.14　波特测试仪窗口

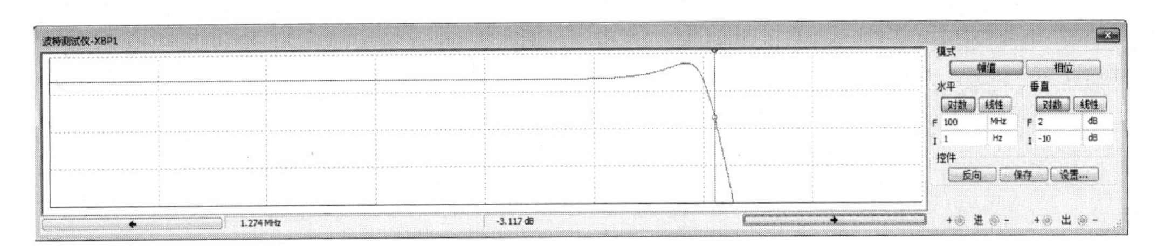

图 2.2.15　测量带宽

带宽全称为通频带宽度，是放大器的一个重要参数，通常指放大器的增益为－3 dB 时的频率范围。当信号频率高到一定程度时，放大器的增益会降低，增益降低到－3 dB 时的频率称为上截止频率，用 f_H表示；通常信号频率低到一定程度的时候，放大器的增益也会降低，增益降低到－3 dB 时的频率称为下截止频率，用 f_L表示。通频带宽度 $BW=f_H-f_L$。

由于集成运放内部采用了直接耦合的结构，所以运放的下截止频率等于 0，带宽就等于上截止频率。

(5) 改变函数发生器的信号类型，用示波器观察波形变化。

当改变函数发生器信号类型的时候，很容易观察到失真，比如在输入 200 kHz、振幅 500 mV正弦波的时候输出并没有失真，但是在信号振幅和频率不变的情况下切换为三角波，就可以观察到较明显的失真，如图 2.2.16 所示。

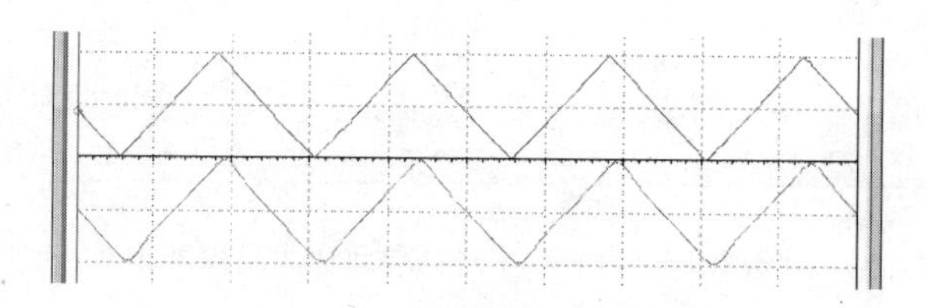

图 2.2.16　200 kHz 三角波失真

当信号频率提高到 500 kHz 的时候，输出已经接近正弦波，如图 2.2.17 所示。

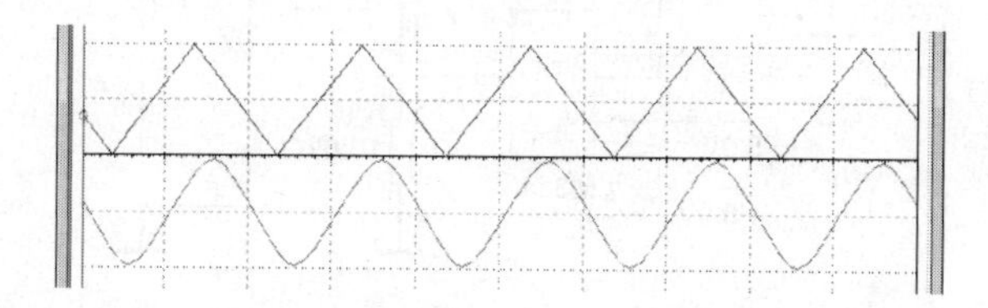

图 2.2.17　500 kHz 三角波失真

而矩形波在 100 kHz 的时候失真就很严重了，如图 2.2.18 所示。

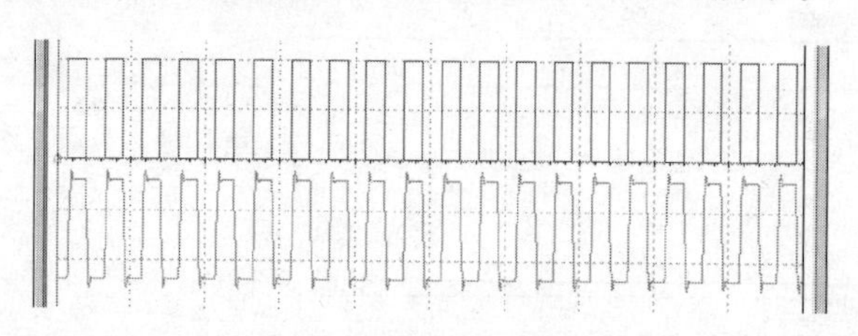

图 2.2.18　100 kHz 矩形波失真

这些失真的原因在于三角波和矩形波都包含高频谐波分量，由于高频谐波分量超出了运放的带宽，被严重衰减了，所以出现失真。三角波的高频谐波分量较少，而矩形波高频谐波分量非常丰富，所以在同样信号频率下三角波的失真较小。

当矩形波频率降为 1 Hz 的时候，仔细观察输出信号波形，还是能看到失真，移动游标，使游标与输入信号的上升沿对齐，如图 2.2.19 所示，下降沿也有类似情 1 况。

这种失真的根源仍然是运放的带宽限制。如果用频率分析的角度来看，输入矩形波的幅度跃变包含了大量的高频分量，只有其中的较低频率的分量能顺利通过运放，使得输出变化缓慢，造成失真。这里的信号频率并不高，但是信号会有突然的跃变，某些高速型运放针对这种情况进行特别的设计，转换速率可达 1 000 V/μs，可以很大程度减小这种失真，常用于模数转换等电路。

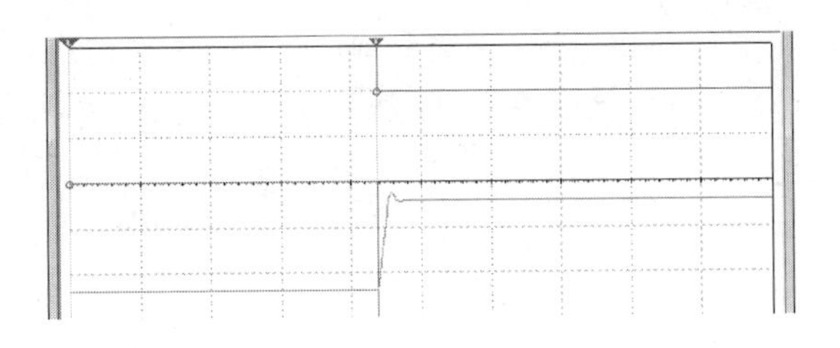

图 2.2.19　1 Hz 矩形波失真

(6) 改变负载电阻 R_1 的大小，用示波器或万用表观察输出幅度的变化。

经仿真可知负载大小的变化并不影响输出信号的电压幅度，因此，电压跟随器是一个比较理想的电压源。

知识 3　同相比例放大电路

同相比例放大电路如图 2.2.20 所示。

1. 电路分析

u_i 加在了同相输入端，R_1 和 R_2 构成了反馈网络。

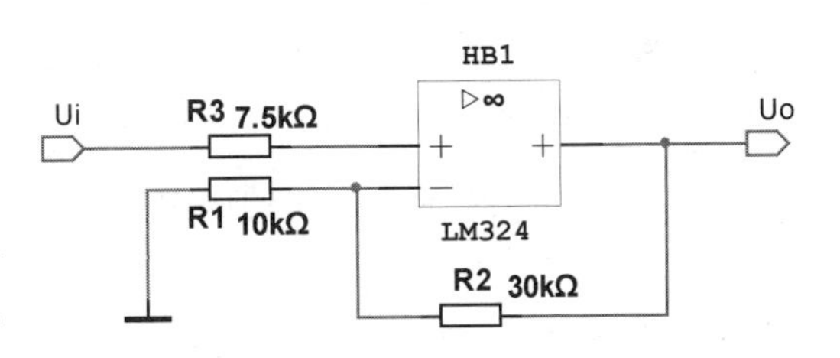

图 2.2.20　同相比例放大电路

R_3 为平衡电阻，由于运放内部采用了差动放大电路，要求同相输入端和反相输入端所接电阻尽量大小相等，所以 R_3 约等于 R_1 和 R_2 的并联阻值。几乎所有运放都需要考虑平衡电阻问题，但是对于某些高阻运放来说，同相输入端和反相输入端的电流几乎为 0(10 pA 左右)，对 R_3 的大小并不敏感。

根据图 2.2.3，很容易判断出同相比例放大电路也是串联反馈。

利用瞬时极性法，第一步假设 u_i 有一个正向跃变，该跃变经过平衡电阻传导到同相输入端，电阻对于信号变化只有幅度上的衰减作用，并没有隔离功能。

跃变传导过程是：$u_i \uparrow \rightarrow u_+ \uparrow \rightarrow (u_+ - u_-) \uparrow \rightarrow u_o \uparrow$

第二步，输出端正向跃变的信号经反馈电阻 R_2 反馈到 LM324 的反相输入端，再经 R_1 接地，电阻网络并不会改变信号跃变方向，所以 LM324 的反相输入端也会有正向跃变。

跃变传导过程是：$u_o \uparrow \rightarrow u_- \uparrow$

第三步，根据运放的输入输出关系式，反相输入端变大将会减小 u_o，这与第一步的效果相反。

跃变传导过程是：$u_- \uparrow \rightarrow (u_+ - u_-) \downarrow \rightarrow u_o \downarrow$

因此，同相比例放大电路也是负反馈。

对于串联负反馈，输入电阻近似无穷大，所以输入电流几乎为 0。同时，由于运放自身输入阻抗极大，所以运放的反相输入端电流约等于 0，可以认为没有电流，同相输入端 u_- 约等于反馈电压 u_f，近似等于 R_1 在 R_1、R_2 支路中对 u_o 的分压，反馈网络等效如图 2.2.21 所示。

忽略微小误差，可知：

$$u_- = u_f = \frac{R_1}{R_1 + R_2} u_o$$

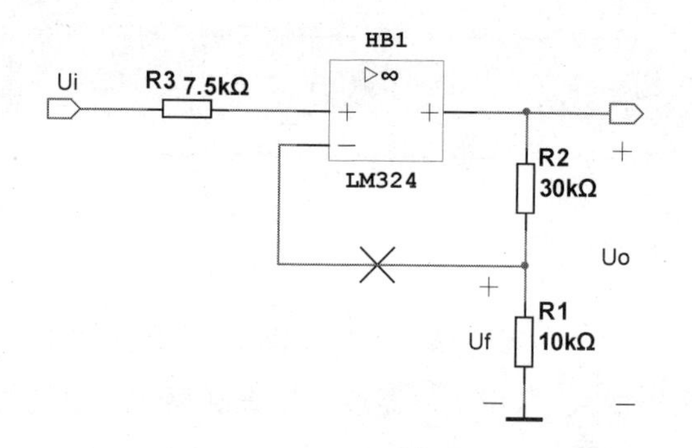

图 2.2.21 反馈电压分析

若输出电压为 0，则反馈电压也为 0，因此该反馈是电压反馈。

2. 放大倍数计算

由于同相比例放大电路引入了串联电压负反馈，运放工作于闭环状态，$u_+ \approx u_-$。同时由于输入电流近似为 0，所以平衡电阻 R_3 上的压降近似为 0，于是有 $u_i \approx u_+$。忽略微小误差，可得

$$u_i = u_+ = u_- = \frac{R_1}{R_1 + R_2} u_o$$

因此，同相比例放大电路的放大倍数为

$$A_u = \frac{u_o}{u_i} = 1 + \frac{R_2}{R_1}$$

3. 同相比例放大电路的特点

由于同相比例放大电路采用了电压串联负反馈，所以具有输入阻抗高、输出阻抗低的特点，电压放大倍数取决于反馈网络电阻，灵活可调，使用方便。输出与输入同相位。常用于电压放大。

若输入信号中包含共模信号，则需要选用共模抑制比较高的运放型号。

实操 2：同相比例放大电路的仿真

(1) 用 Multisim 软件绘制电路图，如图 2.2.22 所示。图中 XFG1 为函数发生器，XSC1 为示波器，V_{CC} 为正电源，V_{EE} 为负电源，R_1 为负载电阻，R_2 和 R_3 为反馈网络电阻，R_4 为平衡电阻。

(2) 将函数发生器设置为振幅 100 mV、频率 1 kHz 的正弦波，运行仿真，用示波器观察波形，比较输出波形与输入波形的关系。仿真波形如图 2.2.23 所示。

图中的波形为输入信号，下面的波形为输出信号，通过对比可以知道输出幅度比输入大(要注意两者的刻度不同)，两者同相位。利用游标可以测量输入、输出信号的幅度，对电压放大倍数进行估算。

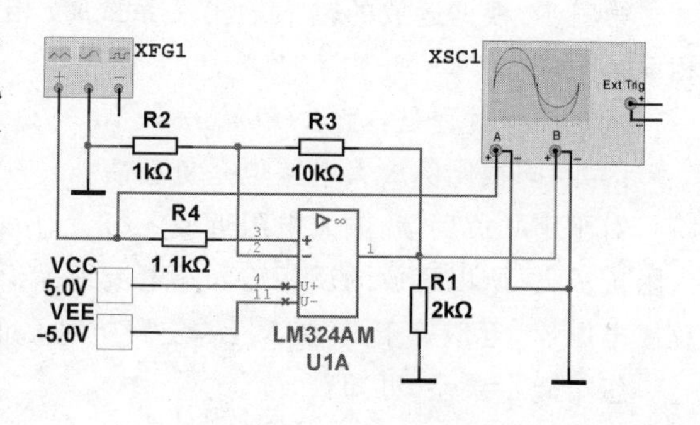

图 2.2.22 同相比例放大电路仿真

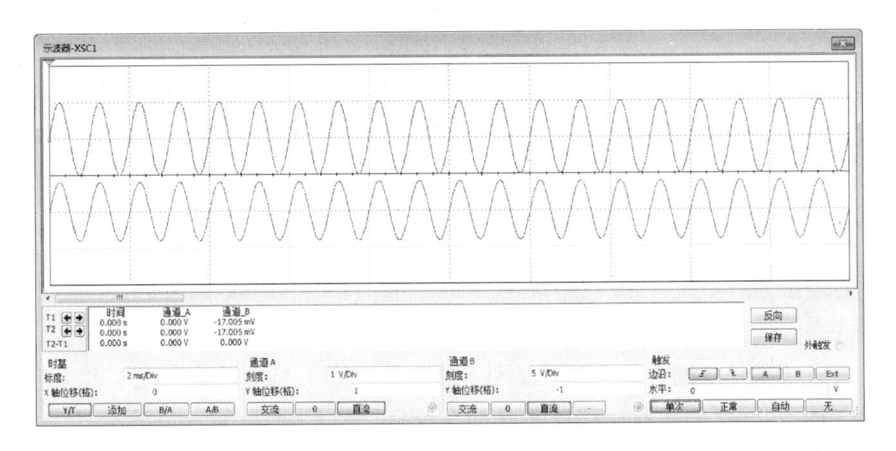

图 2.2.23　同相比例放大波形

(3) 通过万用表可以测得输入和输入信号电压幅度，计算出放大倍数为 10 倍，与理论计算相同，如图 2.2.24 所示。

需要注意的是，这里是仿真，不是实际测量。实际的万用表都有适用的频率范围，通常万用表适用的频率较低，若要测量较高频率的信号电压，需要选用高频电压表，否则误差会非常大。以下章节的相关仿真内容与此相同，不再一一提示。

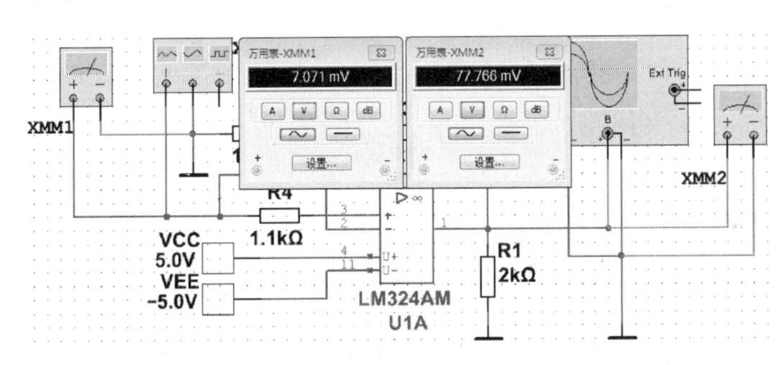

图 2.2.24　利用万用表测量放大倍数

(4) 分别改变反馈网络电阻 R_1、R_2 的大小，用示波器观察波形变化，用失真分析仪测量谐波失真，用万用表测量电压放大倍数。

通过仿真可以知道，利用反馈网络电阻大小的变化，能够灵活改变运放电路的电压放大倍数。

(5) 改变函数发生器的频率、幅度和信号类型，用示波器观察波形变化。

经仿真可知，同相比例放大电路各方面均与电压跟随器类似，电压跟随器相当于放大倍数为 1 的特例。

(6) 改变负载电阻的大小，用万用表测量放大倍数变化。

经仿真可知负载大小的变化并不影响输出信号的电压幅度，因此，同相比例放大电路可以作为比较理想的电压源带负载。

知识 4　反相比例放大电路

同相比例放大电路如图 2.2.25 所示。图中，R_1 和 R_2 构成反馈网络，R_3 为平衡电阻，与同相比例放大电路类似。

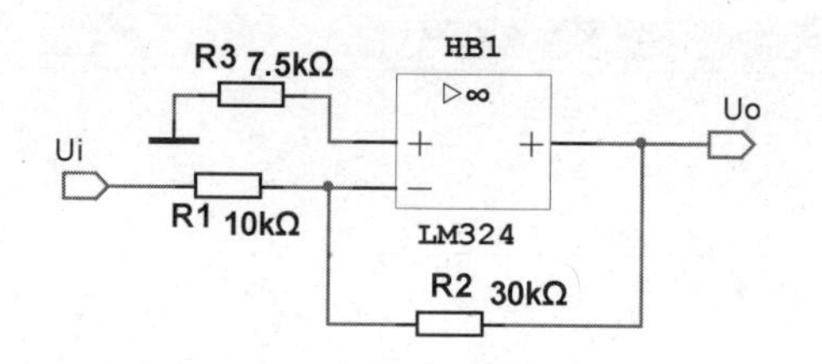

图 2.2.25 反相比例放大电路

1. 并联反馈

并联反馈的并联是从输入端看进去的效果，如果从输入端看进去放大电路和反馈网络是并联的关系，则该反馈就是并联反馈。并联的重要标志就是分流，输入电流被放大支路和反馈支路分流就说明是并联反馈，如图 2.2.26 所示。

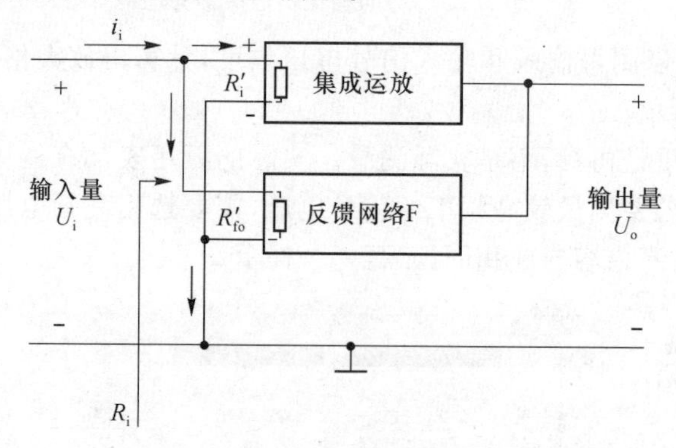

图 2.2.26 并联反馈的输入阻抗

并联反馈的总输入电阻 R_i 等于原放大电路输入电阻 R'_i 并联反馈网络的输出电阻 R'_{of}，所以，总输入电阻既小于原放大电路输入电阻，又小于反馈网络的输出电阻，比两者之中小的还小。通常集成运放的输入电阻非常大，反馈网络的输出电阻则较小，两者并联之后往往近似等于反馈网络的输出电阻。

2. 电压负反馈

利用瞬时极性法，第一步假设 u_i 有一个正向跃变，该跃变经过反馈网络电阻传导到反相输入端，导致反相输入端电压正向跃变，根据运放的输入输出关系式

$$u_o = A_{od}(u_+ - u_-)$$

可知，该跃变将使输出 u_o 变小。

跃变传导过程是：$u_i \uparrow \to u_- \uparrow \to (u_+ - u_-) \downarrow \to u_o \downarrow$

第二步，输出端反向跃变的信号经反馈电阻 R_2 反馈到 LM324 的反相输入端，直接抵消了输入信号导致的正向跃变。

跃变传导过程是：$u_o \downarrow \to u_- \downarrow$

因此，反相比例放大电路也是负反馈。

若将输出 U_o 接地，反馈信号将消失，所以该反馈为电压反馈。

3. 电压放大倍数

由于运放输入阻抗极大，所以运放同相输入端和反相输入端电流近似为 0，平衡电阻 R_3 上

的压降近似为 0，即 $u_+ \approx 0$。

由于引入了负反馈，运放工作在闭环状态，所以 $u_+ \approx u_-$。

所以图 2.2.25 可以近似等效为图 2.2.27，图中 A 点电位为 0。

$$\frac{u_i - u_A}{R_1} = \frac{u_A - u_o}{R_2}$$

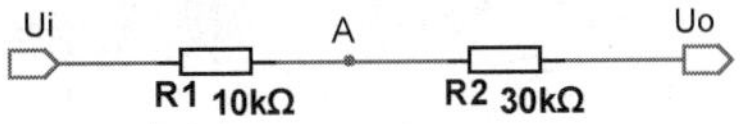

因为

$$u_A = 0$$

所以

$$\frac{u_i}{R_1} = \frac{-u_o}{R_2}$$

Ui　R1 10kΩ　A　R2 30kΩ　Uo

图 2.2.27　计算放大倍数的等效电路图

因此，反相比例放大电路的放大倍数为

$$A_u = \frac{u_o}{u_i} = -\frac{R_2}{R_1}$$

需要注意的是，反相比例放大电路的放大倍数为负数，并不代表其输出信号比输入信号幅度小，而是代表输出信号与输入信号反相。放大电路的放大倍数正负仅代表输出信号与输入信号是同相位还是反相位，绝对值大于 1，则代表输出信号幅度比输入信号幅度大，得到了放大；绝对值小于 1 且大于 0，代表输出信号幅度比输入信号幅度小，受到了衰减。

反相比例放大电路的输入、输出信号波形如图 2.2.28 所示，图中上面的波形为输入信号，下面的波形为输出信号。从图中可以看到，输入信号和输出信号完全反相位，也就是说相位差 180°，幅度得到了放大。

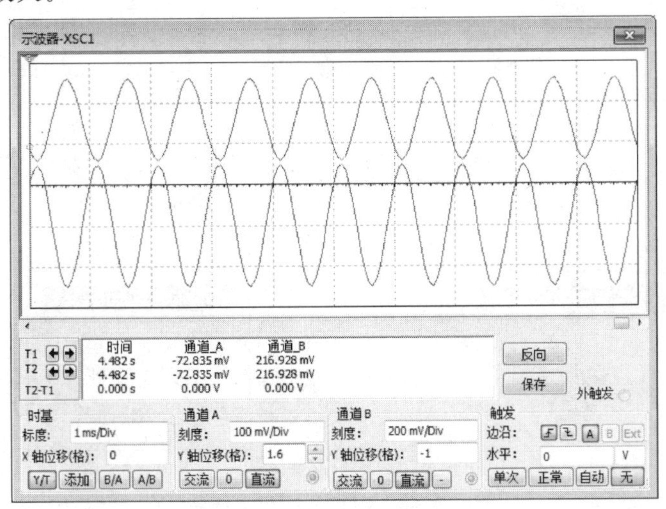

图 2.2.28　反相比例放大波形

4. 反相比例放大电路的特点

由于反相比例放大电路采用了并联负反馈，所以输入阻抗不高，等于输入端和运放反相输入端之间的电阻。电压负反馈使得反相比例放大电路的输出阻抗非常低。电压放大倍数取决于反馈网络电阻，灵活可调，使用方便。输出与输入相位相反。对共模信号有一定的抑制能力。常用于电压放大。

实操 3：反相比例放大电路的仿真

(1) 用 Multisim 软件绘制电路图，如图 2.2.29 所示。图中 XFG1 为函数发生器，XSC1

为示波器，XMM1 和 XMM2 为万用表，V_{CC}为正电源，V_{EE}为负电源，R_1和R_2为反馈网络电阻，R_3为平衡电阻，R_4为负载电阻。

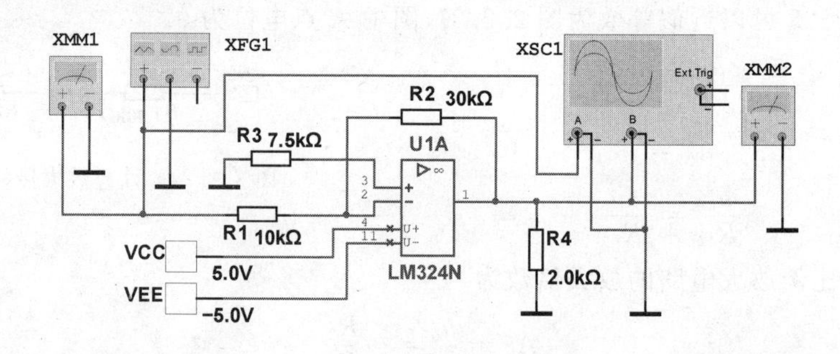

图 2.2.29　反相比例放大电路仿真

（2）将函数发生器设置为振幅 100 mV、频率 1 kHz 的正弦波，运行仿真，用示波器观察波形，比较输出波形与输入波形的关系。

（3）通过万用表可以测得输入和输入信号电压幅度，计算出放大倍数为 3 倍，与理论计算相同，如图 2.2.30 所示。

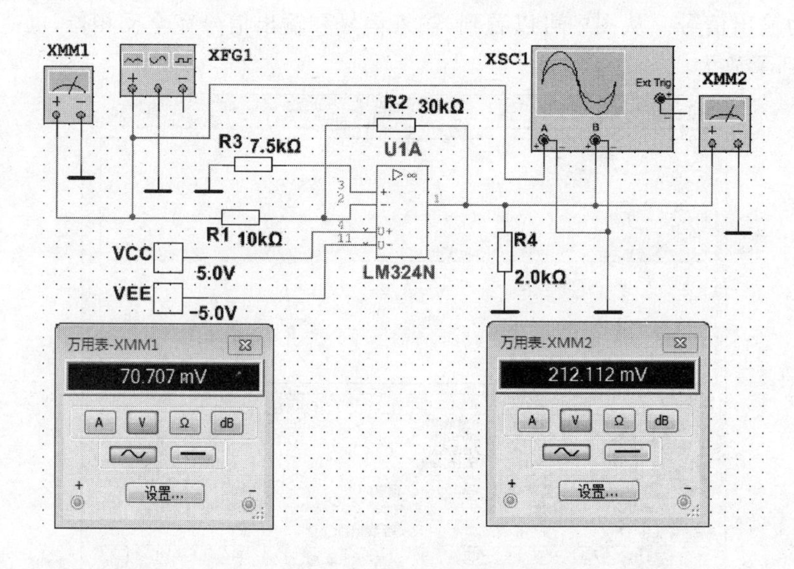

图 2.2.30　测量电压放大倍数

（4）分别改变反馈网络电阻 R_1、R_2的大小，用示波器观察波形变化，用失真分析仪测量谐波失真，用万用表测量电压放大倍数。

通过仿真可以知道，利用反馈网络电阻大小的变化，能够灵活改变运放电路的电压放大倍数。

（5）改变函数发生器的频率、幅度和信号类型，用示波器观察波形变化。

经仿真可知，反相比例放大电路在这几方面均与同相比例放大电路类似。

（6）改变负载电阻的大小，用万用表测量放大倍数变化。

经仿真可知负载大小的变化并不影响输出信号的电压幅度，因此，反相比例放大电路可以作为比较理想的电压源带负载。

知识 5 求和电路

反相求和电路如图 2.2.31 所示。图中电阻 R_1、R_2 和 R_4 构成反馈网络，电阻 R_3 为平衡电阻，一般 R_3 等于 R_1、R_2 和 R_4 三者的并联。

由于 R_4 的存在，用瞬时极性法判断该电路引入了负反馈，该反馈为电压并联负反馈，与反相比例放大电路相同。

由于引入了负反馈，运放工作在线性区，同时由于运放输入端电流近似为 0，如图 2.2.32 所示。

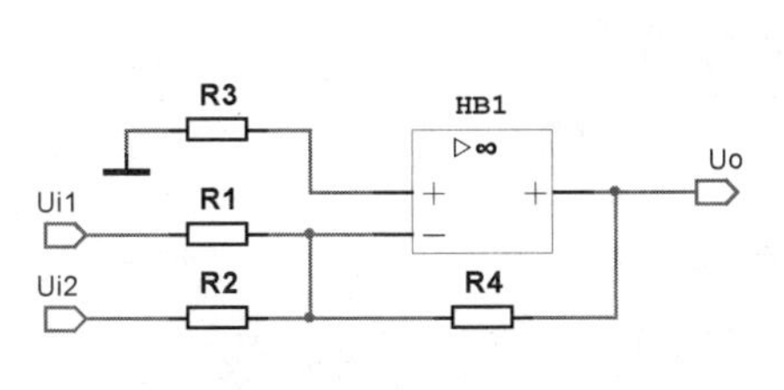

图 2.2.31 反相求和

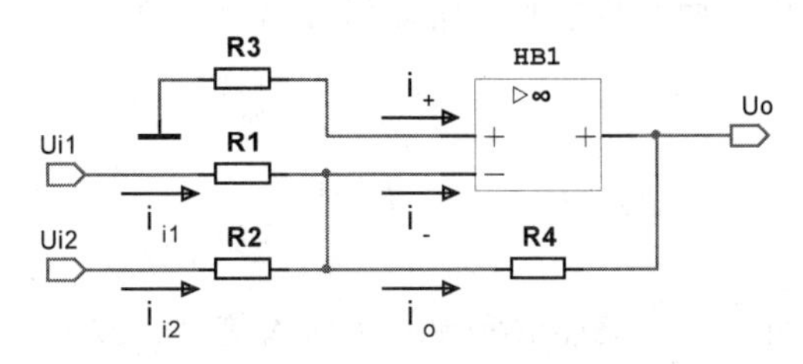

图 2.2.32 求和电路的电流分析

$$u_+ \approx u_- \approx 0$$

$$i_+ \approx i_- \approx 0$$

忽略微小误差

$$i_{i1} + i_{i2} = i_o$$

$$\frac{u_{i1} - 0}{R_1} + \frac{u_{i2} - 0}{R_2} = \frac{0 - u_o}{R_4}$$

输出电压为

$$u_o = -\left(\frac{R_4}{R_1}u_{i1} + \frac{R_4}{R_2}u_{i2}\right)$$

当 $R_1 = R_2 = R_4$ 时，输出电压为

$$u_o = -(u_{i1} + u_{i2})$$

可知该电路实现了电压信号求和的功能，输出信号与两个输入信号的和成反相关系。

同相求和电路与反相求和电路类似，如图 2.2.33所示。可以证明，该电路在 $R_1 = R_2 = R_3 = R_4$ 的时候，$u_o = 2(u_{i1} + u_{i2})$。

同相求和电路和反相求和电路都可以使用叠加定理进行分析、计算。

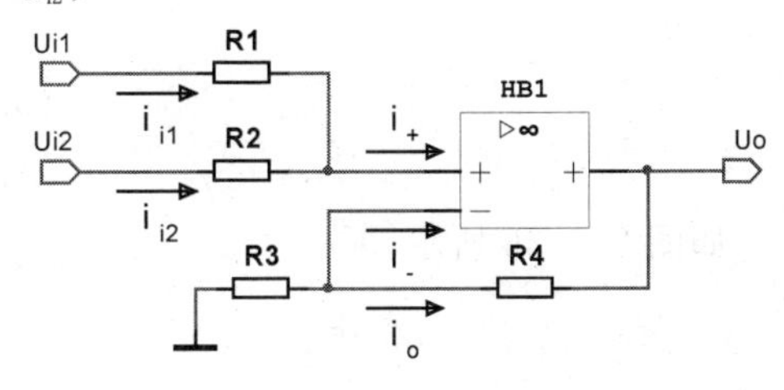

图 2.2.33 同相求和

知识 6 求差电路

反相求和电路如图 2.2.34 所示。图中有两个运放，其中 u_{i1} 经过了先后经过了两个运放，被称为两级放大，第一级由运放 HB_1、电阻 R_1、R_2 和 R_3 构成反相比例放大电路，第二级由运放 HB_2、电阻 R_4、R_5、R_6 和 R_7 构成反相求和电路。

由前面所学反相比例放大电路知识可知

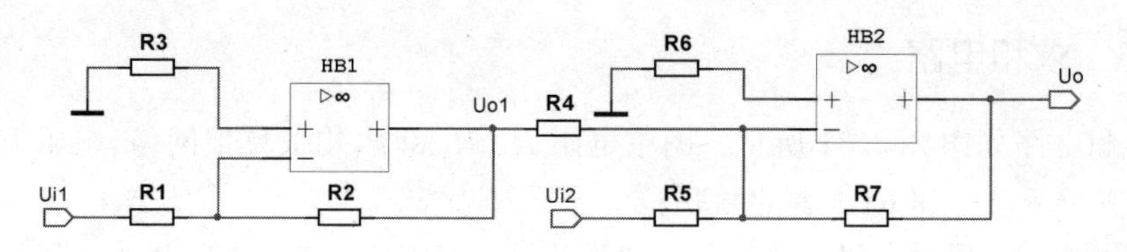

图 2.2.34 反相求差

$$u_{o1} = -\frac{R_2}{R_1}u_{i1}$$

由前面反相求和电路知识可知

$$u_o = -\left(\frac{R_7}{R_4}u_{o1} + \frac{R_7}{R_5}u_{i2}\right)$$

当 $R_1 = R_2 = R_4 = R_5 = R_7$ 时

$$u_o = -(-u_{i1} + u_{i2}) = u_{i1} - u_{i2}$$

可见该电路能够实现两个输入信号相减的功能。

知识 7 微分电路

反向微分电路如图 2.2.35 所示。图中 R_1 为反馈电阻，与反相比例放大电路类似，只是将输入端和运放反相输入端之间的电阻换成了电容 C_1。为了使运放两个输入端所接电路一致，通常平衡电阻 R_2 两端会并联一个电容 C_2。

由电容的伏安特性

$$i_C = C\frac{\mathrm{d}u_C}{\mathrm{d}t}$$

可知电容的电压和电流之间存在线性微分关系，因此可以利用电容实现微分电路。由于引入了电压并联负反馈，所以运放工作在线性状态，有

$$u_+ \approx u_- \approx 0$$

$$i_+ \approx i_- \approx 0$$

所以

$$i_{C1} \approx i_{R1}$$

$$u_i \approx u_{C1}$$

如图 2.2.36 所示。

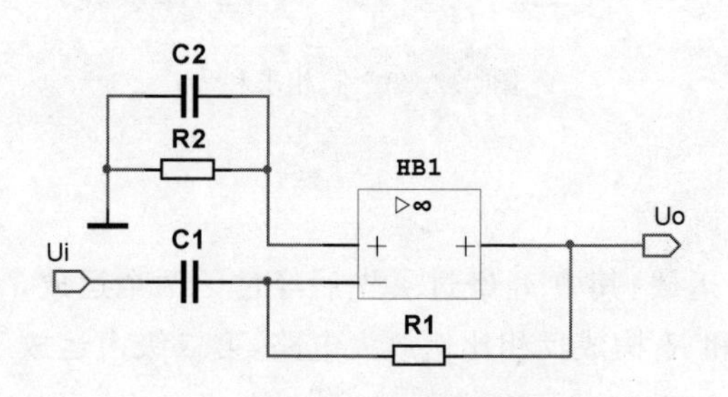

图 2.2.35 反向微分电路

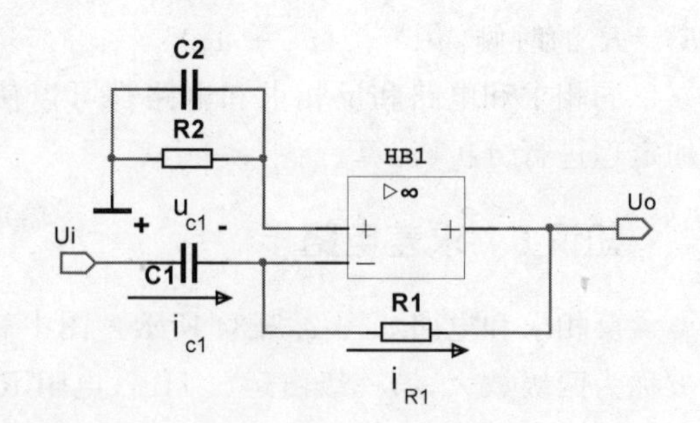

图 2.2.36 微分电路分析

可知

$$u_o = -i_{R1}R_1$$

即

$$u_o = -i_{C1}R_1$$

用电容的电压表示电流

$$u_o = -C_1\frac{du_{C1}}{dt}R_1$$

整理可得

$$u_o = -R_1C_1\frac{du_i}{dt}$$

图 2.2.36 所示的微分电路在实际应用的时候还有一些缺点，比如，抗干扰能力较差，易自激振荡，在输入跃变的时候容易导致输出达到电源电压而出现“饱和”现象等，实际应用时常采用图 2.2.37 所示的改进电路。

在图 2.2.37 中，电阻 R_1 很小，电容 C_2 也比较小，一般 $R_1C_1 \approx R_2C_2$，运放在对称双电源情况下，D_1 和 D_2 使用相同的稳压管，稳压值小于电源电压，电路输出的最大值约为稳压管的反向稳压值加正向导通压降。

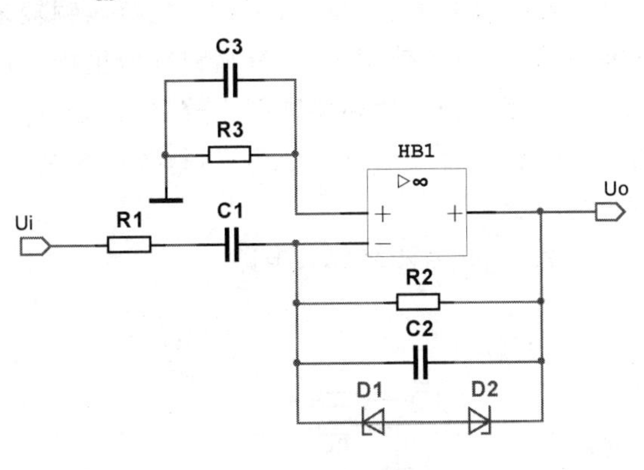

图 2.2.37　改进的微分电路

微分电路能取出信号的快速变化部分，经常用于波形变换，比如将矩形波转换为尖脉冲，也常用来给正弦波移相，可以将正弦波移相 90°变为余弦波。

知识 8　积分电路

积分电路与微分电路类似，只需要将微分电路的电阻和电容调换位置即可，如图 2.2.38 所示。该电路同样引入了电压并联负反馈，分析方法与微分电路类似。

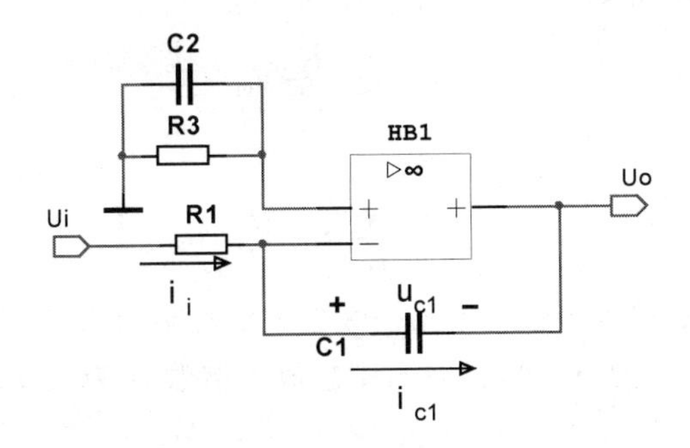

图 2.2.38　反相积分电路

经分析可得

$$u_o = -u_{C1} = -\frac{1}{C_1}\int i_{C1}dt = -\frac{1}{R_1C_1}\int u_i dt$$

积分电路也能用于正弦波移相和波形整形，积分电路使剧烈变化的信号变得平缓，可以将矩形波变换为三角波。

知识9 多级放大电路

单级放大电路的放大倍数总是有限，对于运放来说，虽然开环放大倍数非常大，但是为了系统稳定和展宽频带引入了深度负反馈，如果过于追求高放大倍数，则负反馈过浅，系统容易受到干扰影响，并且通频带变窄。所以，当一级放大电路的放大倍数不够时，可以考虑采用多级放大电路。

各级放大电路之间的连接方法主要有三种：变压器耦合法、阻容耦合法和直接耦合法。因为变压器有体积大、重量大、消耗有色金属铜较多等局限性，变压器耦合法在低频场合应用越来越少，几乎完全被淘汰，只有高频领域里仍有应用。直接耦合法常见于集成电路设计，分立元件的直接耦合设计和调试都比较复杂，分立元件的电路中很少采用，在集成运放电路中较为常见。阻容耦合法的电路结构清晰，各放大级可以分别独立设计和调试，在分立元件电路中应用最为广泛。

图 2.2.39 为两级放大电路。

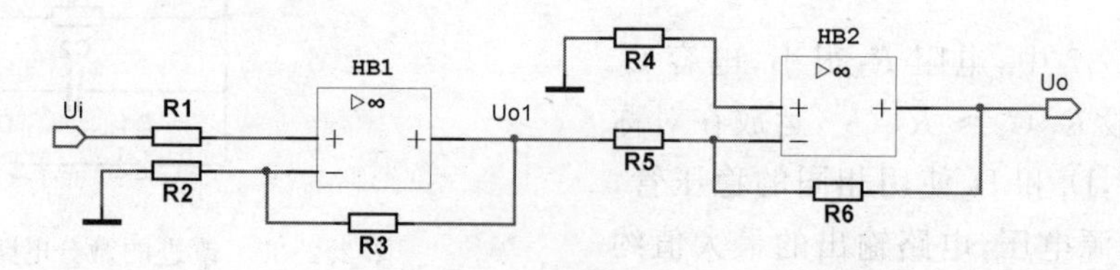

图 2.2.39 两级放大电路

图中运放 HB_1 和电阻 R_1、R_2、R_3 构成了第一级同相比例放大电路，运放 HB_2 和电阻 R_4、R_5、R_6 构成了第二级反相比例放大电路。

由同相比例放大电路可知

$$u_{o1}=\left(1+\frac{R_3}{R_2}\right)u_i$$

由反相比例放大电路可知

$$u_o=-\frac{R_6}{R_5}u_{o1}$$

所以

$$u_o=-\frac{R_6}{R_5}\left(1+\frac{R_3}{R_2}\right)u_i$$

可见该放大电路的总放大倍数等于第一级放大倍数乘以第二级放大倍数。对于多级放大电路，若各级放大倍数分别为 A_1、A_2、A_3…，则总放大倍数 A 为

$$A=A_1\times A_2\times A_3\cdots$$

对于输入信号 u_i 来讲，输入电阻等于第一级串联负反馈的输入电阻，近似无穷大，后级放大电路的影响非常小，可以忽略不计。

第二级为电压负反馈，因此，对于负载来说，该电路近似为理想电压源，内阻可以忽略不计。

多级放大电路的总输入电阻等于第一级输入电阻，总输出电阻等于最后一级输出电阻。

知识 10　运放的单电源应用

现实生活中经常有包含直流量的信号，如图 2.2.40 所示，该信号形状为正弦波形，但是最小值也是大于 0 的，全部波形都在横坐标轴上方，平均值大于 0（也有平均值小于 0 的类型），如果将这种信号幅度减去一个固定常数，则会变成平均值为 0 的纯粹交流信号，这种信号就是包含直流量的交流信号。

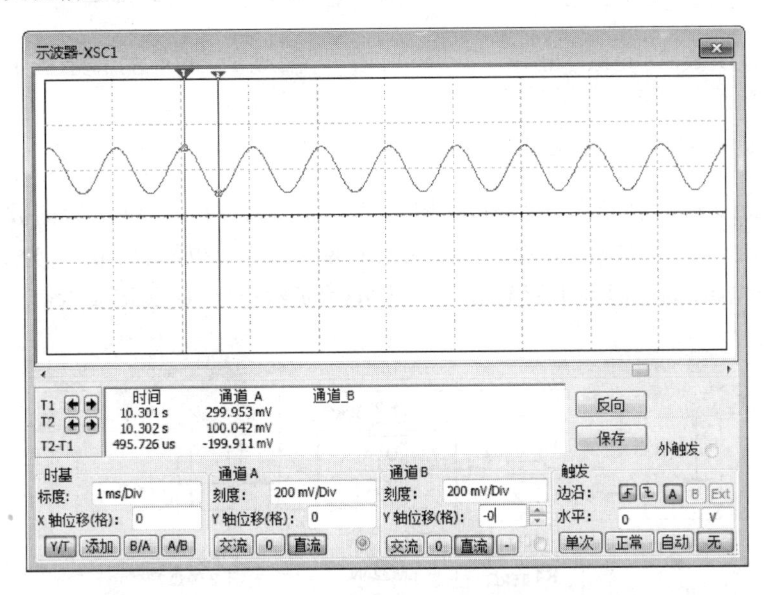

图 2.2.40　包含直流量的交流信号

放大这种包含直流量的交流信号可以采用单电源供电的运放电路，也可以通过隔直电容隔离直流量，使其变为纯粹交流量之后再使用双电源供电的运放电路放大。虽然理论上包含直流分量的交流信号也可以采用双电源供电的运放进行放大，但是多数运放的电源动态范围是固定的，双电源供电时放大包含直流分量的交流信号不能充分利用其动态范围。例如，LM324，单电源供电最大为 32 V，对于包含直流分量的交流信号来讲，信号最大振幅接近16 V，而双电源供电时最高电源为 ±16 V，同样的信号最大振幅只能接近 8 V。

双电源供电比较复杂，很多时候选择单电源供电更为便利。需要指出的是，单电源供电的运放需要考虑更多的共模干扰问题。

图 2.2.41 为单电源运放的电路图，该电路采用了电压并联负反馈。运放同相输入端的直流电压 U_+ 为电源电压的一半，这是为了充分利用电源电压提高动态范围。该电路输入、输出信号均包含 2.5 V 的直流分量，若负载只需要交流分量，则可以使用电容将直流分量隔离，如图 2.2.42 所示。图中 C_1 为隔离直流分量的电容，通常容量要比较大，以便于交流信号顺利通过。

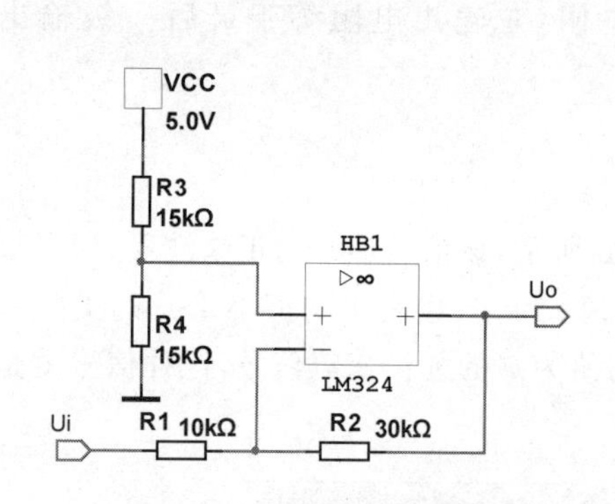

图 2.2.41 运放的单电源应用

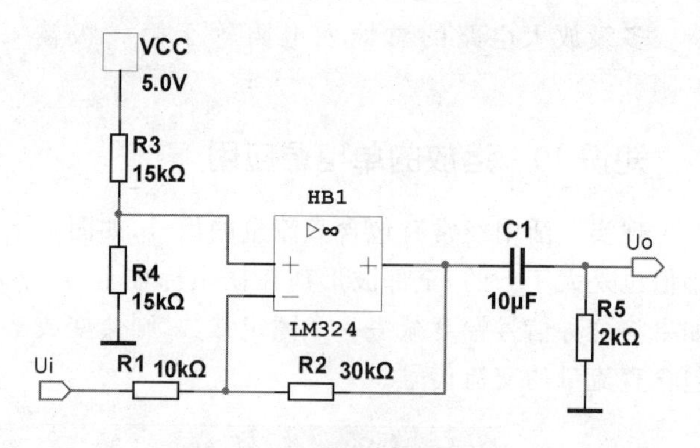

图 2.2.42 用电容隔离直流分量

实操 4：运放的单电源应用仿真

(1) 用 Multisim 软件绘制电路图，如图 2.2.43 所示。图中 XFG1 为函数发生器，XSC1 为示波器，XMM1 和 XMM2 为万用表，V_{CC}为正电源，V_{EE}为负电源，R_1和 R_2为反馈网络电阻，R_3和 R_4为分压电阻，同时起到平衡电阻的作用，R_5为负载电阻，C_1为隔直电容。

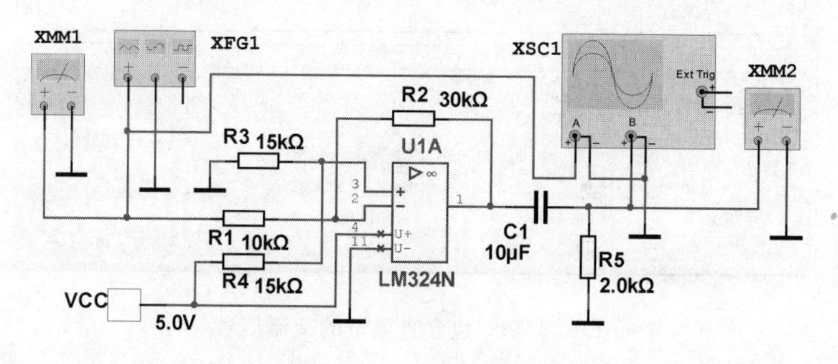

图 2.2.43 单电源运放的仿真

(2) 将函数发生器设置为振幅为 100 mV、频率为 1 kHz 的正弦波，偏置设置为 2.5 V。运行仿真，用示波器观察输入、输出信号波形，特别注意观察信号中是否包括直流分量。

(3) 用万用表测量输入信号和输出信号的交流电压，记录并计算电压放大倍数。

(4) 去除隔直电容 C_1，再次用示波器观察信号波形，用万用表测量电压放大倍数。

(5) 改变函数发生器的信号幅度、频率，用示波器观察输出变化。

知识 11 电流负反馈

电流负反馈电路如图 2.2.44 所示，图中 R_1、R_2和 R_4构成了反馈网络，R_3为平衡电阻，R_L为负载，同时也可以视为反馈网络的一部分。当负载 R_L断路，输出电流 i_o为 0 时，反馈量立刻消失；而当负载 R_L短路时，虽然输出电压 u_o为 0，但是此时 i_o 不为 0，仍然有反馈量。所以，该反馈为电流反馈。

利用前面所学知识，可以判断图 2.2.44 所示电路采用了电流串联负反馈。因此，有

$$i_+ \approx i_- \approx 0$$

$$u_+ \approx u_-$$

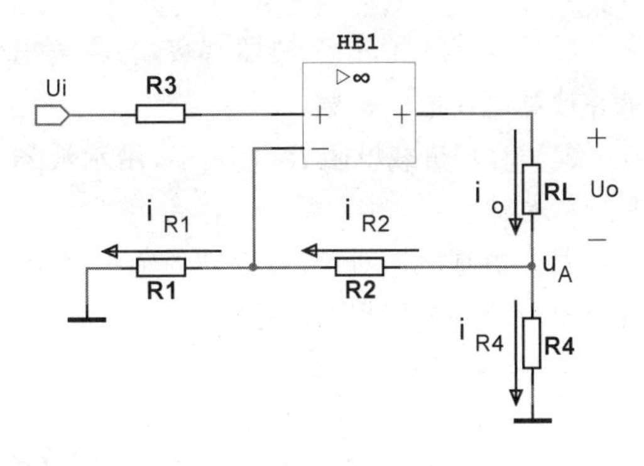

图 2.2.44　电流负反馈电路

忽略微小误差

$$i_{R1} = i_{R2}$$

$$i_o = i_{R2} + i_{R4}$$

根据欧姆定律可得

$$u_i = u_- = i_{R1} R_1 = i_{R2} R_1$$

$$u_o = i_o R_L$$

根据分流公式

$$i_{R2} = \frac{R_4}{R_1 + R_2 + R_4} i_o$$

所以

$$u_i = i_{R2} R_1 = \left(\frac{R_4}{R_1 + R_2 + R_4} i_o\right) R_1 = \left(\frac{R_1 R_4}{R_1 + R_2 + R_4}\right) \frac{u_o}{R_L}$$

电压放大倍数

$$A_u = \frac{u_o}{u_i} = \frac{R_1 + R_2 + R_4}{R_1 R_4} R_L$$

可见电压放大倍数随负载大小发生变化，并不是很好的电压源。

实操 5：电流负反馈仿真

(1) 用 Multisim 软件绘制电路图，如图 2.2.45 所示。图中 XFG_1 为函数发生器，XSC_1 为示波器，XMM_1、XMM_2 和 XMM_3 为万用表，V_{CC} 为正电源，V_{EE} 为负电源，R_1、R_2 和 R_4 为反馈网络电阻，R_3 为平衡电阻，R_L 为负载电阻。

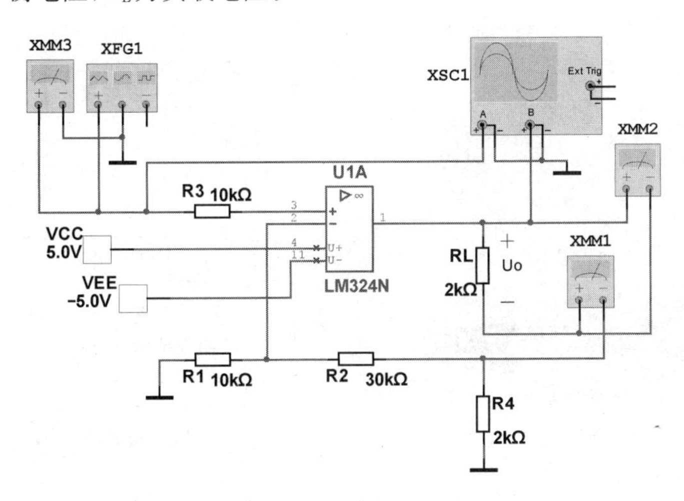

图 2.2.45　电流负反馈仿真电路

(2) 将函数发生器设置成振幅 100 mV、频率 1 kHz 的正弦波，偏置 0 V。万用表 XMM_1 设置为交流电流挡，用于测量负载 R_L 上的输出电流 i_o。万用表 XMM_2 设置为交流电压挡，用于测量负载 R_L 上的输出电压 u_o。万用表 XMM_3 设置为交流电压挡，用于测量输入信号 u_i。

注意：万用表测量数据为有效值，与函数发生器设置的振幅不同。

(3) 运行仿真,用示波器观察输入、输出信号波形,用万用表测量输出电压和输出电流,记录并计算电压放大倍数。

(4) 改变负载电阻 R_L的大小,用示波器观察输入、输出波形变化,用万用表记录测量值,并进行对比。

根据仿真数据对比,可以知道输出电流 i_o非常稳定,基本不随负载发生变化,该电路对于负载相当于非常理想的电流源。

任务三 小信号放大器的制作与调试

知识 1 话筒和扬声器

1. 话筒

话筒也称为传声器、麦克风,是将声音信号转换为电信号的能量转换器件。话筒种类繁多,按声电转换原理分为:电动式、电容式、压电式、电磁式、碳粒式、半导体式等。目前驻极体话筒应用最为广泛,也称驻极体传声器,是利用驻极体材料制成的一种特殊电容式"声—电"转换器件。其原理大致是:内部由金属膜片、金属极板和场效应管构成,金属膜片或者金属极板采用驻极体材料,驻极体材料可以保存电荷。声音导致金属膜片振动,改变了金属膜片和金属极板之间的电容大小,从而让场效应管输出相应的电压。驻极体话筒的外形与结构如图 2.3.1所示。

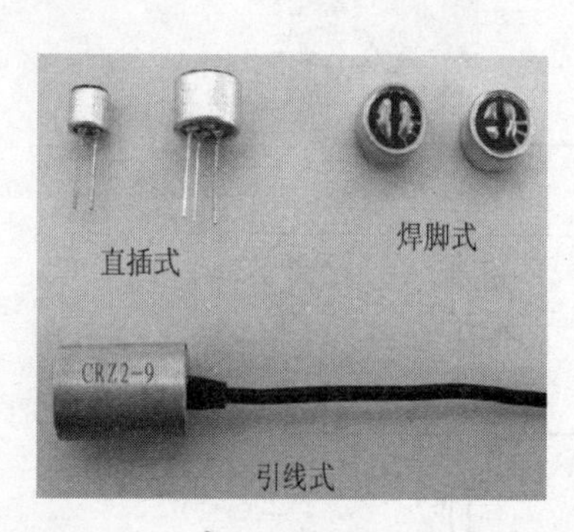

(a) 外形图

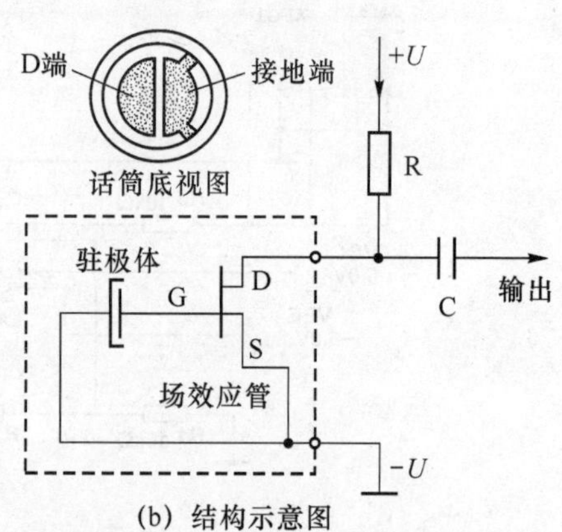

(b) 结构示意图

图 2.3.1 驻极体话筒外形与结构示意图

驻极体话筒具有体积小、结构简单、电声性能好、价格低、使用方便的特点,广泛应用于多种场合,比如一般会议场合,语音通信系统,如电话机、摄像机、手机、复读机等设备。驻极体话筒的缺点是拾声的音质效果相对差些,多用在对于音质效果要求不高的场合。

常见的驻极体话筒形状多为圆柱形,其直径有 Φ6 mm、Φ9.7 mm、Φ10 mm、Φ10.5 mm、Φ11.5 mm、Φ12 mm、Φ13 mm 等多种规格;引脚电极数分两端式和三端式两种,引脚形式有可直接在电路板上插焊的直插式、带软屏蔽电线的引线式和不带引线的焊脚式 3 种。如按体积大小分类，有普通型和微型两种。

驻极体话筒的参数指标主要有以下几项。

(1) 工作电压

工作电压是指驻极体话筒正常工作时，所施加在话筒两端的最小直流工作电压。该参数视型号不同而有所不同，即使是同一种型号也有较大的离散性，通常厂家给出的典型值有1.5 V、3 V和4.5 V这3种。

(2) 工作电流

工作电流是指驻极体话筒静态时所通过的直流电流，它实际上就是内部场效应管的静态电流。与工作电压类似，工作电流的离散性也较大，通常在0.1～1 mA。

(3) 最大工作电压

最大工作电压是指驻极体话筒内部场效应管漏、源极两端所能够承受的最大直流电压。超过该极限电压时，场效应管就会被击穿损坏。

(4) 灵敏度

灵敏度是指话筒在一定的外部声压作用下所能产生音频信号电压的大小，其单位通常用mV/Pa(毫伏/帕)或dB(0 dB＝1 000 mV/Pa)。一般驻极体话筒的灵敏度多在0.5～10 mV/Pa或－66～－40 dB范围内。话筒灵敏度越高，在相同大小的声音下所输出的音频信号幅度也越大。

(5) 频率响应

频率响应也称频率特性，是指话筒的灵敏度随声音频率变化而变化的特性，常用曲线来表示。一般说来，当声音频率超出厂家给出的上、下限频率时，话筒的灵敏度会明显下降。驻极体话筒的频率响应一般较为平坦，普通产品的范围在100 Hz～10 kHz，质量较好的话筒为40 Hz～15 kHz，优质话筒可达20 Hz～20 kHz。

(6) 输出阻抗

输出阻抗是指话筒在一定的频率(1 kHz)下输出端所具有的交流阻抗。驻极体话筒经过内部场效应管的阻抗变换，其输出阻抗一般小于3 kΩ。

(7) 固有噪声

固有噪声是指在没有外界声音时话筒所输出的噪声信号电压。话筒的固有噪声越大，工作时输出信号中混有的噪声就越大。一般驻极体话筒的固有噪声都很小，为微伏级电压。

(8) 指向性

指向性也叫方向性，是指话筒灵敏度随声波入射方向变化而变化的特性。话筒的指向性分单向性、双向性和全向性3种。单向性话筒的正面对声波的灵敏度明显高于其他方向，并且根据指向特性曲线形状，可细分为心形、超心形和超指向形3种；双向性话筒在前、后方向的灵敏度均高于其他方向；全向性话筒对来自四面八方的声波都有基本相同的灵敏度。常用的机装型驻极体话筒绝大多数是全向性话筒。

2. 扬声器

扬声器又称“喇叭”，是负责将电信号转换为声音信号的能量转换器件。扬声器在各种发声的电子、电气设备得到了极为广泛的应用，如电视机、电话机、收音机、扩音器等。扬声器的外形和结构如图2.3.2所示。

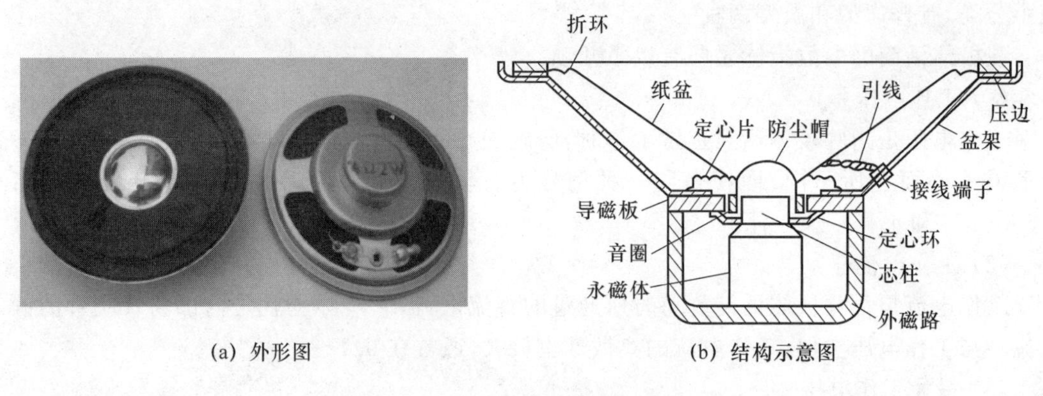

(a) 外形图　　(b) 结构示意图

图 2.3.2 扬声器外形和结构示意图

扬声器按照工作原理可以分为电动式、电磁式、静电式、压电式、离子式、火焰式等，电动式又叫动圈式，应用最为广泛。动圈式扬声器的主要工作原理是利用交流信号通过线圈时产生变化的磁场，该磁场与永磁体的固定磁场产生排斥或吸引力，线圈带动纸盆运动，从而发出振动的声音。

扬声器的主要参数有额定阻抗、功率、频率特性、谐振频率、灵敏度等很多。

(1) 额定阻抗

扬声器额定阻抗也称标称阻抗值，是扬声器在共振峰后所呈现的最小阻抗，有 4 Ω、6 Ω、8 Ω、16 Ω 和 32 Ω 等几种。额定阻抗是交流阻抗，通常为扬声器音圈直流电阻的 1.1 倍左右。

(2) 功率

扬声器的功率分为额定功率、最小功率、最大功率和瞬间功率，单位均为 W。

额定功率也称标称功率，是指扬声器长时间正常连续工作而无明显失真的输入平均电功率。

最小功率也称起步功率，是指扬声器能被推动工作的基准电功率值。

最大功率也称最大承载功率，是指扬声器长时间连续工作时所能承受的最大输入功率。

瞬间功率也称瞬时承受功率，是指扬声器在短时间内(10 ms)所能承受的最大功率，一般为额定功率的 8～30 倍。

(3) 频率特性

频率特性是指当输入扬声器的信号电压恒定不变时，扬声器有参考轴上的输出声压随输入信号的频率变化而变化的规律。它是一条随频率变化的频率响应(简称频响)曲线，反映了扬声器对不同频率声波的辐射能力。

频响曲线是具有许多峰谷点的不规则连续曲线，频响曲线越平坦，说明频率失真越小，有效频率范围越宽。一般低音扬声器的频率范围为 20 Hz～3 kHz，中音扬声器的频率范围为 500 Hz～5 kHz，高音扬声器的频率范围为 2～20 kHz。

(4) 谐振频率

谐振频率是指扬声器所能重放的最低频率，它与扬声器口径大小有关。低音扬声器的谐振频率值一般是随其口径的增大而降低，6 英寸(1 英寸＝2.54 cm)低音扬声器的谐振频率为 50 Hz 左右，12 英寸低音扬声器的谐振频率为 20 Hz 左右。

谐振频率是决定扬声器低频特性的重要参数，该值越低，扬声器重放低音的质感和力度也越好。

（5）灵敏度

灵敏度也称输出声压级，主要用来反映扬声器的电-声转换效率。高灵敏度扬声器，用较小的电功率即可推动它。

扬声器电阻很小，内部的音圈漆包线很细，无法承受太大电流，所以驱动扬声器一定要用纯交流信号，要避免直流电流导致扬声器过热烧毁。

扬声器内部的音圈是不分正负的，但是扬声器接线柱一般标有正负号，用来表明交流信号的正半周时纸盆是向外运动还是向内运动，对于单个扬声器而言，在接线时可以不用辨别正负号的区别，对人耳听力没有影响；对于多个扬声器的音响系统来讲，必须不能接错，否则声音会出现抵消的现象，一般将正号端子接放大器信号输出端，负号端子接地。

知识 2　小信号放大器设计

根据项目电路技术指标要求进行电路设计，分析项目指标要求可知输入、输出信号都是音频交流信号，幅度不大，要求高输入电阻，低输出电阻，高放大倍数。

音频交流信号能够顺利通过微法级电容，所以电路中的隔直电容选择范围为 1～50 μF，如果对声音效果要求高，就选择容量较大的电容；如果对声音效果要求不高，同时要求体积非常紧凑，则可以选择较小的电容。

输出信号电压有效值 2 V，转换为正弦波幅值为 2.8 V，峰峰值为 5.7 V，为使输出失真足够小，使用单电源运放时，运放的电源电压应为 10 V 左右；若使用双电源运放，运放的电源电压应为±5 V 左右。若使用轨到轨(rail to rail)运放，单电源可以选择 6～7 V，双电源可以选择±3 V。

项目要求放大电路具有高输入阻抗，所以选择串联负反馈的运放电路是较好的方案。同样的，低输出阻抗应选择电压负反馈的方案。

项目要求高达 400 倍放大倍数，意味着应该采用多级放大电路，如果每级放大 20 倍，两级放大就可以达到 400 倍。

依照前述分析，可知电路应采用电压串联负反馈的两级放大方案。

为了便于直观体验，放大器前级可以加上驻极体话筒作为信号源，放大器末级可以加上一个小扬声器作为负载。由于通用型运放输出功率不大(LM324 输出最大电流约 40 mA)，所以不能带动大功率扬声器，即使带动小功率扬声器的音量也不是很理想，需要采用功率放大电路才能获得较好的声音效果，后续章节将会介绍功率放大电路。

图 2.3.3 为小信号放大器原理图，图中 MIC 为驻极体话筒，SPEAKER 为扬声器。电路第一级采用了同相比例放大电路，第二级采用了反相比例放大电路。由于电阻有偏差，为了调节电压放大倍数，第二级反馈电阻 R_6 使用了电位器。该电路采用了双电源供电。

实操 1：小信号放大器仿真测试

（1）用 Multisim 软件绘制电路图，如图 2.3.4 所示。图中 XFG_1 为函数发生器，XSC_1 为示波器，XBP_1 为波特测试仪，V_{CC} 为正电源，V_{EE} 为负电源，R_2、R_3、R_5 和 R_6 为反馈网络电阻，为便于调节放大倍数，R_6 采用了可调电阻（电位器），R_1、R_4 为平衡电阻，C_2 为隔直电容。图中使用函数发生器代替了话筒，用示波器、万用表等仪器仪表代替了扬声器。

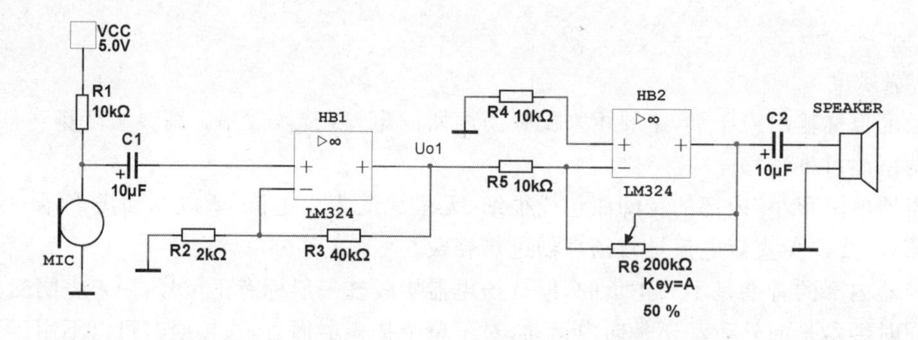

图 2.3.3 小信号放大器原理图

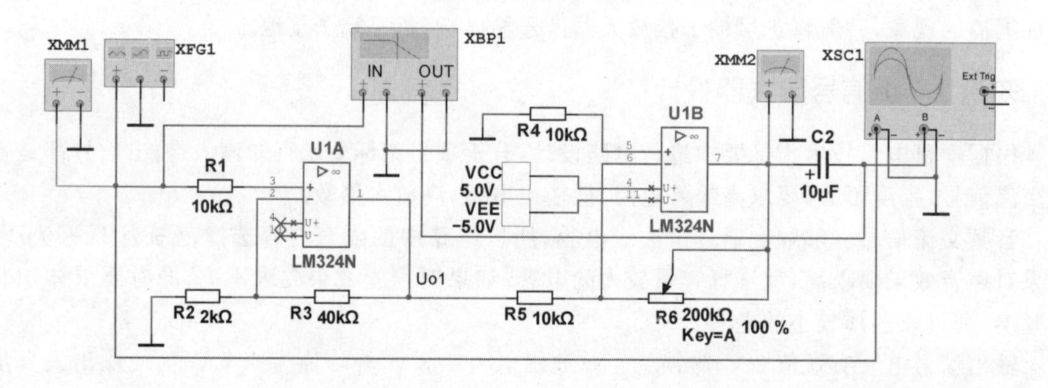

图 2.3.4 小信号放大器仿真电路

(2) 将函数发生器设置成振幅 5 mV、频率 1 kHz 的正弦波，偏置 0 V。万用表 XMM_1 设置为交流电压挡，用于测量函数发生器上的输出电压，也就是小信号放大器的输入电压 u_i。万用表 XMM_2 设置为交流电压挡，用于测量小信号放大器的输出电压 u_o。

注意：万用表测量数据为有效值，与函数发生器设置的振幅不同。

(3) 运行仿真，用示波器观察输入、输出信号波形，用万用表测量信号电压数值，记录并计算电压放大倍数。

(4) 改变电位器 R_6 的大小，用示波器观察输入、输出波形变化，用万用表测量电压放大倍数，将电压放大倍数调节到 400 倍。

(5) 使用波特测试仪测量电路的频率特性，图 2.3.5 为 R_6 为 200 kΩ 时电路的幅频特性，通频带内增益为 52.458 dB，−3 dB 带宽为 31.514 kHz。此时电压放大倍数为 420 倍。

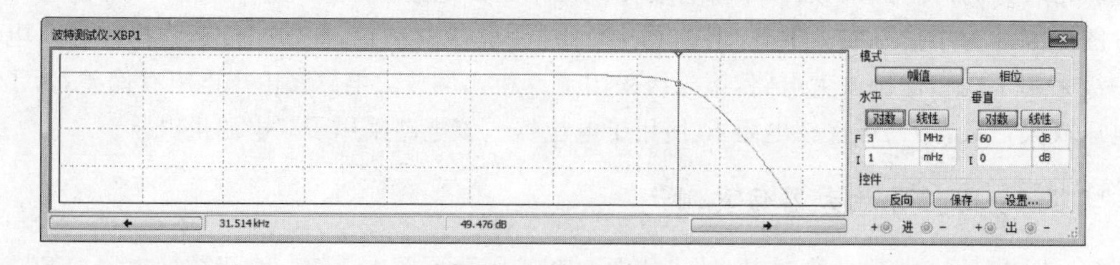

图 2.3.5 R_6 为 200 kΩ 时电路的幅频特性

若将 R_6 调整为 100 kΩ 时，幅频特性如图 2.3.6 所示，通频带内增益为 46.439 dB，−3 dB 带宽为 40.825 kHz。此时电压放大倍数下降为 210 倍。

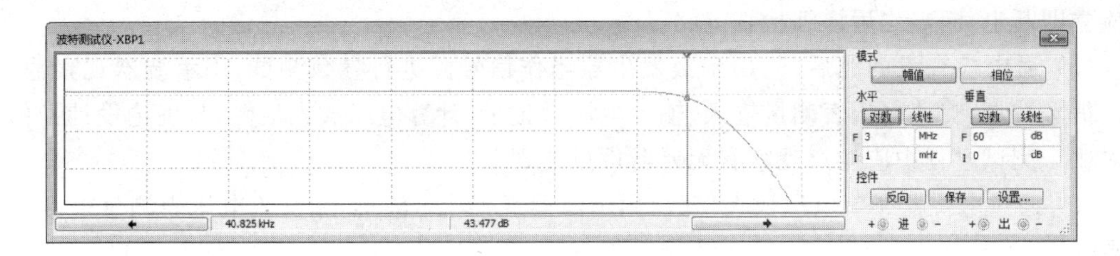

图 2.3.6　R_6为 100 kΩ 时电路的幅频特性

保持 R_6为 100 kΩ，再将 R_3降为 20 kΩ 后电路的幅频特性，如图 2.3.7 所示，此时通频带内增益为 40.823 dB，−3 dB 带宽为 75.987 kHz，电压放大倍数下降为 110 倍。

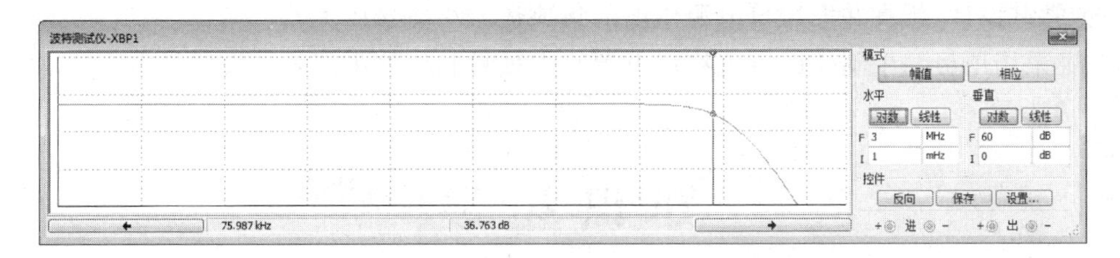

图 2.3.7　再将 R_3降为 20 kΩ 后电路的幅频特性

通过对比可知，若加深反馈深度，放大倍数降低，同时通频带将得到展宽，相关内容在本章知识拓展中的增益带宽积部分有所介绍。

实操 2：小信号放大器的制作与调试

(1) 按照表 2.3.1 所列元器件和耗材进行装接准备工作，对元器件进行检查测试。

表 2.3.1　小信号放大器耗材清单

序号	标号	名称	型号	数量	备注
1	R_1、R_4、R_5	电位器	10 kΩ	3	
2	R_2	电阻	2 kΩ	1	
3	R_3	电阻	40 kΩ	1	
4	R_6	电位器	200 kΩ	1	
5	C_1、C_2	电解电容	10 μF/25 V	2	
6	MIC	驻极体话筒	6×5 mm	1	
7	SPEAKER	扬声器	0.5 W，8 Ω	1	
8	U1A、U1B	集成运放	LM324	1	
9		万能板	单面三联孔	1	焊接用
10		单芯铜线	Φ0.5 mm		若干
11		稳压电源	双电源可调	1	

(2) 按照电路图安装、焊接元器件，剪去多余管脚，检查焊点，清除多余焊渣。

(3) 通电前检查有无短路情况，电路连接是否可靠，元器件有无错装、漏装现象。

(4) 通电检查，应密切注意观察有无糊味、有无冒烟或集成电路过热等现象，一旦发现异常应立即断电，断电之后详细检查电路。

(5) 通电检查没问题后，先用函数发生器当作信号源进行参数测试，用示波器观察输入、输出信号波形，交流电压表测量输入、输出电压并记录，计算电压放大倍数，与理论设计指标进行对比。测试过程中应注意观察有无元器件过热现象。

(6) 通过电位器调节电压放大倍数，用示波器观察信号波形，用交流电压表测量电压放大倍数。

(7) 若有条件，可以使用频率特性测试仪测量电路的幅频特性，通过改变电路的电压放大倍数观察负反馈对通频带的影响。

(8) 通过话筒和扬声器直观体会电路效果。

(9) 尝试设计、仿真并安装单电源供电的集成运放小信号放大器。

(10) 采用项目一中制作的直流稳压电源给本项目制作的小信号放大器供电。

知识拓展

1. 电路符号的画法

ANSI 符号是美国国家标准学会(英文：American National Standards Institute)制定的，DIN 符号是德国标准化学会(德文：Deutsches Institut für Normung)制定的，GB 是中华人民共和国国家标准化管理委员会(中文简称：国标，拼音：Guóbiāo)制定的国家标准。

在制定国标符号时，主要参考了 DIN 符号，所以两者基本上是兼容的，在用计算机软件仿真时，可以选择 DIN 符号。GB 是强制性国家标准，GB/T 是国家标准化管理委员会推荐的非强制标准，T 是“推荐”的拼音首字母，电路图符号规定属于 GB/T，具体内容可以查阅 GB/T 4728。国内学习和工作应尽量遵从 GB/T 4728 中的规定。

美国在电子技术领域发展较早，技术比较先进，尤其是在集成电路方面具有非常大的影响力，所以很多技术资料的电路图是以 ANSI 符号绘制的，在阅读电路图时经常能遇到，需要对此有所了解。

2. 增益

增益是用对数表示的放大倍数，可以表示电压或电流的放大倍数，也可以表示功率放大的程度。增益的单位是分贝。

电子系统的总放大倍数常常是几千、几万甚至更大，比如收音机从天线收到的信号至送入喇叭放音输出，一共要放大 2 万倍左右。数值太大，表达不方便，用分贝表示，数值就小得多。

增益一般用分贝表示，电压增益是电压放大倍数对数表达方式，换算公式为

$$G_u = 20 \lg A_u$$

其中，A_u为电压放大倍数，G_u为电压增益，单位为分贝(dB)。

功率增益的表达式为

$$G_p = 10 \lg \frac{P_o}{P_i}$$

其中,P_o为输出功率,P_i为输入功率,G_p为功率增益,单位为分贝(dB)。

放大器级联时,总的放大倍数是各级相乘。增益以分贝为单位,总增益就是相加。若某功放前级是100倍(20 dB),后级是20倍(13 dB),那么总功率放大倍数是100×20=2 000倍,总增益为20 dB+13 dB=33 dB。

3. 共模抑制比

集成运放有同相输入端和反相输入端两个输入端子,这两个输入端子的信号如果同相位变化,则称为共模信号,如果该信号是无用的干扰和噪声,就称为共模干扰或者共模噪声。实际应用中,温度的变化和各种环境噪声的影响都可以视作为共模噪声。

集成运放内部使用差动放大电路的结构,也就是对两个输入端的差异信号进行放大,对共模信号有比较强的抑制作用。为了说明集成运放抑制共模信号及放大差模信号的能力,常用共模抑制比作为一项技术指标来衡量,其定义为放大器对差模信号的电压放大倍数 A_{ud} 与对共模信号的电压放大倍数 A_{uc} 之比,称为共模抑制比,一般用 K_{CMR} 来表示,单位是分贝(db)。

$$K_{CMR} = 20\lg\left|\frac{A_{ud}}{A_{uc}}\right|$$

当集成运放同相输入端电路和反相输入端电路完全对称时,共模抑制比非常大,近似于无穷大,但实际上完全对称的电路是不存在的,对称性越差,共模抑制比就越小。

影响共模抑制比的因素还有电路本身的线性工作范围,实际的电路线性范围不是无限大的,当差模信号超出了电路线性范围时,即使正常信号也不能被正常放大,更谈不上共模抑制能力。因为电路的线性工作范围与电源电压有关,所以对共模抑制要求较高的电路电源电压要高出信号电压比较多,以免信号进入非线性区域。

4. 增益带宽积

增益带宽积是增益和带宽的乘积,是用来简单衡量放大器的性能的一个参数。在频率足够大的时候,增益带宽积是一个常数。

增益带宽积可以简单理解为:随着频率的升高(或降低),器件或放大电路的增益会逐渐下降,当器件或放大电路的增益下降到0 dB(即放大倍数 $A=1$)时的频率就是这个器件或放大电路的最大带宽。如果输入信号达到这个频率,代表着器件或放大电路对这个信号已经失去了放大能力,输出与输入一样大。

增益带宽积是常数,意味着增益越大,带宽越窄。反过来说,负反馈降低了增益,同时也展宽了通频带,但是这个通频带最大数值不会大于增益带宽积的数值。

假设集成运放的增益带宽积为1 MHz,这意味着当信号频率为1 MHz时,器件的增益下降到0 dB,即此时放大倍数 $A=1$,这同时说明这个运放最高能以1 MHz的频率工作而不至于使输入信号失真。由于增益与频率的乘积是确定的常数,因此当同一器件需要得到10倍放大时,它最高只能够以100 kHz的频率工作。

5. 预防深度负反馈带来的自激振荡

通常只有高放大倍数的电路才会引入深度负反馈,而高放大倍数的电路常采用多级放大,各级放大电路中的PN结和电抗元件(电容、等效电容或等效电感)都会带来相位偏移,简称相移。不同频率的信号经过开环放大电路时产生的相移不同,可以通过波特测试仪观察幅频特性曲线来了解,某些频率的相移可能达到180°。原本负反馈引入了180°的相移,再加上开环放大环节的 180°相移,就形成了正反馈,如果放大电路对此频率的信号仍有放大能力,则会形成自激振荡。

所以,深度负反馈引发自激振荡本质上是某个频率的信号使得此刻的反馈极性由负反馈变成了正反馈。

单级和两级放大电路是稳定的,PN 结和电抗元件带来的相移不足以形成自激振荡,而三级或三级以上的放大电路,只要引入一定深度的负反馈,就可能产生自激振荡。

若要避免引发自激振荡,一种方法是采用频率补偿(又称相位补偿)的方法,消除自激振荡,常用补偿方法有电容滞后补偿、RC 滞后补偿和密勒效应补偿等。另一种方法是减小反馈深度,消除正反馈振荡的幅频条件。

项目小结

(1) 集成运放是一种常用放大器件,具有开环增益高、输入阻抗高、输出阻抗低、共模抑制比大等特点,应用非常广泛。

(2) 在使用集成运放时,应注意是开环应用还是闭环应用,两者有非常大的区别。有负反馈为闭环应用,否则为开环应用。闭环应用时,运放处于线性放大状态;开环应用时,运放处于非线性状态,常用于比较器。

(3) 闭环应用的运放有以下特点:

同相输入端和反相输入端电压近似相等:$u_+ \approx u_-$,两者好像用导线短路连接一样等电位,所以也叫“虚短”,这个特点只有运放工作在线性状态(闭环)才有。

同相输入端和反相输入端这两个端子的电流都近似为0:$i_+ \approx i_- \approx 0$,好像运放内部与这两个端子是断开的一样,所以也称为“虚断”,这个特点是基于运放高输入阻抗的特性前提下的,是在运放开环应用和闭环应用都有的特性。

(4) 负反馈对电路的影响:

• 负反馈降低增益。负反馈越深,闭环放大倍数越小,这不能算作优点,也算不上缺点。

• 提高增益的稳定性。负反馈能增加系统稳定性,减少负载、温度、电源波动和元器件老化等因素的不良影响。通常反馈越深稳定性越好,但是需要警惕深度负反馈带来的自激振荡。

• 减弱内部失真。减小非线性失真,抑制环路内的噪声和干扰。

• 展宽通频带。在增益带宽积固定的情况下,负反馈降低了增益,同时展宽了通频带。

• 改变输入电阻。串联负反馈增大输入电阻,比较适合用于信号源是电压源的场合;并联负反馈减小输入电阻,比较适合用于信号源是电流源的场合。

• 改变输出电阻。电压负反馈减小输出电阻,使系统更加接近理想电压源;电流负反馈增大输出电阻,使系统更加接近理想电流源。电压源适合带高阻抗负载,电流源适合带低阻抗负载。

(5) 多级放大电路的总放大倍数等于各级放大电路的放大倍数相乘,总输入阻抗等于第一级放大电路的输入阻抗,总输出阻抗等于最后一级放大电路的输出阻抗。

(6) 运放多采用双电源供电,当采用单电源供电时,一定要给输入端一个参考电位才能放大交流信号。

思考与练习

(1) 反馈的含义是什么？反馈有哪些类型？日常生活中遇见过哪些反馈？
(2) 集成运放有哪些特点？
(3) 使用集成运放时有哪些注意事项？
(4) 如何判断反馈类型？
(5) 负反馈对放大电路有哪些影响？
(6) 增益带宽积是一个重要的参数，它有什么含义？
(7) 线性应用的运放具有哪些特点？
(8) 如何识别话筒？如何测量话筒好坏？
(9) 连接扬声器的时候需要辨别正负极性吗？如何测试扬声器的好坏？

项目三

功率放大器的制作

项目剖析

(1) 功能要求

实现对音频信号放大功率的功能。

(2) 技术指标

输入:音频 1 kHz 交流信号,有效值 1 V。

输出:音频 1 kHz 交流信号,有效值 2 V。

输出功率:平均功率大于 1 W。

输出阻抗:小于 8 Ω。

系统带宽:20 Hz～20 kHz。

电压放大倍数:2 倍。

(3) 系统结构

通常功率放大电路的前面是小信号放大电路,小信号放大电路主要负责放大信号电压幅度,功率放大电路主要负责放大信号电流幅度,两者之间一般会有一级推动级,推动级起到隔离和预放大的作用,功率不太大的功率放大电路只有一级功率放大,功率比较大的则需要两级或更多级的功率放大,有些大功率场合需要将多个功率放大器的输出合在一起,做功率合成。

本项目要求的功率不大,所以采用一级功率放大,前面加一级推动级。电源就采用项目一设计的直流稳压电源。

为了能够有切身体验,前级加上话筒和项目二制作的小信号放大器,末级加上扬声器,这样就构成了一个扩音器系统,绘制系统框图,如图 3.0.1 所示。

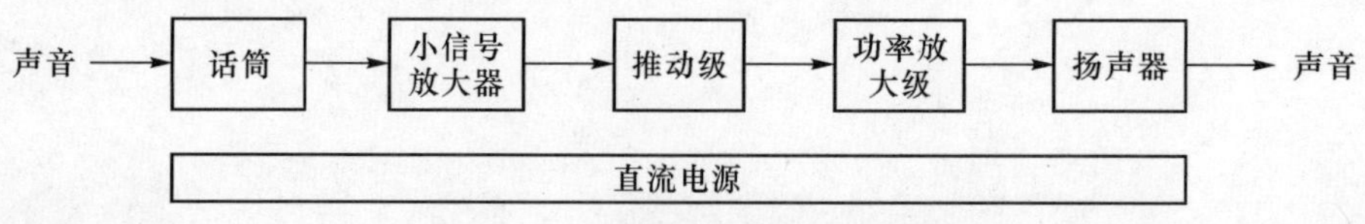

图 3.0.1 功率放大器系统结构框图

项目目标

(1) 知识目标

① 了解功率放大器的含义;

② 熟悉三极管的主要参数和特点;

③ 熟知三极管放大电路的三种基本类型；

④ 掌握三极管基本放大电路的分析方法；

⑤ 熟悉集成功率放大器的特点和使用方法；

⑥ 掌握OCL功率放大电路的结构和特点；

⑦ 掌握OTL功率放大电路的结构和特点。

(2) 技能目标

① 能熟练识别和检测三极管；

② 会对三极管基本放大电路进行安装、调试；

③ 能对功率放大器电路进行安装、调试；

④ 能熟练的利用电烙铁和吸锡器拆装元器件；

⑤ 能对功率放大器的关键参数进行测量；

⑥ 会借助万用表、示波器等仪器仪表对电路进行故障检测；

⑦ 能较为熟练的运用仿真软件进行辅助设计。

任务一　三极管的识别与检测

知识　三极管

1. 三极管简介

三极管是电子技术发展史上的重要里程碑，有了三极管才有了真正意义上的基于元器件的放大。最早出现的电子器件是真空电子器件，看上去像灯泡，外壳是透明玻璃，里面有发光发热的电极，体积很大，很费电，这个时代就有了三极管，被称为真空三极管或电子三极管(Triode)。随着半导体技术的出现和发展，绝大多数真空电子器件都被逐渐淘汰了，新出现的三极管称为半导体三极管，也称双极型晶体管或者晶体三极管，一般简称为三极管或者晶体管(BJT)。

三极管是实现用微弱电流控制大电流的器件，可以用来放大电流信号，是电子电路的核心器件。三极管在结构上具有两个相距很近的PN结，两个PN结把整块半导体分成三部分，中间部分是基区，两侧部分是发射区和集电区，排列方式有PNP和NPN两种，两种结构对应两种电路符号，结构示意图和电路符号如图3.1.1所示。

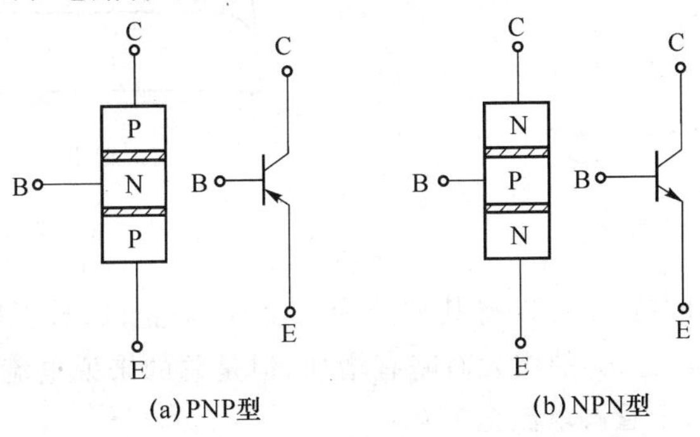

图3.1.1　两种三极管的结构示意图和电路符号

图中的B为基极、C为集电极、E为发射极。和二极管类似，符号中的箭头方向是从P型半导体指向N型半导体，代表了工作电流的方向。三个管脚的字母可以大写，也可以小写，一般在大写电压或电流字母时，大写管脚的下标表示直流量，如U_E、I_E，小写下标表示交流有效值，如U_e、I_e；在小写电压或电流字母时，大写下标表示总瞬时值（包含直流分量和交流分量），如u_E、i_E，小写下标表示交流分量的瞬时值，如u_e、i_e。

如果将三极管看作一个节点，根据电路知识可知：三极管三个管脚的电流和为0，即

$$i_E = i_B + i_C$$

对于三极管来说，这个公式是普遍适用的。

三极管分类方式很多，除了按结构分为NPN和PNP两种之外，按材质分有硅管和锗管两种，按功能分有开关管、功率管、达林顿管和光敏管等，按功率分有小功率管、中功率管和大功率管等，按工作频率分有低频管、高频管等，按结构工艺分有插件三极管、贴片三极管等。

2. 三极管的伏安特性曲线

在使用三极管时，输入信号总是加在基极和发射极之间，描述输入信号电压和电流关系的特性曲线称为输入伏安特性曲线，简称为输入特性曲线。

三极管的输入特性曲线如图3.1.2所示，u_{CE}对输入特性有影响，当$u_{CE}=0$时，输入特性与二极管一样，i_B随着u_{BE}的增大快速增大，成指数关系，硅管导通压降为0.5～0.7 V，锗管导通压降为0.1～0.3 V。当u_{CE}增大时，特性曲线向右移动，导通电压有所增大，曲线样子差别不大。

三极管的输出伏安特性曲线是指集电极和发射极之间的电压和电流的关系，如图3.1.3所示，三极管的输出特性受基极电流I_B的影响非常大，从图中可以看出不同I_B的对应不同的曲线。因为I_B可以取一定区间之内的无穷多数值，所以特性曲线是无法完美画出来的，只能取一些典型值进行示意。

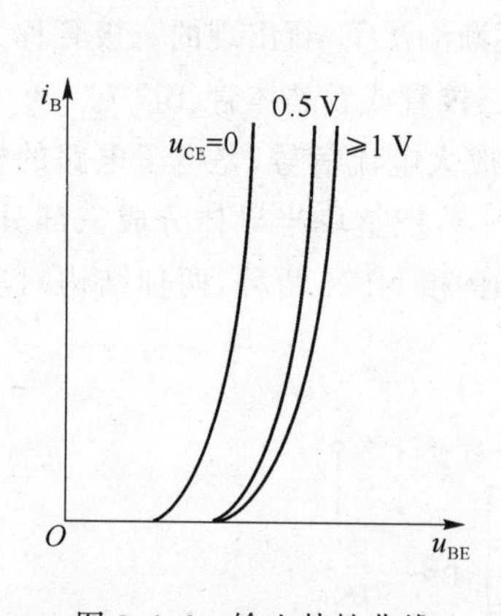

图3.1.2 输入特性曲线

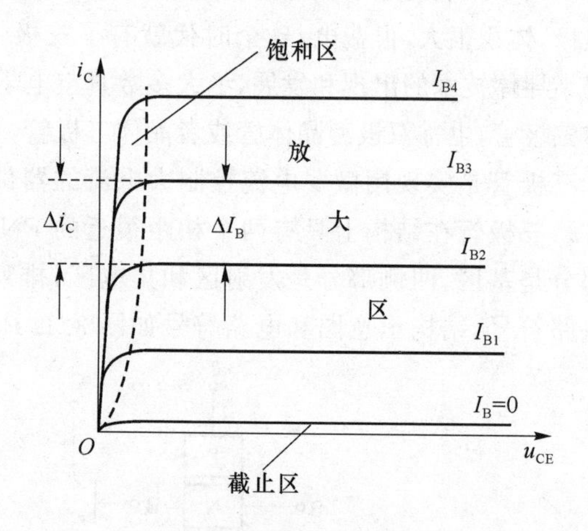

图3.1.3 输出特性曲线

根据输出特性曲线的特点，可以将其划分为三个区：截止区、放大区和饱和区。当$I_B=0$时为截止区，截止区内，i_C随u_{CE}的增大而略有增加，但是总的来说电流非常小，经常可以忽略不计，这时候三极管的三个管脚电流全为0。

在放大区，i_C随u_{CE}的增大略有增加，但是增加的不明显，很多时候忽略这个增加值。在放

大区 i_C 非常大，是 i_B 的若干倍，这个倍数一般被称作共发射极交流电流放大系数，常用 β 表示

$$\beta = \frac{\Delta I_C}{\Delta I_B}$$

β 是三极管的一个重要参数，大小与数据手册里的 h_{FE} 相同。β 的范围一般是几十到几百，没有量纲。在放大区，β 比较稳定，在 i_C 和 u_{CE} 变化不大的时候，可以认为 β 基本不变，这是用三极管进行小信号放大时将 β 作为常数的前提条件。需要注意的是，在放大区不同的位置，β 的大小有所不同，并不是固定值，也就是说，对于大信号放大而言，β 并不是常数。若承认电流放大系数 β 在整个图 3.1.3 中不同位置的数值不同，则公式

$$i_C = \beta i_B$$

在整个输出特性曲线范围内都是成立的。

在饱和区，i_C 的增大速度跟不上 i_B 的速度，也就是说，在饱和区电流放大系数比较小。在深度饱和的时候，三极管的电流放大作用就非常小了，如果基极电位过高（NPN 管）甚至可能变得像两个二极管一样，当然，一般基极电位总是低于集电极电位的（NPN 管）。在饱和时，U_{CE} 很小，通常用 U_{CES} 表示饱和管压降，一般小功率三极管有

$$U_{CES} < 0.4\ \text{V}$$

估算时常取 $U_{CES} = 0.3\ \text{V}$。

3. 三极管的主要参数

描述三极管电流放大能力的参数除了共发射极电流放大系数 β，还有共基极交流放大系数 α

$$\alpha = \frac{\Delta I_C}{\Delta I_E}$$

α 和 β 之间的关系为

$$\alpha = \frac{\beta}{1+\beta}$$

需要说明的是，三极管的直流放大系数和交流放大系数大小近似相等，在计算时，交流放和直流都可以使用 α、β 进行计算。

特征频率 f_T 是反映三极管中两个 PN 结的电容效应对放大性能影响的参数。当信号的频率增高到一定程度后，PN 结电容效应逐渐显露，电流放大系数会逐渐下降，频率越高 β 越小，f_T 是指 β 下降到 1 时的频率，也就是说 f_T 等同于三极管的增益带宽积。

集-基反向饱和电流 I_{CBO} 是指发射极开路、在集电极与基极之间加上一定的反向电压时，所产生的反向电流。在一定温度下，I_{CBO} 是一个常量。随着温度的升高 I_{CBO} 将增大，它是三极管工作不稳定的主要因素。在相同环境温度下，硅管的 I_{CBO} 比锗管的 I_{CBO} 小得多。

穿透电流 I_{CEO} 是指基极开路、集电极与发射极之间加一定反向电压时的集电极电流。该电流好像从集电极直通发射极一样，故称为穿透电流。I_{CEO} 和 I_{CBO} 一样，也是衡量三极管热稳定性的重要参数。

三极管的极限参数是指容易导致三极管损坏、失效的参数，主要有集电极最大允许功耗 P_{CM}、集电极最大电流 I_{CM} 和反向击穿电压。

集电极最大允许功耗取决于三极管的温度和散热条件，硅管的上限温度约为 150 ℃，锗管约为 70 ℃。如果三极管产生热量的速度超过散热的速度，就会造成温度升高，当温度升高到

上限温度时，三极管就会损坏。因为集电极功率P_C直接代表热量产生的速度，所以，在使用三极管时，不仅要考虑P_{CM}，同时还要考虑散热是否良好，其中的关键在于三极管工作时的实际最高温度一定要低于上限温度。

三极管的电流放大系数β与集电极电流I_C有关，在很大的I_C变化范围内，β基本不变，但是当I_C大于I_{CM}后，β将明显下降。I_C大于I_{CM}并不会直接导致三极管损坏，但是容易导致P_{CM}过大造成三极管损坏。

反向击穿主要是指三极管内部的PN结被过高的反向电压击穿，因为三极管内部有两个PN结，三个管脚，所以衡量反向击穿的电压参数比较多，有集电极开路时的射-基极间反向击穿电压$U_{(BR)EBO}$、发射极开路时的集-基极间反向击穿电压$U_{(BR)CBO}$、基极开路时的集电极-发射极间反向击穿电压$U_{(BR)CEO}$等，其中$U_{(BR)CEO}$的数值比较小。

由极限参数确定的三极管安全工作区域如图3.1.4所示。

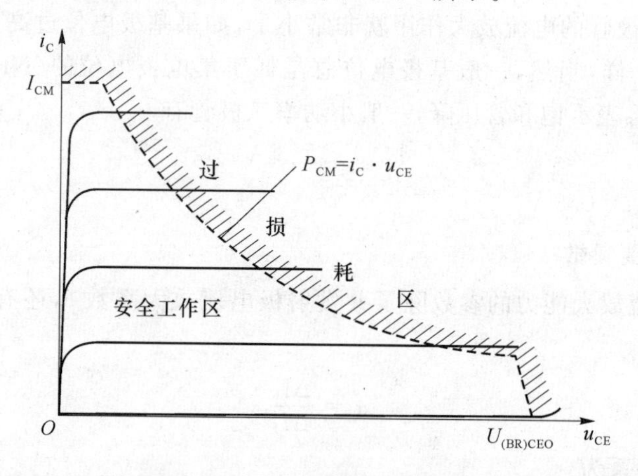

图3.1.4 三极管安全工作区

实操：三极管的识别与检测

(1) 三极管型号

中国、美国、日本和欧洲各地对三极管型号的命名各有不同，命名方式繁多，具体型号的参数需查阅数据手册。中国的半导体器件型号由五部分(场效应器件、半导体特殊器件、复合管、PIN型管、激光器件的型号命名只有第三、四、五部分)组成。

第一部分：用数字表示半导体器件有效电极数目，2表示二极管，3表示三极管。

第二部分：用汉语拼音字母表示半导体器件的材料和极性。表示二极管时，A为N型锗材料B为P型锗材料C为N型硅材料D为P型硅材料；表示三极管时，A为PNP型锗材料、B为NPN型锗材料、C为PNP型硅材料、D为NPN型硅材料。

第三部分：用汉语拼音字母表示半导体器件的类型。P为普通管、V为微波管、W为稳压管、C为参量管、Z为整流管、L为整流堆、S为隧道管、N为阻尼管、U为光电器件、K为开关管、X为低频小功率管($f<3$ MHz，$P_C<1$ W)、G为高频小功率管($f>3$ MHz，$P_C<1$ W)、D为低频大功率管($f<3$ MHz，$P_C>1$ W)、A为高频大功率管($f>3$ MHz，$P_C>1$ W)、T为半导体晶闸管(可控整流器)、Y为体效应器件、B为雪崩管、J为阶跃恢复管、CS为场效应管、BT为半导体特殊器件、FH为复合管、PIN为PIN型管、JG为激光器件。

第四部分：用数字表示序号。

第五部分：用汉语拼音字母表示规格号，例如，3DG18 表示 NPN 型硅材料高频三极管。

(2) 三极管外观

三极管根据功能和功率的不同有多种外观，小功率三极管常采用塑封的方法，外形如同被切平一面的圆柱，有三个管脚，外形如图 3.1.5(a)所示。切平的一面标有型号，面对标有型号的平面，从左往右，管脚排列为 1、2、3 的顺序，管脚排列序号如图 3.1.5(b)所示。需要注意的是，具体哪个序号对应哪个极是需要查找数据手册或者实际测试的，没有统一的规律。90 系列三极管是按照管脚序号对应 E、B、C 的顺序排列的，与图 3.1.5(b)相同。

(a) 外形

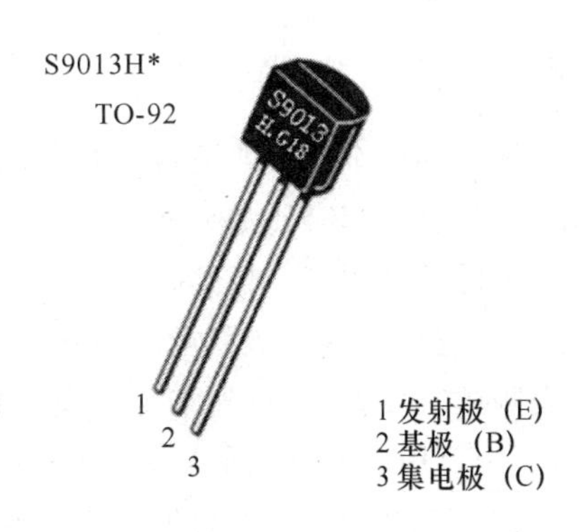

(b) 管脚排列序号

图 3.1.5 小功率塑封三极管

中功率的三极管常采用带散热片的塑封方式，如图 3.1.6 所示。中功率塑封管的管脚比较粗，后边有金属片，金属片上的圆孔为安装孔，用于将三极管固定在散热片上。在工作功率很小时，中功率塑封管可以单独使用而不必加装散热片，但是，要达到额定功率，就必须要按照数据手册的要求安装规定大小的散热片。中功率塑封管的型号也标注在正面的塑料上，目视标注的型号时，管脚号的排列也是从左往右分别为 1、2、3。

大功率三极管通常采用金属壳，型号标注在金属壳上，如图 3.1.7 所示。这种大功率金属壳三极管的外壳就是集电极 C，所以只有 B 和 E 两个针状管脚。金属壳便于散热，同时金属壳上面还有用于安装散热片的圆孔。这种大功率三极管都是需要配备散热片使用的，在有些大功率场合，需要的散热片比较大，为节省体积和减轻重量，往往将大功率三极管用螺丝直接固定在设备的金属外壳上，利用设备的金属外壳散热。

表贴三极管通常功率很小，体积也很小，标注在塑封外壳上的型号往往需要用放大镜才能看清楚，外观如图 3.1.8 所示。表贴三极管一个管脚的那侧是集电极。

(3) 用万用表检测三极管

用万用表检测三极管首先应该注意万用表是数字万用表还是指针式的模拟万用表，这两种万用表的表笔连接内部电池的方式不同，数字万用表的红表笔连接的是内部电池的正极，指针式模拟万用表的红表笔连接的是内部电池的负极，正好相反。由于数字万用表已经普及应用，本书以数字万用表为例进行检测三极管的说明。

用万用表检测三极管主要有两种场景，一种是设备调试或维修时怀疑某三极管损坏，在线路板上进行初步检测，一种是对拆下来的或者尚未安装的三极管进行检测。在线路板上的检

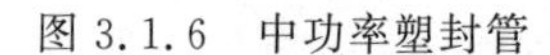

图 3.1.6 中功率塑封管　　图 3.1.7 大功率金属壳三极管　　3.1.8 表贴三极管

测以测量三极管内部两个 PN 结是否还具有单向导电性为主，如果两个 PN 结都有单向导电性，可以初步排除损坏的怀疑，如果有 PN 结失去了单向导电性，则需要将三极管拆卸进行进一步检测。对于拆下来的三极管，除了测试 PN 结是否具有单向导电性外，还可以利用万用表的 h_{FE} 挡位进一步进行测量三极管电流放大系数 β。

用万用表测试三极管时，首先将万用表打到二极管挡位，用万用表的红表笔接触三极管的某一个管脚，而用万用表另外的那支表笔分别去测试其余的管脚，有导通压降则说明红表笔接的是 P 型半导体，而此时黑表笔接的是 N 型半导体。直到测试出三个管脚连接的分别是 P 型半导体还是 N 型半导体，就可以知道三极管是 NPN 还是 PNP 结构了。

如果三极管的黑表笔接其中一个管脚，而用红表笔测其他两个管脚都导通有电压显示，那么此三极管为 PNP 三极管，且黑表笔所接的脚为三极管的基极 B，用上述方法测试时其中万用表的红表笔接其中一个脚的电压稍高，那么此脚为三极管的发射极 E，剩下的电压偏低的那个管脚为集电极 C。

如果三极管的红表笔接其中一个管脚，而用黑表笔测其他两个管脚都导通有电压显示，那么此三极管为 NPN 三极管，且红表笔所接的脚为三极管的基极 B，用上述方法测试时其中万用表的黑表笔接其中一个脚的电压稍高，那么此脚为三极管的发射极 E，剩下的电压偏低的那个管脚为集电极 C。

用万用表二极管挡位直接测量三极管的集电极和发射极，两者是不通的。

很多数字万用表都有 h_{FE} 挡位，可以用来帮助判断管脚是集电极 C 还是发射极 E。在用万用表二极管挡位确定了三极管的基极和管型后，将三极管的基极按照基极的位置和管型插入到三极管测量孔中，其他两个引脚插入到余下的三个测量孔中的任意两个，观察显示屏上数据的大小，交换位置后再测量一下，观察显示屏数值的大小，反复测量四次，对比观察。以所测的数值最大的一次为准，该数值近似等于三极管的电流放大系数 β，此时对应插孔标示的字母即是三极管的实际电极名称。

需要说明的是，用万用表检测三极管具有很大的局限性，不能很好地测试三极管的伏安特性曲线，用晶体管特性图示仪可以较好地实现三极管伏安特性曲线的测量。

(4) 用晶体管图示仪检测三极管

晶体管特性图示仪简称为晶体管图示仪，可用来测定晶体管的共集电极、共基极、共发射极的输入特性、输出特性、转换特性、α 和 β 参数特性；可测定各种反向饱和电流 I_{CBO}、I_{CEO}、I_{EBO}

和各种击穿电压等;还可以测定二极管、稳压管、可控硅、场效应管的伏安特性,用途广泛。

晶体管图示仪外观如图 3.1.9 所示。

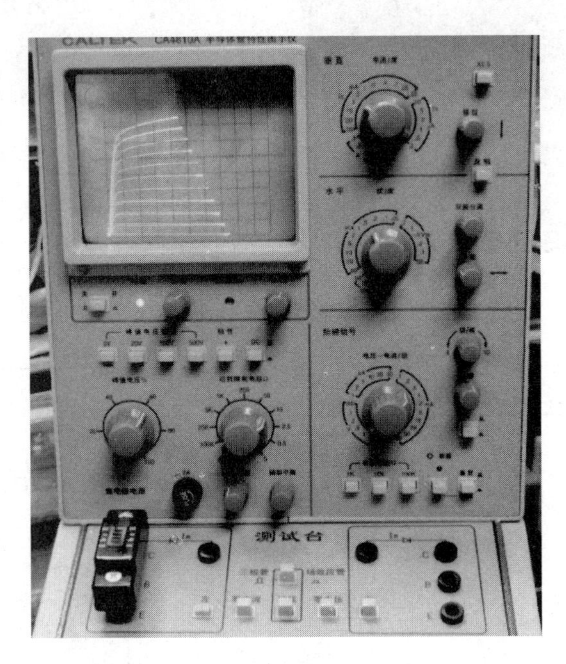

图 3.1.9 晶体管图示仪

使用晶体管图示仪时,应打开电源开关预热 10 min,然后进行测试。

测试前,先通过“辉度”调节旋钮把仪器显示屏中的光线亮度调至适当状态,但不宜过亮;通过“聚焦”和“辅助聚焦”旋钮尽量把光线调至细小、清晰,以提高读值时的准确性;通过上下和左右移动旋钮把光线调到屏幕最底水平线的中间位置,且与最底线重合,以方便测试时读值。

按照待测三极管的测试条件要求,结合仪器面板的相关旋钮、按键,设定好相关测试条件。把待测三极管对应极性地插到测试夹具上的端口,测试三极管输出特性曲线时,仪器显示类似图 3.1.10的图形。

因为三极管的电流放大系数 β 约等于 I_C/I_B,所以必须要读出 I_C 值和 I_B 值后才能计算出放大倍数,而仪器面板上的“电流/度”旋钮所设定的就是 I_C 每格的值,“电流-电压/级”旋钮设定的就是 I_B 每级的值。I_C 值是看图形的纵坐标格数来读取的,I_B 值则是看波形的级数来读取的,假设以图 3.1.10 测试波形为例:“电流/度”旋钮设定的值是 10 mA,“电流-电压/级”旋钮设定的值是 1 mA,通过上图波形可看出,波形所占据的纵坐标格数是 3.4 格,波形的级数是 2 级,因此放大倍数计算如下:

$$\beta \approx I_C/I_B = (10\ \text{mA} \times 3.4\ \text{格}) \div (1\ \text{mA} \times 2\ \text{级}) = 34\ \text{mA} \div 2\ \text{mA} = 17$$

测试时需要注意:待测管不要插错管脚,以免损坏器件。另外,测试时如果所加电压和电流过大,也可能损坏被测器件。

仿真软件中也有类似晶体管图示仪的设备,称为Ⅳ分析仪,测试电路如图 3.1.11 所示,Ⅳ分析仪显示界面如图 3.1.12 所示。

从Ⅳ分析仪读取数据计算 β 值时,应借助游标。先将游标移动到需要测量 β 值的位置,用右击游标，选择“选择光迹”，如图 3.1.13 所示。

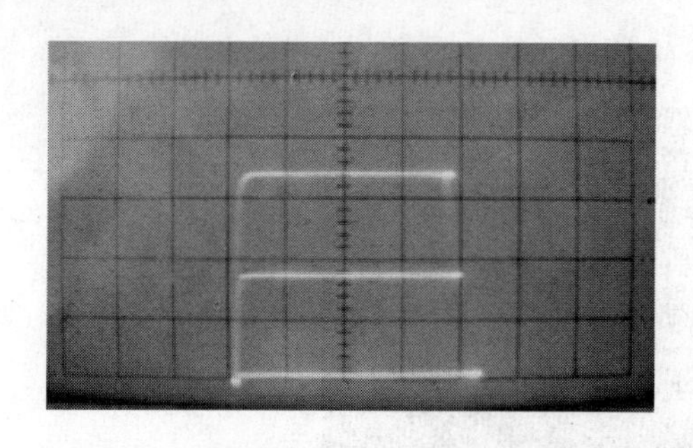

图 3.1.10 晶体管图示仪显示的三极管输出特性曲线

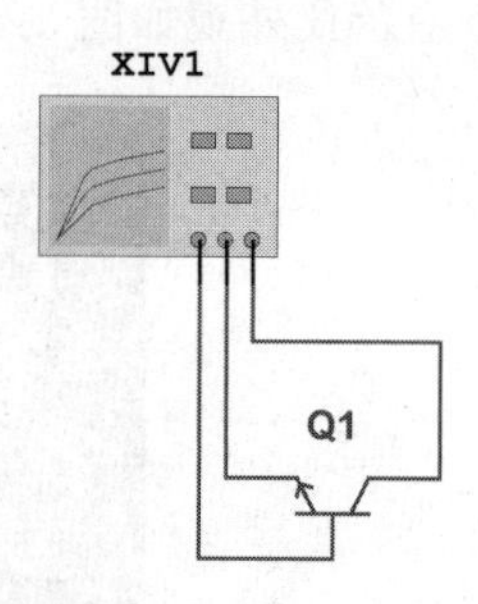

图 3.1.11 仿真软件测试三极管伏安特性曲线

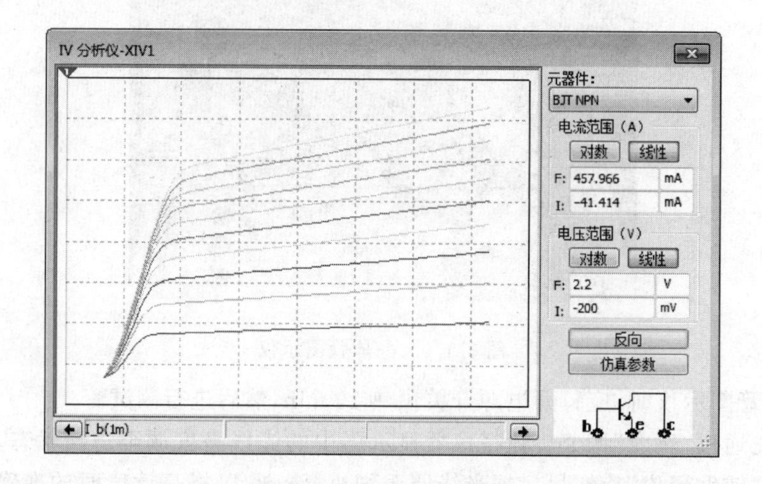

图 3.1.12 Ⅳ分析仪显示界面

然后在弹出的选择框中选择对应的光迹，I_b 后面括号中的数值为光迹所对应的电流 i_B 大小，记为 i_{B1}，如图 3.1.14 所示。

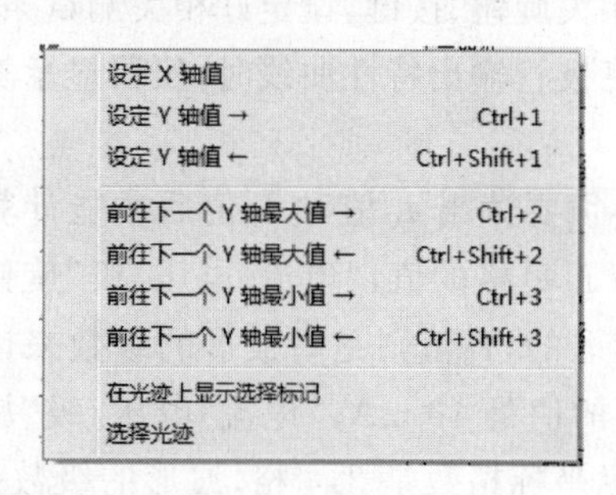

图 3.1.13 右击游标

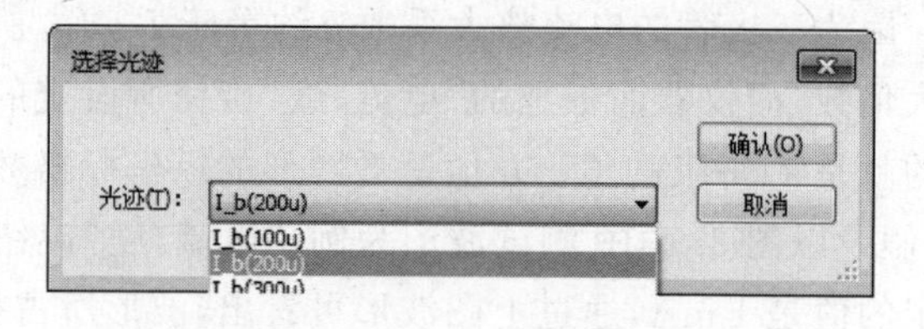

图 3.1.14 进行光迹选择

读出此时 i_C 的数值，记为 i_{C1}。然后改变光迹再测量一次，分别记为 i_{B2} 和 i_{C2}，用公式

$$\beta = \left| \frac{i_{C1} - i_{C2}}{i_{B1} - i_{B2}} \right|$$

计算，即可得 β 值。

用Ⅳ分析仪也可以测试三极管输入伏安特性曲线，测试方法与二极管一样，也需要设置合适的参数，如图 3.1.15 所示。

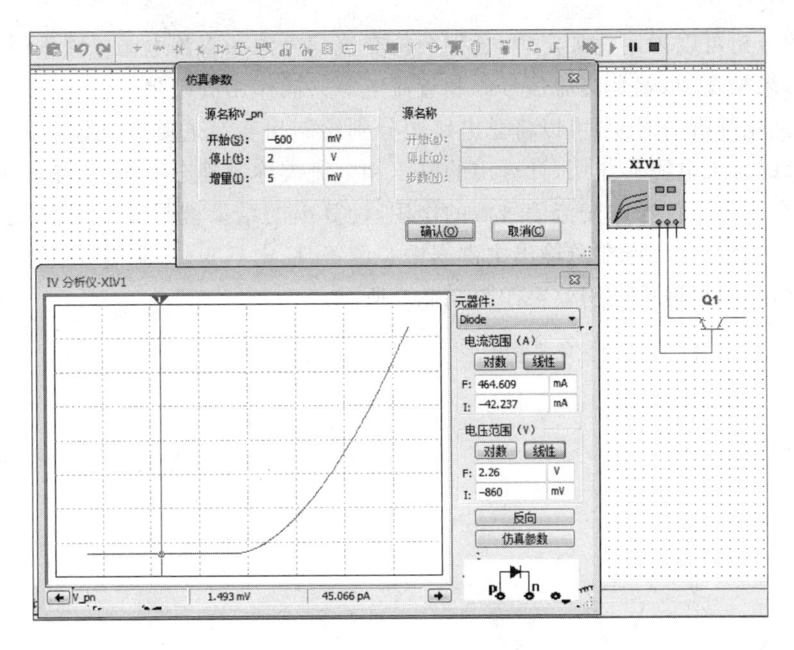

图 3.1.15　IV 分析仪测试输入特性

任务二　三极管放大电路基本类型

知识 1　共射放大电路

1. 电路结构

共射放大电路是共发射极放大电路的简称，是三极管最重要的应用电路，既能放大信号电压，也能放大信号电流，信号的总功率能得到很大的提升。

共射放大电路如图 3.2.1 所示，图中电容 C_1 和 C_2 是隔离电容，用于防止直流电流流入信号源或者负载，电阻 R_1 和 R_2 为直流偏置电阻，用于确定三极管在输出特性曲线中的位置。

在电源电压不变的情况下，基极偏置电阻 R_1 越大，I_B 越小，三极管工作状态越靠近截止区，反之，则靠近饱和区。一般小信号放大时，I_B 在微安到毫安的级别。集电极偏置电阻 R_2 主要影响 u_{CE} 的大小，一般而言，R_2 越大，u_{CE} 越小，越靠近饱和区。

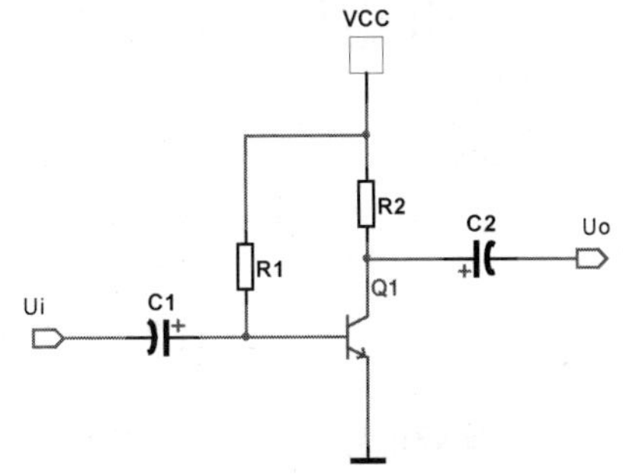

图 3.2.1　共射放大电路

2. 分析方法

在三极管中有输入信号的交流量和电源的直流量两种分量混合，直接分析比较困难。在交流信号很小的情况下，在放大区局部小范围内，三极管特性曲线线性度较好，采用线性化分析方法能简化分析。线性化的分析可以采用叠加定理，分别分析交流信号源和直流电源单独作用时的效果，最终将两者的结果相叠加，就是交流信号源和直流电源共同作用的结果。

因此，线性化分析的时候，可以将总电路图分别绘制出直流通路和交流通路两个电路图，直流通路仅考虑直流电源的作用，计算出的电压和电流被称为静态工作点，在表达式中一般加下标字母 Q；交流通路仅考虑交流信号源的作用，计算出的结果就是输出的交流信号电压、电流和放大倍数。静态工作点在总输出中占据中心位置，稳定不变，交流信号围绕着静态工作点发生波动变化，叠加定理的运用效果如图 3.2.2 所示。

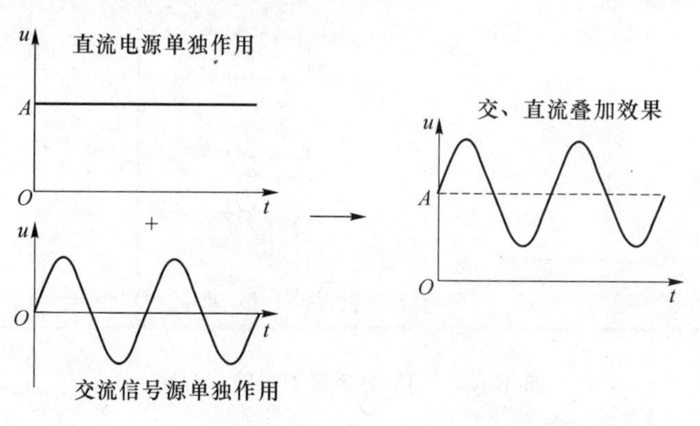

图 3.2.2 叠加定理的运用效果

包含信号源和负载的完整共射放大电路如图 3.2.3 所示，图中 V_1 为交流信号源，R_L 为负载电阻。在绘制直流通路时，所有电容都视作断路（开路），电感视作短路，交流电流源视作断路，交流电压源视作短路，如果电感和交流电压源内有电阻，则需要保留电阻。可以绘制出直流等效电路图，如图 3.2.4 所示。

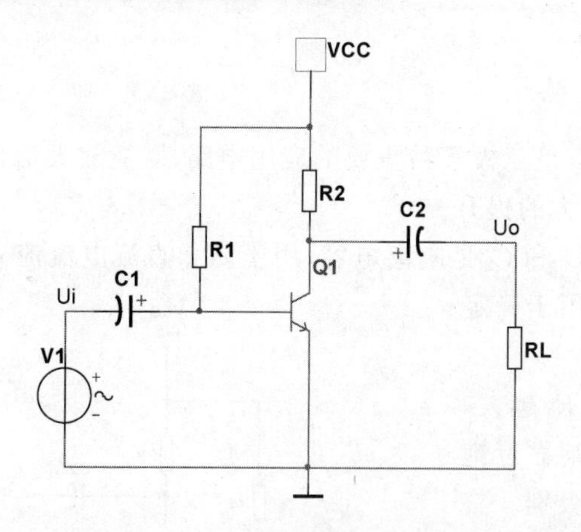

图 3.2.3 完整的共射放大电路

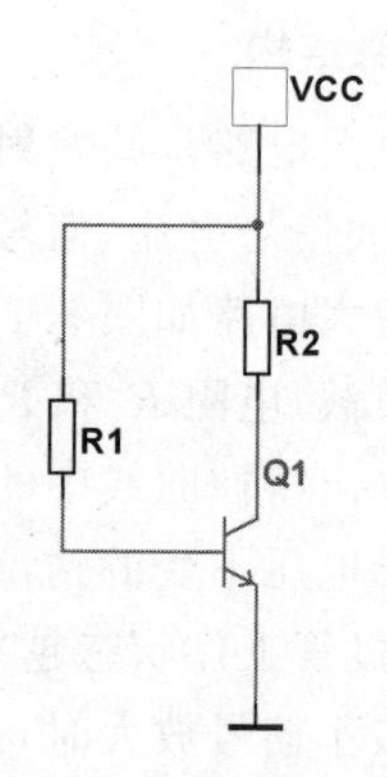

图 3.2.4 直流等效电路

直流等效电路非常简单，基极支路等于电阻 R_1 与三极管内部 PN 结串联，三极管内部 PN 结可以按照二极管计算，硅管导通时压降基本稳定在 0.5～0.7 V，这样基极电流

$$I_{BQ}=\frac{V_{CC}-0.7}{R_1}$$

其中，用下标 Q 表示静态工作点。

集电极电流

$$I_{CQ} = \beta I_{BQ}$$

集电极和发射极之间的电压

$$U_{CEQ} = V_{CC} - I_{CQ} R_2$$

在绘制交流通路时，所有大电容都视作短路，大电感视作断路，直流电流源视作断路，直流电压源视作短路，凡是两端电压恒定的器件都视作短路。例如，稳压状态的稳压管也需要视为短路。如果电容和电感大小恰巧在工作频率具有一定阻抗，则需要保留。可以绘制出交流等效电路图，如图 3.2.5 所示。

整理可得图 3.2.6。

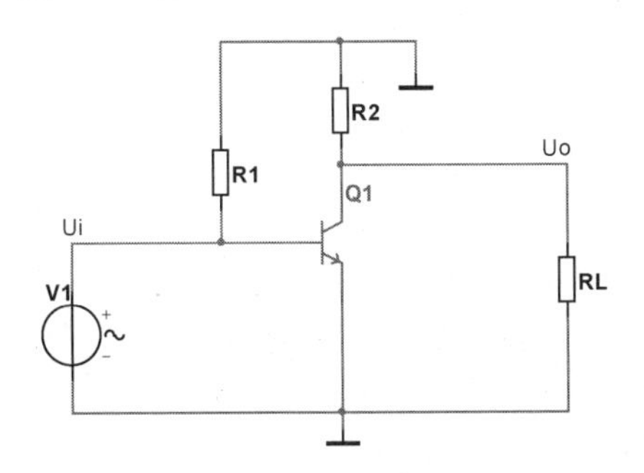

图 3.2.5　交流等效电路

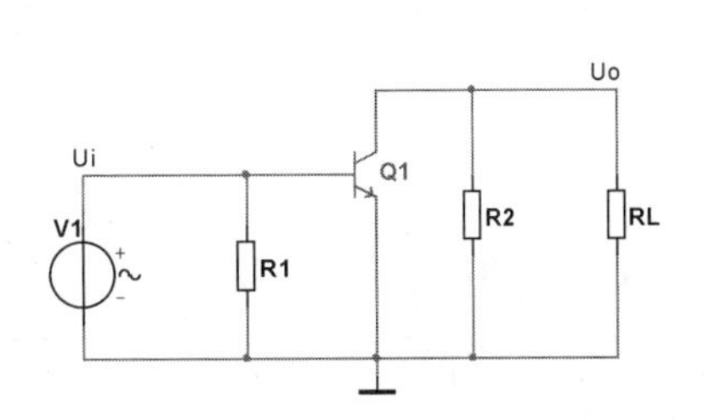

图 3.2.6　整理后的交流等效电路

分别绘制直流等效电路和交流等效电路将有利于后续的分析计算。对于小信号，尤其是频率较高的小信号比较适合使用微变等效法进行计算，对于低频大信号更适合使用图解法进行分析。

3. 微变等效法

微变等效法是在信号特别小的情况下，三极管满足线性工作条件，对三极管进行等效变换，以便于分析电路的工作原理。对三极管等效变换的方法有很多种，在频率不太高的场合常采用简化 h 参数法。简化的 h 参数法将三极管基极和发射极之间等效为一个电阻 r_{be}，流过 r_{be} 的电流为 i_b，将集电极和发射极之间等效为一个受控电流源 βi_b，基极和集电极之间等效开路，如图 3.2.7 所示。

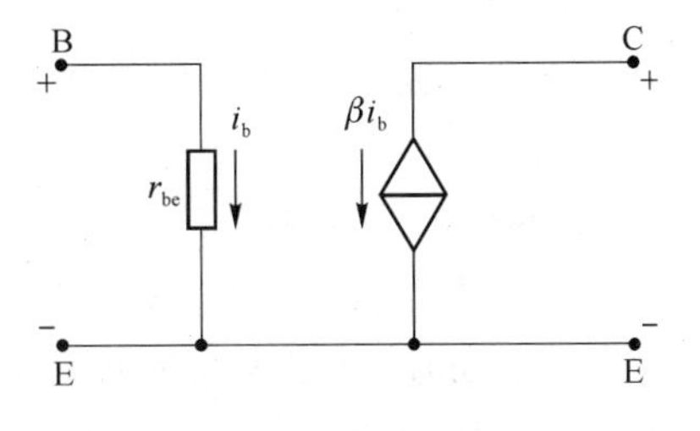

图 3.2.7　三极管简化 h 参数模型

图中 r_{be} 为三极管基极和发射极之间的等效动态电阻，常温下，计算公式可简化为

$$r_{be} = 300 + (1 + \beta)\frac{26\ \text{mV}}{I_{EQ}}\Omega$$

其中，I_{EQ} 是三极管发射极的直流电流，代入公式的时候需要以毫安为单位，这样计算出的 r_{be} 单位是欧姆。

图 3.2.6 中的三极管用微变等效模型代替后，得到共射放大电路的微变等效电路，如图 3.2.8所示。

该电路输入信号有

$$u_i = r_{be}\, i_b$$

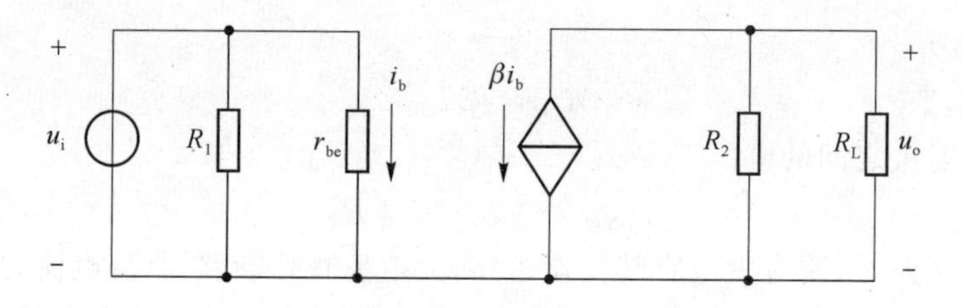

图 3.2.8 共射放大电路的微变等效模型

输出信号有

$$u_o = -\beta i_b R'_L$$

其中，R'_L为 R_2 和 R_L 的并联等效电阻

$$R'_L = \frac{R_2 R_L}{R_2 + R_L}$$

所以

$$A_u = \frac{u_o}{u_i} = -\beta \frac{R'_L}{r_{be}}$$

因为 r_{be} 中包括直流量 I_{EQ}，所以该放大倍数大小与直流量有关。式中的负号表示输出信号与输入信号反相。

由于

$$I_{CQ} = \beta I_{BQ}$$

$$I_{EQ} = I_{BQ} + I_{CQ}$$

所以

$$I_{EQ} = (1+\beta) I_{BQ}$$

在计算电压放大倍数时，需要先计算直流 I_{BQ}，得到 I_{EQ}后才能计算 r_{be}，最后才能计算出电压放大倍数。

该电路的输入电阻等于 R_1 和 r_{be} 并联，约等于 r_{be}。输出电阻等于 R_2。

共射放大电路的输出信号波形和输入信号波形对比如图 3.2.9 所示，图中上面的波形为输入信号波形，下面的波形为输出信号波形，两者反相，输出比输入大约 50 倍。

共射放大电路的电流放大倍数也很大，集电极电流是基极电流的 β 倍，由集电极电阻和负载电阻进行分流，如果集电极电阻等于负载电阻，则电流放大倍数能达到 β 的一半，负载阻值比集电极电阻小得越多，分得的电流越多，电流放大倍数也就越大。

结合电流放大倍数和电压放大倍数可知，共射放大电路的功率放大倍数还是很大的。

4. 图解法

图解法的思想根源和微变等效法的思想根源是相同的，就是说：电路中的电压和电流既要满足电路回路方程（基尔霍夫电压定律、电流定律），又要满足元器件自身的特性方程，两种方法都是对这两个方程的联立求解。不同的是，微变等效是用计算的方法，图解法用的是绘图的方法。微变等效法用于小信号放大，图解法既能用于小信号放大，也能用于大信号放大。

计算的方法优点是精确，前提是有很好的数学模型对实际情况进行拟合，有时候很难得到精准的数学模型，就难以采用计算的方法。比如，三极管在输出特性曲线不同的位置具有不同的电流放大系数，信号幅度很大时，信号在一个周期内电流放大系数就会变化很多，而这种电

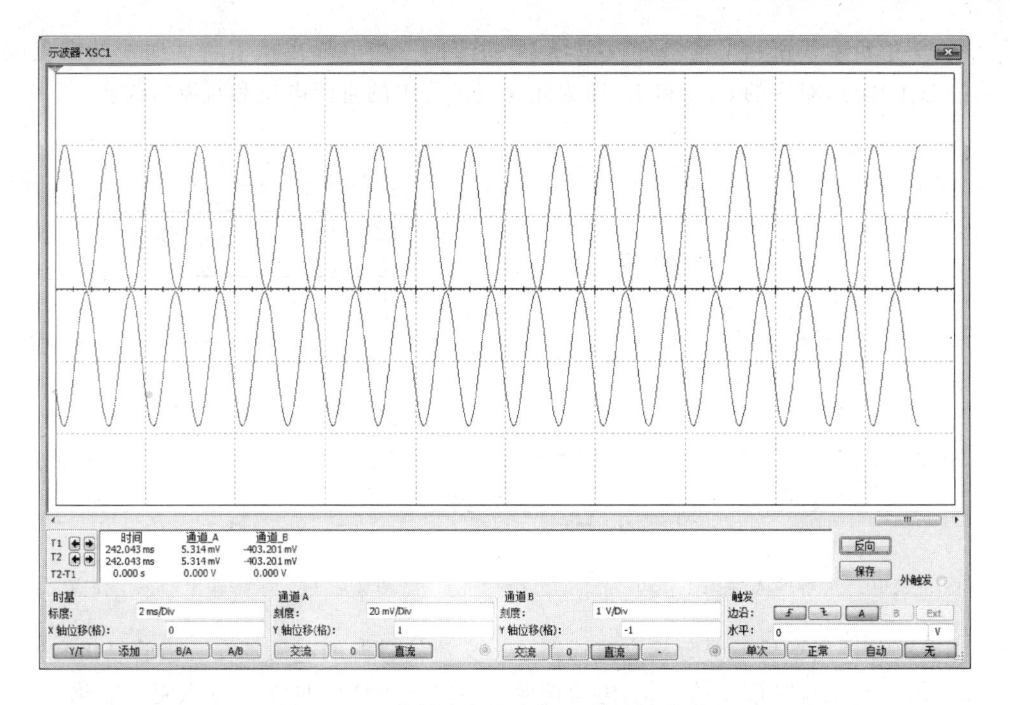

图 3.2.9 共射放大电路输入、输出波形对比

流放大系数的变化难以用数学模型精确描述。计算机辅助设计极大地减轻了计算工作量，使得很多复杂的数学模型被运用到电路计算中，扩展了计算方法的应用范围。

绘图的方法精度不高，精度依赖于原始数据和作图工具，优点是比较直观，常用于定性分析。

图解法先写出输入方程，将输入方程绘制到输入特性曲线图中去，取两条曲线的交叉点，即为输入静态工作点 I_{BQ} 和 U_{BEQ}，也就是回路方程和器件特性方程的联立解。根据输入特性曲线交叉点的电流 I_{BQ}，找到输出特性曲线，在输出特性曲线图中绘制输出回路的回路方程，求两者的交叉点，即为输出静态工作点 I_{CQ} 和 U_{CEQ}。

以图 3.2.4 为例，输入回路方程

$$V_{CC} = I_{BQ} R_1 + U_{BEQ}$$

该方程为一条直线，只需求出其在横坐标轴和纵坐标的交点，再用直线连接即可。

令 $U_{BEQ}=0$ 可得

$$I_{BQ} = \frac{V_{CC}}{R_1}$$

令 $I_{BQ}=0$ 可得

$$U_{BEQ} = V_{CC}$$

绘制该直线，如图 3.2.10 中输入回路负载线所示。输入回路负载线与三极管输入伏安特性曲线的交点 Q 即为静态工作点，对应的 U_{BEQ} 和 I_{BQ} 即为此时三极管中的直流电压和直流电流。电源电压 V_{CC} 变化时将导致负载线位置变化，Q 点将沿三极管特性曲线随之移动。

仍以图 3.2.4 为例，输出回路方程

$$V_{CC} = I_{CQ} R_2 + U_{CEQ}$$

该方程也是一条直线，绘制方法与输入回路方程一样，绘制在三极管输出特性曲线图中，如图 3.2.11 中负载线所示。输出负载线与 I_{BQ} 对应的三极管输出伏安特性曲线的交点 Q 即为输出静态工作点，对应的 U_{CEQ} 和 I_{CQ} 即为此时三极管中的直流电压和直流电流。

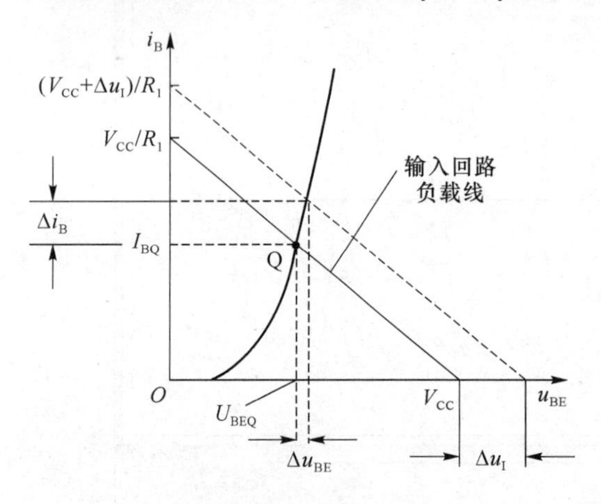

图 3.2.10 求解输入静态工作点

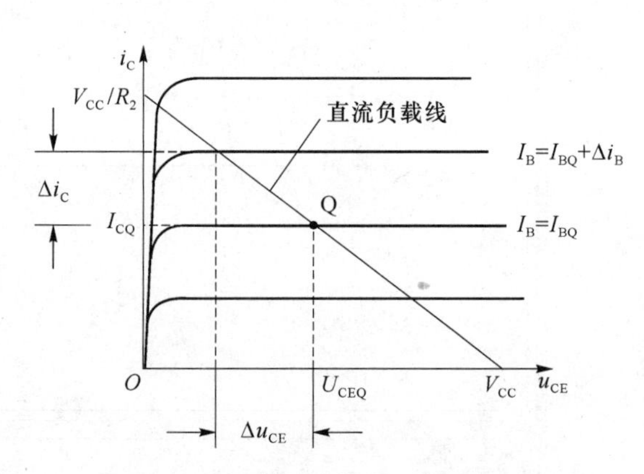

图 3.2.11 求解输出静态工作点

直流通路分析完毕后就要分析交流通路了。交流信号源的电压加在三极管基极和发射极之间，随着信号电压瞬时幅度的变化，电流按照三极管输入特性曲线在 Q 点附近变化。

输出端复杂一些，交流负载与直流负载不同，直流负载只有 R_2 一个电阻，直流负载线的斜率为 $-1/R_2$，而交流负载由 R_2 和 R_L 并联作为负载电阻，交流负载线的斜率为 $-1/R'_L$，因此，交流负载线要更陡峭一些，同时，交流负载线显然也要过 Q 点，绘制出的交流负载线如图 3.2.12 所示。随着输入信号瞬时值的大小变化，输出的交流信号随之沿着交流负载线在静态工作点附近变化。

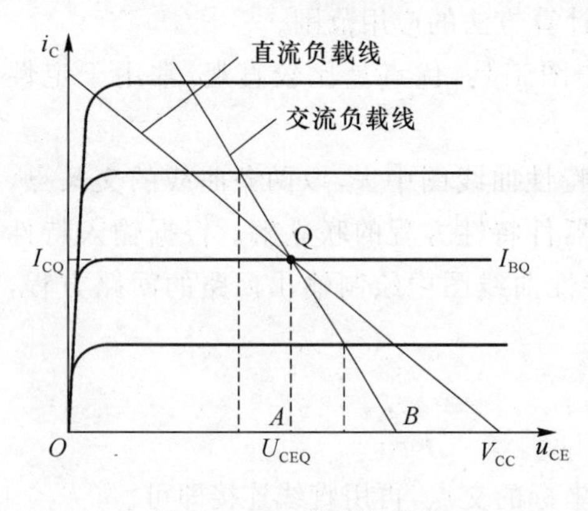

图 3.2.12 交流负载线

交流信号的动态分析如图 3.2.13 所示，其中(a)为输入分析，(b)为输出分析。

用图解法便于定性分析大信号情况下的失真情况，如图 3.2.14 所示。静态工作点过于靠近饱和区将容易造成输出信号波形底部失真，称为饱和失真；静态工作点过于靠近截止区将容易造成输出信号顶部失真，称为截止失真。静态工作点距离截止区和饱和区等距离的话，将得到最大的不失真动态范围。

5. 稳定静态工作点的共射放大电路

温度变化对三极管的工作状态有比较大的影响，如图 3.2.15 所示，温度升高会引起三极管参数的变化($I_{CEO}\uparrow$，$\beta\uparrow$，$U_{BE}\downarrow$)，最终导致 I_C 升高。因为电路工作时三极管会发热，所以，即使静态工作点选得很好，也会因温度 $T\uparrow\rightarrow I_{CQ}\uparrow\rightarrow$Q 点上移$\rightarrow$饱和失真。

稳定静态工作点常采用直流负反馈的方法，电路如图 3.2.16 所示。

图中 V_1 为信号源，R_1 为信号源内阻。C_1 和 C_2 为耦合电容，为交流信号提供通路，阻断直流电流。R_{b1}、R_{b2}、R_c 和 R_e 构成三极管的直流偏置电路，使三极管工作在合适的静态工作点。C_e 为旁路电容，C_e 与 R_e 并联，C_e 的交流阻抗远小于 R_e，使交流电流从和直流电流分两路走，交

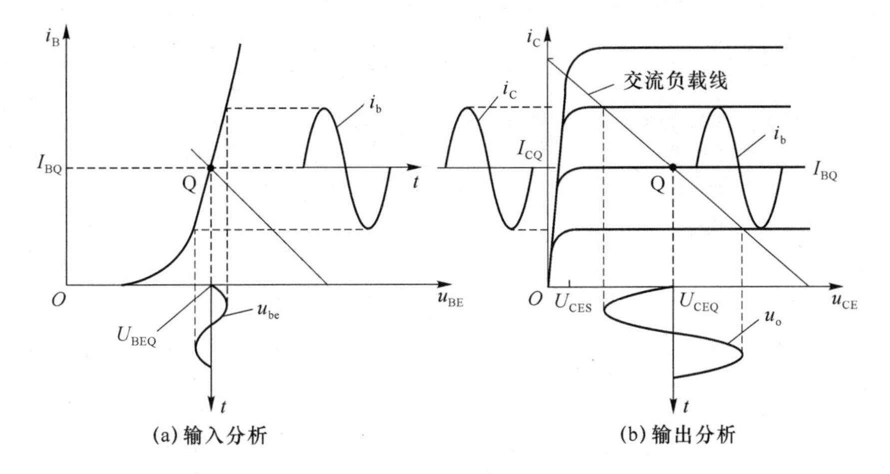

图 3.2.13　交流信号的动态分析

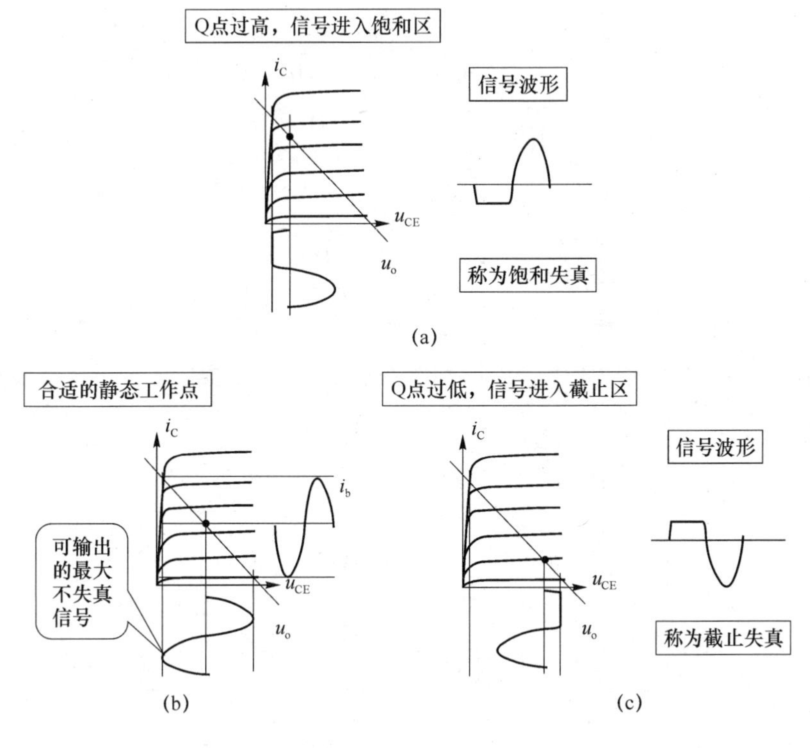

图 3.2.14　失真分析

流信号从三极管发射极通过 C_e 流入接地点，避免交流信号流经 R_e，R_e 上只有直流电流。R_L 为负载。

图 3.2.16 的直流等效电路如图 3.2.17(a)所示，交流等效电路如图 3.2.17(b)所示。

在直流等效电路中

$$I_{b1} = I_{BQ} + I_{b2}$$

通常 I_{BQ} 很小，忽略不计，则 V_{BQ} 相当于 R_{b1} 和 R_{b2} 串联分压

$$V_{BQ} = \frac{R_{b2}}{R_{b1} + R_{b2}} V_{CC}$$

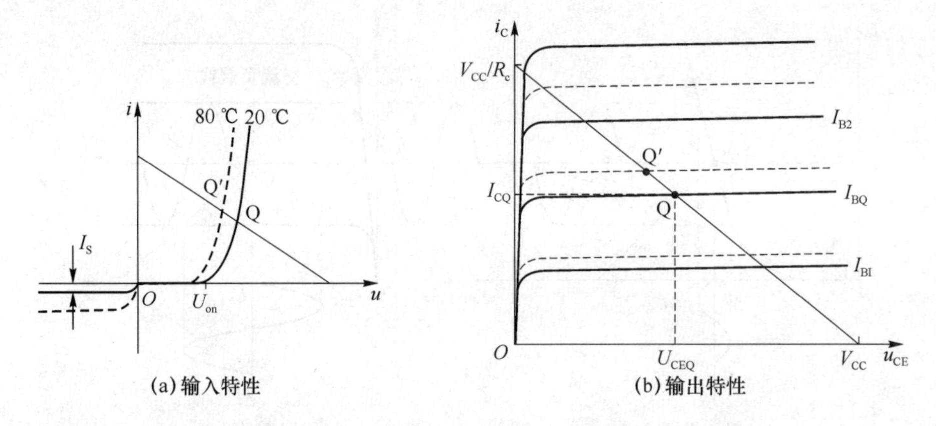

图 3.2.15 温度上升对静态工作点的影响

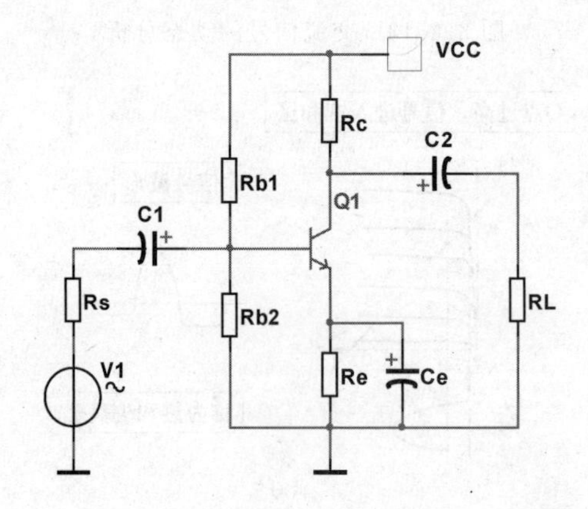

图 3.2.16 稳定静态工作点的共射放大电路

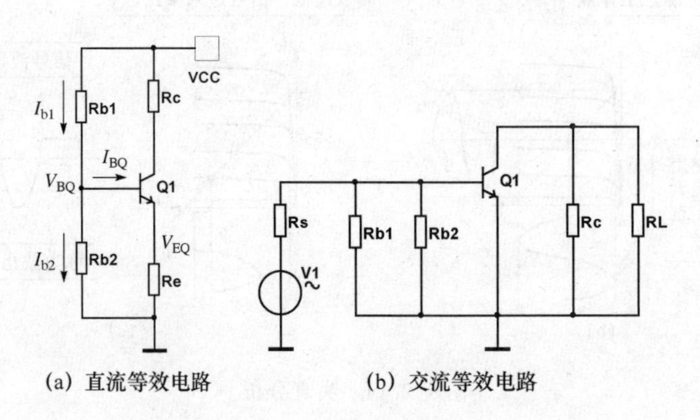

图 3.2.17 等效电路

由于电阻很少受温度影响，所以 V_{BQ} 基本不受温度影响，比较稳定。

当温度升高导致 I_{BQ}、I_{CQ} 和 I_{EQ} 增大时，会导致 V_{EQ} 升高，由于 V_{BQ} 稳定，所以 V_{EQ} 升高直接导致三极管 U_{BEQ} 降低，从而减小了 I_{BQ}，由于 I_{CQ} 和 I_{BQ} 成正比关系，所以 I_{CQ} 也得到了降低，实现了负反馈，降低了温度对静态工作点的影响。

R_e 是负反馈的采样元件，该负反馈为直流电流串联负反馈。交流信号不经过 R_e，所以该负反馈对交流信号不起作用。

实操 1：共射放大电路的仿真

(1) 用 Multisim 软件绘制电路图，如图 3.2.18 所示。图中 V_1 和 R_S 可以用函数发生器代替。

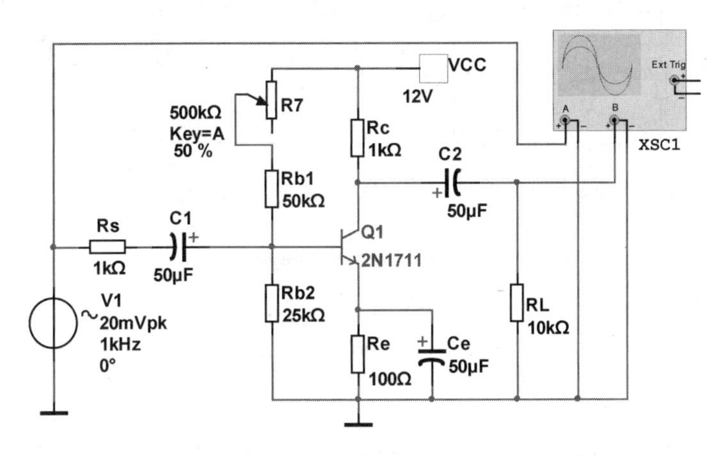

图 3.2.18　共射放大电路仿真

(2) 将运行仿真，用示波器观察波形，比较输出波形与输入波形的关系。用万用表或示波器测量电路的电压放大倍数。

(3) 调整电位器 R_7，观察波形变化，测量电压放大倍数。

(4) 在电容 C_1 和三极管基极之间串联万用表，同时在电容 C_2 和负载 R_L 之间也串联万用表，将两个万用表都打到交流电流挡，分别测量输入信号电流和负载上的输出信号电流，并计算电流放大倍数。

(5) 将 R_C 改为 5 kΩ，R_L 改为 1 kΩ，再次调整电位器 R_7，使电压放大倍数尽量大，测量电压放大倍数，同时测量电流放大倍数。将测量结果与前面的测量结果对比。

(6) 增大输入信号，观察失真情况，改变各电阻的阻值，观察各电阻对失真的影响。

(7) 改变电源电压，观察电源电压对放大电路的影响。

(8) 用波特测试仪测量系统带宽。

知识 2　共集放大电路

共集放大电路是共集电极放大电路的简称，也称为射极输出器或射极跟随器。共集放大电路之所以也被称为射极跟随器，就是因为功能类似于集成运放的电压跟随器，电压放大倍数略小于 1，但是具有较高的电流放大能力，常用作隔离电路和功率放大电路。

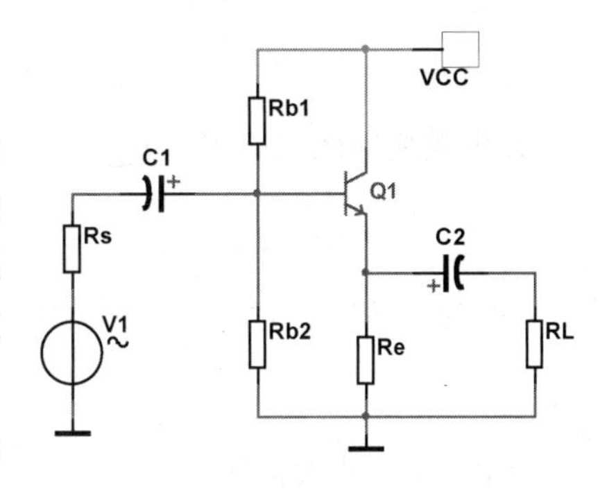

图 3.2.19　共集电极放大电路

共集放大电路如图 3.2.19 所示，图中电容 C_1 和 C_2 是隔离电容，用于防止直流电流流入信号源或者负载，电阻 R_{b1}、R_{b2} 和 R_e 为直流偏置电阻，与稳定静态工作点的共射放大电路相同，所以该电路具有负反馈的效果，具有较好的温度稳定性。

图 3.2.19 的交、直流等效电路如图 3.2.20 所示。由于 R_e 没有旁路电容，同时有交流和

直流电流流过 R_e，所以 R_e 对交流信号也有负反馈的作用。

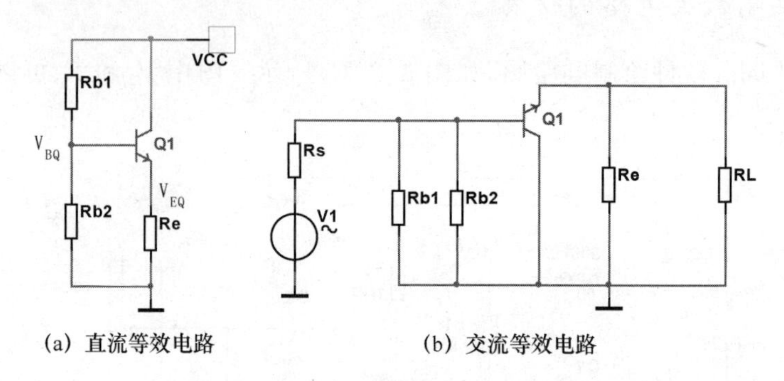

(a) 直流等效电路　　(b) 交流等效电路

图 3.2.20　等效电路

求解静态工作点时，忽略基极电流 I_{BQ}，有

$$V_{BQ} = \frac{R_{b2}}{R_{b1} + R_{b2}} V_{CC}$$

$$V_{BQ} = U_{BEQ} + V_{EQ}$$

按照 $U_{BEQ} \approx 0.7V$ 可以估算出 V_{EQ} 来，根据

$$I_{EQ} = \frac{V_{EQ}}{R_E}$$

可以求出 I_{EQ}，$I_{CQ} \approx I_{EQ}$。

由

$$U_{CEQ} = V_{CC} - V_{EQ}$$

可得 U_{CEQ}。

为了计算电压放大倍数，绘制出微变等效电路，如图 3.2.21 所示，图中省略了信号源内阻。

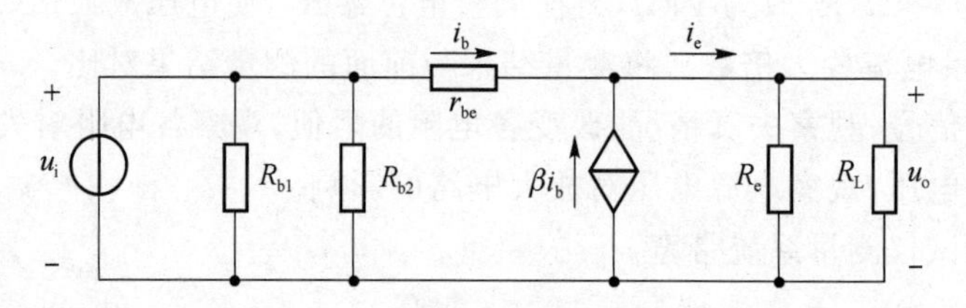

图 3.2.21　共集微变等效电路

分析微变等效电路图可知

$$u_i = u_o + i_b\, r_{be}$$

$$u_o = i_e\, R'_L$$

其中，R'_L 为 R_e 和 R_L 并联的等效电阻

$$R'_L = \frac{R_e\, R_L}{R_e + R_L}$$

所以，电压放大倍数

$$A_u = \frac{u_o}{u_i} = \frac{i_e\, R'_L}{i_e\, R'_L + i_b\, r_{be}}$$

因为

$$i_e = (1 + \beta) i_b$$

所以

$$A_u = \frac{(1+\beta)R'_L}{r_{be} + (1+\beta)R'_L}$$

通常 r_{be} 只有几百欧姆，远远小于 $(1+\beta)R'_L$，所以

$$A_u \lesssim 1$$

该电路的输入电阻为

$$R_i = R_{b1} // R_{b2} // [r_{be} + (1+\beta)R'_L]$$

其中，"//"表示电阻之间是并联的关系。输入电阻通常比较大。

输出电阻为

$$R_o = \frac{(R_S // R_{b1} // R_{b2}) + r_{be}}{1+\beta} // R_e$$

其中，R_S 为信号源内阻，一般很小，远小于 R_{b1} 和 R_{b2}，r_{be} 也不大，一般几百欧姆，分子相加后除以$(1+\beta)$就变得非常小了。所以，总输出电阻很小。

共集放大电路的输入、输出波形对比如图 3.2.22 所示，图中上面的波形为输入信号波形，下面的波形为输出信号波形。从图中可以看出，输入与输出同相位，输出波形幅度与输入波形近似相等，这也是共集放大电路被称作射极跟随器的原因。

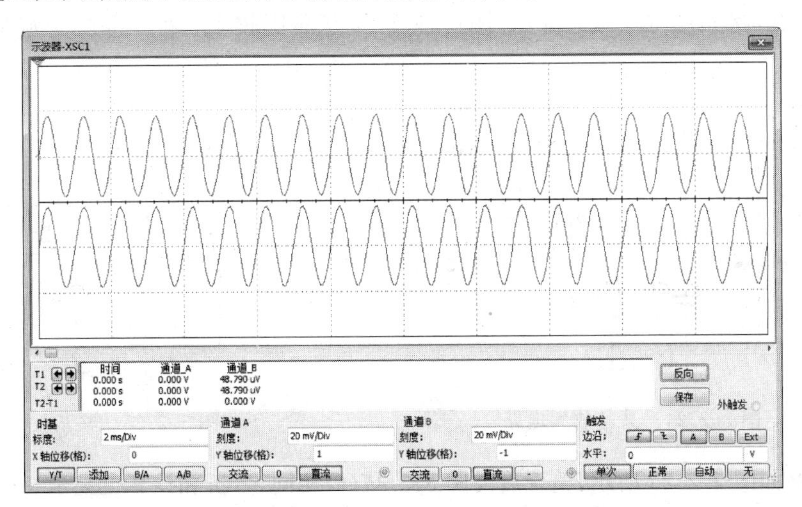

图 3.2.22　共集放大电路输入、输出波形对比

实操 2：共集放大电路的仿真

（1）用 Multisim 软件绘制电路图，如图 3.2.23 所示。图中 V_1 和 R_S 可以用函数发生器代替。

（2）将运行仿真，用示波器观察波形，比较输出波形与输入波形的关系。用万用表或示波器测量电路的电压放大倍数。

（3）改变各电阻和负载阻值，观察波形变化，测量电压放大倍数。

（4）用万用表测量交流电流放大倍数。

（5）改变输入信号和电源电压大小，观察它们对放大电路的影响。

（6）用波特测试仪测量系统带宽。

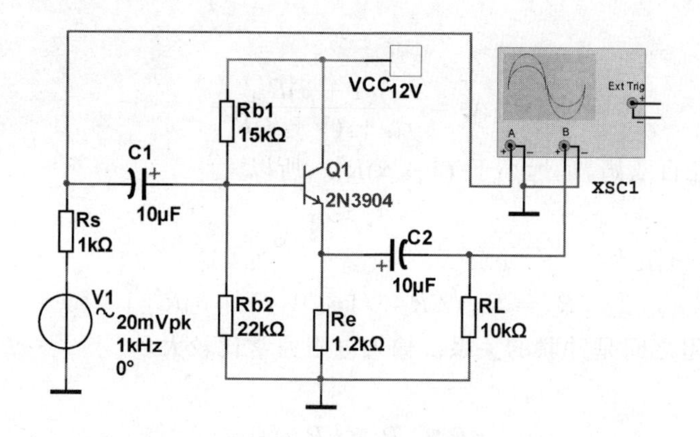

图 3.2.23 共集放大电路仿真

知识 3 共基放大电路

三极管共有三种基本放大组态，共基组态是应用较少的一种，共基放大电路不能放大电流，能够放大电压，输入电阻低，输出电阻高，主要用在需要宽频带的场合进行电压放大，有时候可以当作恒流信号源来用。

共基放大电路如图 3.2.24 所示，图中三个电容都比较大，用于通过交流信号，隔断直流量。

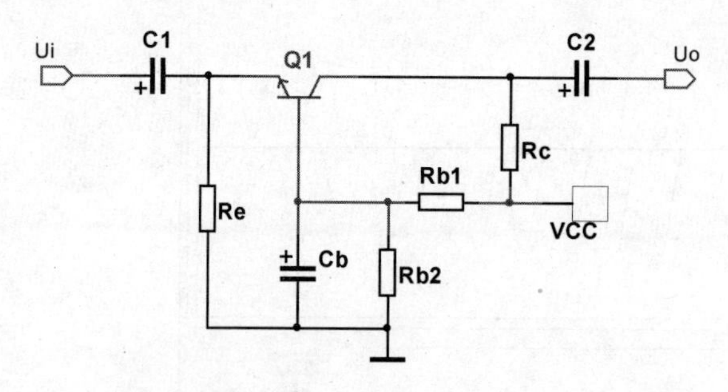

图 3.2.24 共基放大电路

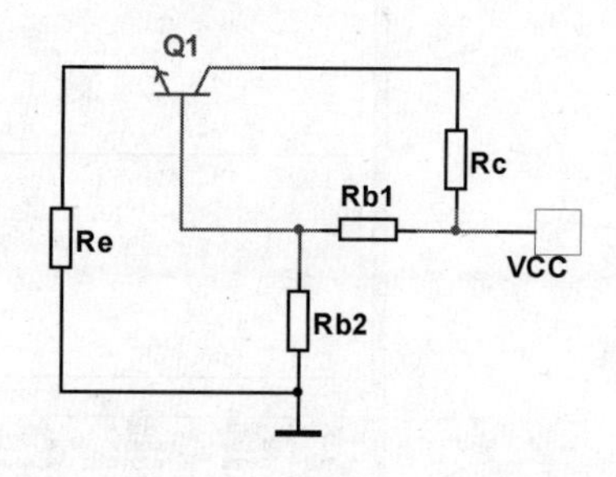

图 3.2.25 共基放大直流通路

直流通路如图 3.2.25 所示，整理后与图 3.2.17(a)相同，分析和计算也完全一样，不再重述。

交流通路如图 3.2.26 所示，整理后如图 3.2.27 所示。将三极管用微变等效电路替换，如图 3.2.28 所示。

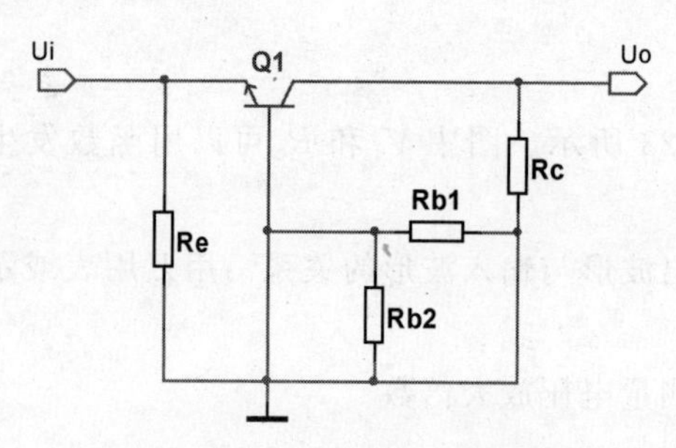

图 3.2.26 共基放大交流通路

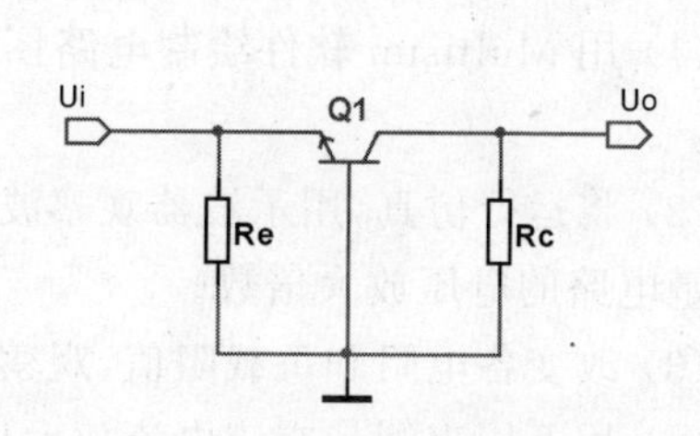

图 3.2.27 共基放大交流等效电路

在图 3.2.28 中，共基放大电路输入

$$u_i = -i_b r_{be}$$

输出

$$u_o = -i_c R_c$$

电压放大倍数

$$A_u = \frac{u_o}{u_i} = \frac{-i_c R_c}{-i_b r_{be}} = \beta \frac{R_c}{r_{be}}$$

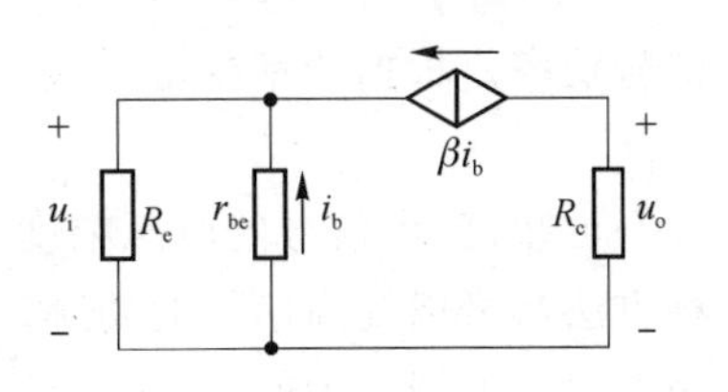

图 3.2.28　共基放大微变等效电路

输入电阻

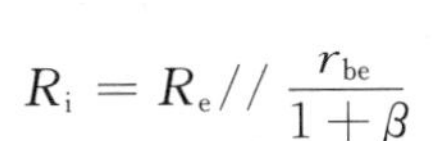

$$R_i = R_e // \frac{r_{be}}{1+\beta}$$

输出电阻

$$R_o = R_c$$

实操 3：共基放大电路的仿真

(1) 用 Multisim 软件绘制电路图，如图 3.2.29 所示。

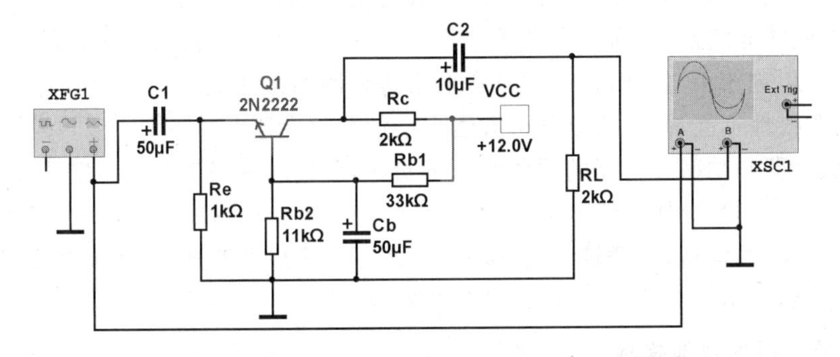

图 3.2.29　共基放大电路仿真

(2) 将函数发生器设置为振幅 10 mV、频率 1 kHz 的正弦波，运行仿真，用示波器观察波形，比较输出波形与输入波形的关系。利用示波器或万用表测量电压放大倍数。

(3) 改变各电阻和负载 R_L 阻值，观察波形变化，测量电压放大倍数。

(4) 用万用表测量交流电流放大倍数。

(5) 改变函数发生器的频率、幅度和信号类型，用示波器观察波形变化。改变电源电压大小，用示波器观察波形变化。

(6) 用波特测试仪测量系统带宽。

任务三　集成功率放大器

知识 1　功率放大电路

1. 小信号放大器和功率放大器的联系和区别

功率放大器常简称为功放。小信号放大器侧重于放大信号幅度，功率放大器侧重于放大

信号功率。根据功率的定义式

$$p = ui$$

可知，放大信号的电压幅度、放大信号的电流幅度或者同时放大电压和电流的幅度，这三种方法都可以提高信号的功率。小信号放大器显然也放大了信号的功率。只不过，多数场合小信号放大器放大的是电压幅度非常小的信号。例如，微伏级或者毫伏级，把幅度放大到伏特级，也就是追求比较高的电压放大倍数，而功率放大器大多是在输入电压幅度比较大的情况下(伏特级)，对电流进行放大，从而实现功率放大的目的。注意：这里的功率一律指交流信号的交流功率，直流分量的功率不包含传递的信息，不仅没有用处，还会带来器件过热等害处。

小信号放大器的功率大约在毫瓦级至瓦特级，很少加散热片，一般不需要加散热片。功率放大器的功率大约在瓦特级至千瓦级，多数情况需要加散热片，有时候需要风冷散热，甚至需要用水或油做冷却介质。

小信号放大器的电路元器件工作在线性区，信号小，器件参数变化不明显。设备对小信号放大所要求的侧重点在于不失真，如果有失真，失真会被后级放大，因而影响较大。功率放大器的电压和电流幅度都很大，器件线性区的参数变化也会变得比较明显，有时甚至为了追求高效率而使器件到达非线性区，所以失真是难免的，不过，功率放大器后面就是负载，少许失真不会被逐级放大，影响较小，另外，在高频时常采用选频网络减少失真。因为功率放大器动态范围大，器件的非线性不能忽视，所以分析方法与小信号放大器有所不同。

小信号放大器和功率放大器的器件有所不同，如今集成电路工业极为发达，小信号放大多采用集成运放或专用半导体集成电路，但是半导体集成电路通常功率不够大，除部分小功率场合可以采用薄膜集成电路，部分较大功率场合采用厚膜集成电路外，很多大功率场合需要使用分立元件的电路，常用的器件是三极管、场效应管等。

2. 功率放大器的性能指标

功率放大器的性能指标很多，有输出功率、频率响应、失真度、效率、信噪比、输出阻抗、阻尼系数等，其中以输出功率、频率响应、失真度和效率等指标为主。

输出功率是指功率放大器输送给负载的功率，以瓦特(W)为基本单位。功率放大器在放大量和负载一定的情况下，输出功率的大小由输入信号的大小决定。额定输出功率为衡量输出功率的主要技术指标。

额定输出功率(RMS)是指在一定的谐波失真指标内，功率放大器输出的最大功率。应该注意，功率放大器的负载和谐波失真指标不同，额定输出功率也随之不同。通常规定的谐波失真指标有1%和10%。由于输出功率的大小与输入信号有关，为了测量方便，一般采用连续正弦波作为测量信号来测量音响设备的输出功率。通常测量时给功放输入频率为1 000 Hz的正弦信号，测出等阻负载电阻上的电压有效值(U_o)，此时功放的输出功率(P)可表为

$$P = \frac{U_o^2}{R_L}$$

其中，R_L为扬声器的阻抗。

这样得到的输出功率，实际上为平均功率。当输入信号逐渐增大时，功率放大器开始过载，波形削顶，谐波失真加大。谐波失真度为10%时的平均功率，称为额定输出功率，亦称最大有用功率或不失真功率。

描述输出功率的技术指标除了额定输出功率外，还有最大输出功率，最大输出功率不考虑

失真大小，是功率放大器所能输出的最大功率，通常是额定功率的 2 倍。

频率响应是指功率放大器对信号各频率分量的均匀放大能力。频率响应可分为幅度频率响应和相位频率响应。幅度频率响应表征了功放的工作频率范围，以及在工作频率范围内的幅度均匀和不均匀的程度。工作频率范围是指幅度频率响应的输出信号电平相对于1 000 Hz信号电平下降 3 dB 处的上限频率与下限频率之间的频率范围，也被称为 3 dB 带宽。在工作频率范围内，衡量频率响应曲线是否平坦，或者称不均匀度一般用 dB 表示。例如，某一功放的工作频率范围及其不均匀度表示为 20 Hz～20 kHz，±1 dB。

相位频率响应是指功放输出信号与原有信号中个频率之间相互的相位关系，也就是说有没有产生相位畸变。通常，相位畸变对功放来说并不很重要，这是因为人耳对相位失真反应不很灵敏的缘故。所以，一般功放所说的频率响应就是指幅度频率响应。

失真是指重放的信号波形发生了不应有的变化。失真有谐波失真、互调失真、交叉失真、削波失真、相位失真和瞬态失真等。

谐波失真是由功率放大器中元器件的非线性引起的，这种非线性会使声频信号产生许多新的谐波成分。其失真大小是以输出信号中所有谐波的有效值与基波电压的有效值之比百分数来表示，谐波失真度越小越好。谐波失真还与频率和输出功率有关，目前，优质音频功率放大器在整个音频范围内的总谐波失真一般小于 0.1%。

互调失真是指当功放同时输入两种或两种以上频率的信号时，由于放大器的非线性，在输出端会产生各频率之间的和频和差频信号。例如，200 Hz 信号和 600 Hz 的信号和在一起，就产生 400 Hz(差频信号)和 800 Hz(和频信号)这两个微弱的互调失真信号。

交叉失真又称交越失真，是由于功率放大器的乙类推挽放大器功放管的起始导通的非线性造成的，它也是造成互调失真的原因之一。

削波失真是功放器件饱和时，信号被削波，输出信号幅度不能进一步增大而引起的一种非线性失真。

瞬态失真又称瞬态响应，是指功放瞬态信号的跟随能力。当瞬态信号加到放大器时，若放大器的瞬态响应差，放大器的输出就跟不上瞬态信号的变化，从而产生瞬态失真。功率放大器的瞬态响应主要决定于放大器的频率范围，功放的通频带越宽，瞬态失真越小。

工作效率是衡量功率放大器好坏的一个重要指标，效率越高，浪费的电能越少，散热问题越容易解决，效率高的移动设备有利于延长电池工作时间。效率的定义是用最大的输出交流信号功率除以直流电源提供的总功率：

$$\eta = \frac{P_{\text{om}}}{P_{\text{v}}}$$

3. 功率放大器的分类

按照器件在工作时的导通状态，功率放大器常分为甲类(a 类)、甲乙类(ab 类)、乙类(b 类)、丙类(c 类)等几种。

甲类功率放大器的静态工作点 Q 设定在交流负载线的中点附近，三极管在输入信号的整个周期内均导通。三极管工作在特性曲线的线性范围内，所以失真较小。电路简单，调试方便。缺点是三极管功耗大，效率普遍不高，理想情况下，最高也只有 50%。如果共射放大电路和共基放大电路工作在大信号情况下，则可以称之为甲类功率放大电路。目前，甲类功率放大器应用较少，主要用在对失真度或通频带要求高的场合。

乙类功率放大器采用两个三极管推挽工作,每个三极管导通的时间只有甲类功率放大器的一半,当没有信号输入时,输出端几乎不消耗功率。乙类功率放大器的优点是效率较高(理想情况下达到78.5%),但是因三极管会经过非线性区域,所以"交越失真"较大。单纯的乙类功率放大器应用也不多,在乙类放大器基础上改进的甲乙类功率放大器应用较多。

甲乙类功率放大器的主要结构与乙类功率放大器类似,但是三极管的导通时间稍大于半周期,介于甲类和乙类之间,必须用两个三极管推挽工作。甲乙类功率放大器可以避免交越失真,可以抵消偶次谐波失真,具有三极管功耗较小,效率较高的特点,得到了广泛的应用。

丙类功率放大器中三极管的导通时间少于半周期,比乙类还少,只用一个三极管,所以会有非常大的失真,必须使用选频网络减小失真,因此,丙类功率放大器是窄带功率放大器。因为通频带很窄,所以丙类功率放大器不适合用于音频放大等低频电路,通常用于无线电发射机等高频电路。丙类功率放大器的优点是效率高,效率能够达到90%以上。

知识 2 集成功率放大器

在较小功率的场合,集成功率放大器应用越来越广泛,比如LM386、LA4100、LM1875和TDA2030等。LM386为低电压音频功率放大器,输出功率可达1 W(LM386N-4),具有宽电源、低功耗、增益可调(20~200倍)等优点。

图3.4.7是采用LM386的功率放大电路图。在LM386内部的1脚($GAIN_1$)和8脚($GAIN_2$)之间有1个负反馈电阻,当1脚和8脚的引脚开路时,负反馈最深,放大倍数最小,$A_{umin}=20$。在1脚和8脚中接10微法电容时,交流信号通过电容旁路,负反馈消失,放大倍数最大,$A_{umax}=200$。图3.4.7中接在1脚和8脚间的电容C_2和电位器R_2是调整增益的电路,调节R_2可以使增益在20倍到200倍之间变化。当1脚和8脚的引脚开路时,通频带宽度为300 kHz。

图3.4.7中C_1是耦合电容,用于隔断直流分量。电位器R_1相当于音量旋钮,使用时用来调节总输出幅度的大小。LM386的2脚(-INPUT)是反相输入端,3脚(+INPUT)是同相输入端,可以方便地对差模信号进行放大。

5脚(V_{out})是输出端,单电源供电时,LM386内部是OTL结构,C_4起到存储电能的作用,所以容量很大。R_3和C_3的作用是防止自激振荡,消除高频干扰。

7脚(BYPASS)所接的C_5是旁路电容,起到滤除噪声的作用。

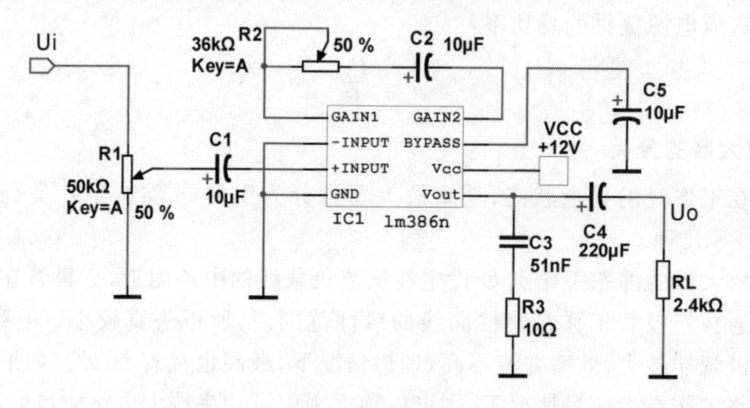

图3.3.1 采用LM386的功率放大电路

集成功率放大器 LM1875 最大输出功率可达 30 W，增益带宽积达到 5.5 MHz，开环电压增益达到 90 dB，外围电路简单，有完善的过载保护功能。LM1875 的电路与集成运放基本一样，图 3.3.2 为双电源应用的情况，图中 R_1 和 C_1 用于消除和隔离直流（极低频）的噪声，R_2 为平衡电阻，R_3、R_4 和 C_2 构成了交流负反馈，交流电压放大倍数为 20 倍。R_5 和 C_7 将高频对地短路，用来防止 LM1875 发生自激振荡。R_L 为负载。C_3、C_4、C_5 和 C_6 是电源滤波电路，大电容用于低频信号滤波，小电容用于高频信号滤波。

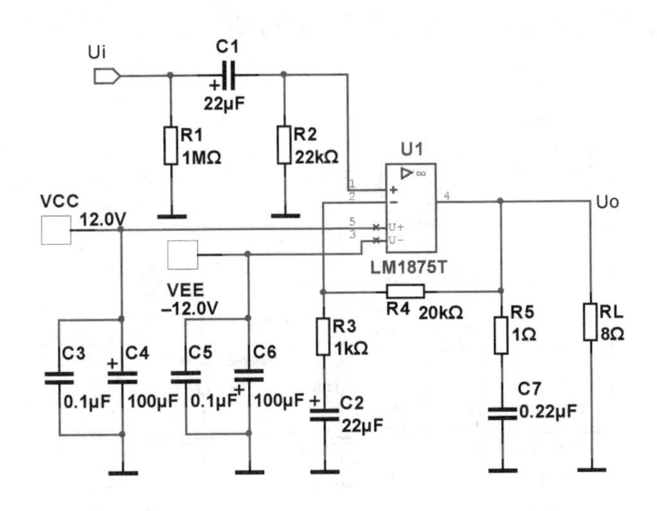

图 3.3.2　LM1875 双电源应用

图 3.3.3 为 LM1875 单电源应用的情况，图中 R_1 和 C_1 的作用与图 3.3.2 中相同。R_6 和 R_7 对电源 V_{CC} 分压，通过 R_2 提供给同相输入端一个直流参考电压，C_9 对这个直流参考电压进行滤波，运放的单电源应用都是类似的设计，相关内容请参考项目二中任务二的知识 10。C_8 不仅有隔直作用，更主要的是作为储能元件，详细介绍请见本项目任务五中关于 OTL 功率放大器的相关内容。其余元器件的功能与图 3.3.2 相同，不再赘述。

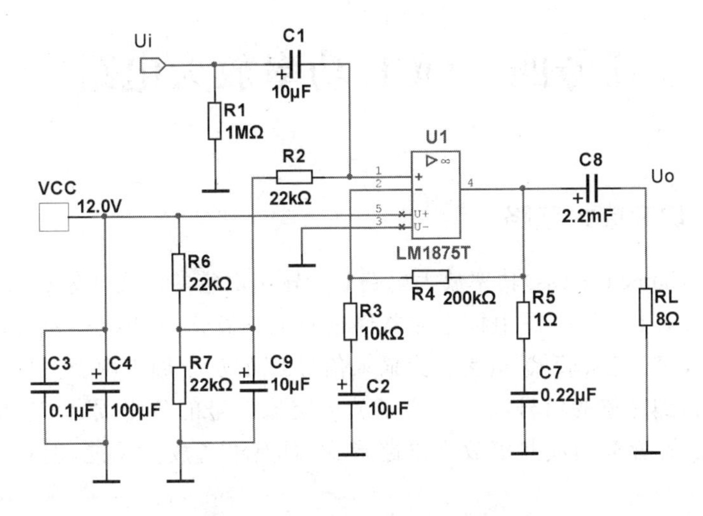

图 3.3.3　LM1875 单电源应用

实操：集成功率放大器的仿真

（1）分别按照图 3.3.2 和图 3.3.3 用 Multisim 软件绘制电路图，输入端接函数发生器，输出端接示波器。

（2）运行仿真，用示波器观察输入、输出波形关系。用万用表或示波器测量电压放大倍数。

（3）学习利用瓦特计测量输入、输出信号功率，如图 3.3.4 所示，图中 XWM_1 即为瓦特计。

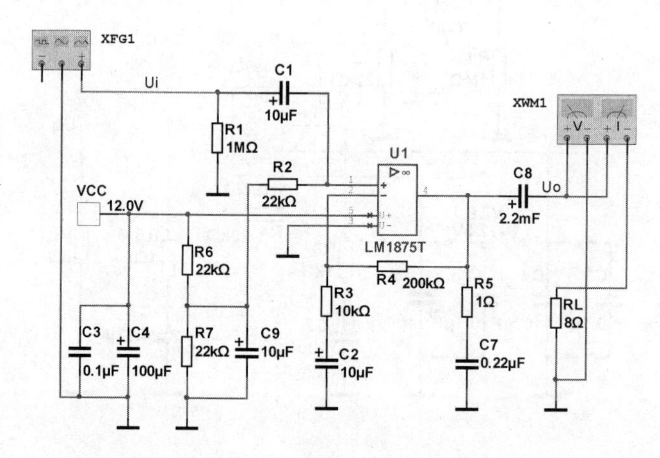

图 3.3.4　用瓦特计测量输出信号功率

（4）调整输入信号的频率和幅度，观察输入、输出波形变化，测量电压放大倍数，测量输入、输出信号功率，计算功率放大倍数。

（5）改变电路中各元器件参数，观察输入、输出波形变化，测量电压放大倍数和功率放大倍数。

任务四　OCL 功率放大电路

知识　OCL 功率放大电路

OCL（Output Capacitorless）功率放大电路是无输出电容的乙类功率放大电路，OCL 电路的基本模型如图 3.4.1 所示。图中核心元器件是两个三极管，NPN 三极管 Q_1 负责放大输入信号 U_i 的正半周，PNP 三极管 Q_2 负责放大输入信号 U_i 的负半周。两个三极管的输出合起来可以在负载 R_L 上得到完整的信号波形。为了放大交流信号的负半周，OCL 电路需要采用双电源供电。两个三极管都构成共集放大电路形式，具有电流放大功能，但是不具备电压放大功能。

U_i 在正半周从小变大时，突破三极管 Q_1 死区电压，形成基极电流，集电极电流从 V_{CC} 经集电极流过三极管 Q_1 后，从发射极流出三极管，通过负载电阻 R_L 流入地里。

U_i在正半周从大变小时，若小于三极管 Q_1死区电压，则基极电流消失，集电极电流也消失，负载电阻 R_L上没有电流。

在 U_i的正半周里，三极管 Q_2一直都是截止的。

U_i在负半周时，工作过程与正半周相反，三极管 Q_2导通，三极管 Q_1截止。

通过前面的分析可知，OCL 功率放大器属于乙类放大器，工作效率较高。OCL 功率放大电路最大的问题就是输入信号 U_i在－0.5～＋0.5 V 时，两个三极管都截止，这导致了不小的失真，称为交越失真(或交叉失真)，波形如图 3.4.2 所示。

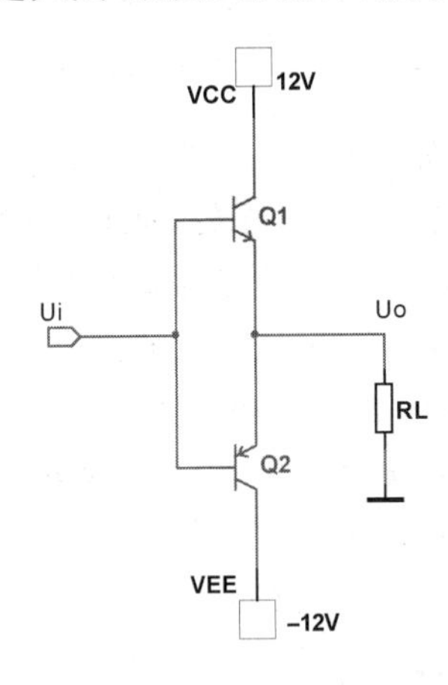

图 3.4.1　OCL 电路的基本模型

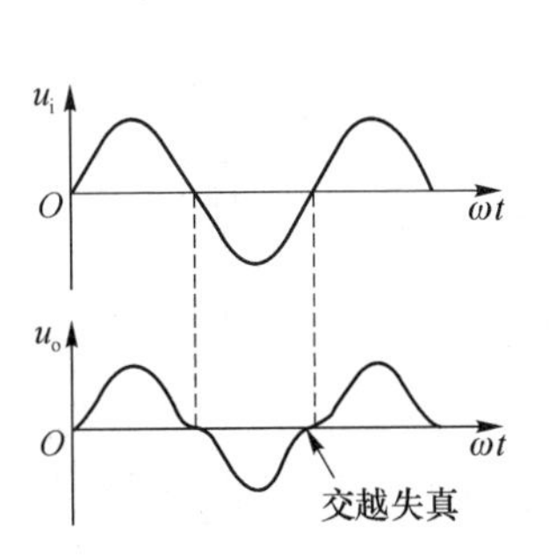

图 3.4.2　交越失真

OCL 功率放大电路所能输出的最大功率为

$$P_o = IU$$

正弦波有效值和幅值的关系为

$$I_m = \sqrt{2} I$$

所以

$$P_o = \frac{I_m}{\sqrt{2}} \frac{U_m}{\sqrt{2}} = \frac{1}{2} I_m U_m$$

负载 R_L上的电压为 $V_{CC}-U_{CES}$，U_{CES}为三极管饱和管压降，则负载上的功率

$$P_o = \frac{1}{2} I_m U_m = \frac{1}{2} \frac{U_m^2}{R_L} = \frac{1}{2} \frac{(V_{CC} - U_{CES})^2}{R_L}$$

由于 U_{CES}较小，若忽略不计，则

$$P_o \approx \frac{1}{2} \frac{V_{CC}^2}{R_L}$$

直流电源提供的功率为两个三极管和负载的功率之和。由于采用双电源，所以电源总功率为每个电源功率的 2 倍。单个电源的功率为

$$P_{v1} = V_{CC} I_1$$

其中，I_1为单个电源在整个周期内的平均值，

$$I_1 = \frac{1}{2\pi} \int_0^{\pi} I_m \sin(\omega t) \mathrm{d}(\omega t)$$

两个电源的总功率为

$$P_v = 2V_{CC}I_1 = 2V_{CC}\frac{I_m}{\pi}$$

效率为

$$\eta = \frac{P_o}{P_v} = \frac{\frac{1}{2}I_m(V_{CC}-U_{CES})}{2V_{CC}\frac{I_m}{\pi}}$$

化简可得

$$\eta = \frac{\pi}{4}\frac{V_{CC}-U_{CES}}{V_{CC}} \approx 78.5\%$$

因此,OCL 乙类功率放大器的效率最高约为 78.5%。

为了克服交越失真,实际的 OCL 功率放大电路如图 3.4.3所示。图中 $R_2 \sim R_8$ 为直流偏置电阻,D_1 和 D_2 也是起到直流偏置作用。有了直流偏置电阻和 D_1、D_2,两个三极管 Q_1 和 Q_2 一直处于微导通状态,功率放大器就工作在甲乙类状态,减少了失真,工作效率也比乙类放大器低一些。三极管 Q_1 和 Q_2 除了一个是 NPN,另一个是 PNP 外,两个三极管的参数应该尽可能一样,如果条件允许,尽量采用对管,有利于减少失真。

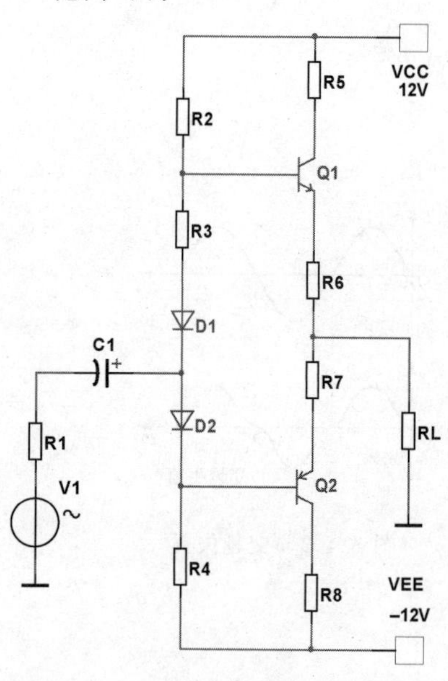

图 3.4.3 OCL 功率放大电路

图 3.4.3 所示的 OCL 功率放大电路信号波形如图 3.4.4所示,上面的波形为输入信号波形,下面的波形为输出信号波形,通过对比可以知道信号失真不大,输出电压幅度略小,电路主要通过电流放大实现功率的增加。

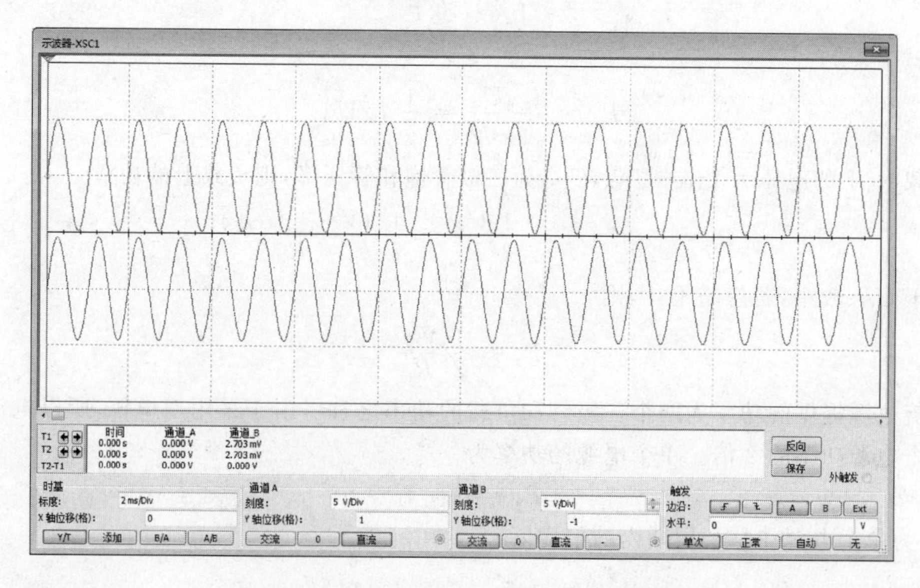

图 3.4.4 OCL 功率放大电路信号波形

实操：OCL 功率放大电路的仿真

(1) 用 Multisim 软件绘制电路图，如图 3.4.5 所示。图中 XDA_1 为失真分析仪，XSC_1 为示波器。

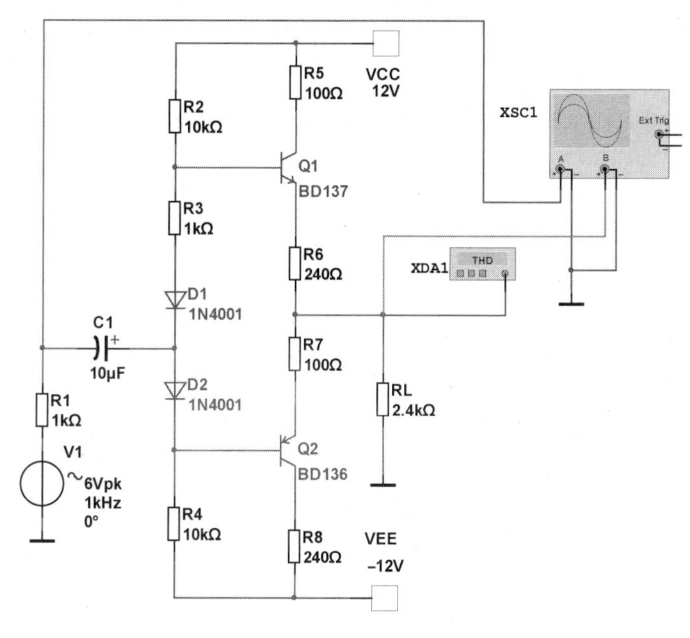

图 3.4.5　OCL 功率放大器仿真

(2) 将信号源 V_1 设置成振幅 6 V、频率 1 kHz 的正弦波。运行仿真，用示波器观察输入、输出信号波形，用失真分析仪测量失真度，用瓦特计测量输入、输出功率和电源总功率，计算效率。

(3) 改变输入源的幅度和频率，重复运行仿真，用示波器观察输入、输出信号波形，用失真分析仪测量失真度，用瓦特计测量输入、输出功率和电源总功率，计算效率。

(4) 改变负载电阻 R_L 大小，重复运行仿真，用示波器观察输入、输出信号波形，用失真分析仪测量失真度，用瓦特计测量输入、输出功率和电源总功率，计算效率。

任务五　OTL 功率放大电路

知识　OTL 功率放大电路

OTL(Output Transformerless)功率放大电路是指无输出变压器的功率放大电路，它与 OCL 电路结构基本相同，不同之处在于 OTL 采用单电源供电，输出端采用电容耦合，OTL 电路基本模型如图 3.5.1 所示。

OTL 功率放大电路和 OCL 功率放大电路的工作过程类似，在 U_i 正半周，三极管 Q_1 导通，电流从电源 V_{CC} 经三极管向电容 C_1 充电，充电电流经负载 R_L 流入地里。在 U_i 正半周，三极管

Q_2处于截止状态。

在U_i负半周，三极管Q_2导通，电容C_1放电，电流从电容C_1正极经三极管Q_2、地和负载R_L回到电容负极。在U_i负半周，三极管Q_1处于截止状态。

电容C_1在电路中扮演了电源的角色，同时还起到隔离直流的作用，是个非常重要的元件。为了有足够的储能，C_1通常比较大，一般使用电解电容。

由于OTL功率放大电路只有一个电源，图3.5.1总电源电压比图3.4.1中的总电源电压低一半，如果想要得到同样的输出信号功率，两者的总电源电压应该相等。图3.5.1中最大输出功率为

$$P_o \approx \frac{1}{8}\frac{V_{CC}^2}{R_L}$$

OTL功率放大器效率与OCL功率放大器相同。

图3.5.1中的OTL功率放大器基本模型也是乙类功率放大器，与图3.4.1中的OCL功率放大器一样有交越失真的问题。

实用的OTL功率放大电路如图3.5.2所示。电位器R_2，电阻R_3、R_4、R_7，电容C_2和三极管Q_1组成共射放大电路，主要进行信号电压放大，称为功率放大器的前置放大级（也称推动级）。电阻R_5、R_6，二极管D_1，三极管Q_2、Q_3组成互补推挽OTL功放电路，三极管Q_2、Q_3是一对参数对称的NPN和PNP型晶体三极管。

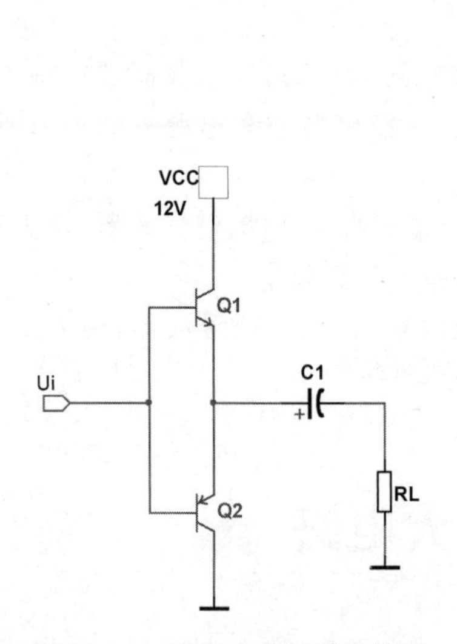

图3.5.1 OTL电路的基本模型

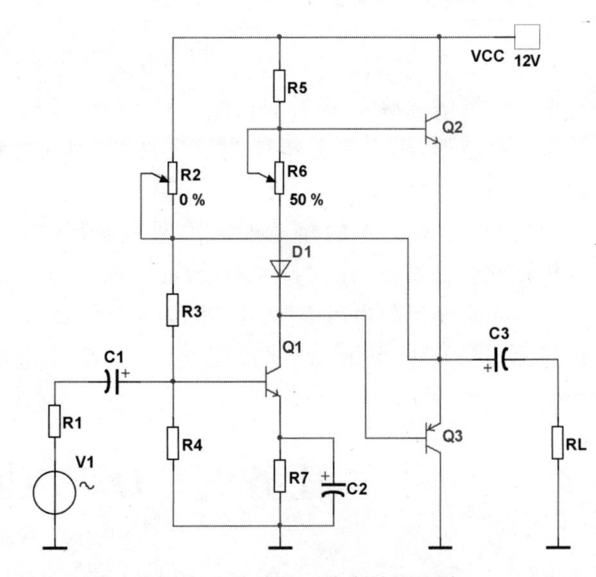

图3.5.2 OTL功率放大电路

Q_1管工作于甲类状态，工作状态由电位器R_2进行调节。调节R_6，可以使Q_2、Q_3得到合适的静态电流而工作于甲乙类状态，以克服交越失真。

OTL功率放大电路信号波形如图3.5.3所示。上面的波形为输入信号，下面的波形为输出信号。通过对比可以看到输出与输入反相，输出电压比输入大很多倍，这主要是由前置放大级Q_1造成的。

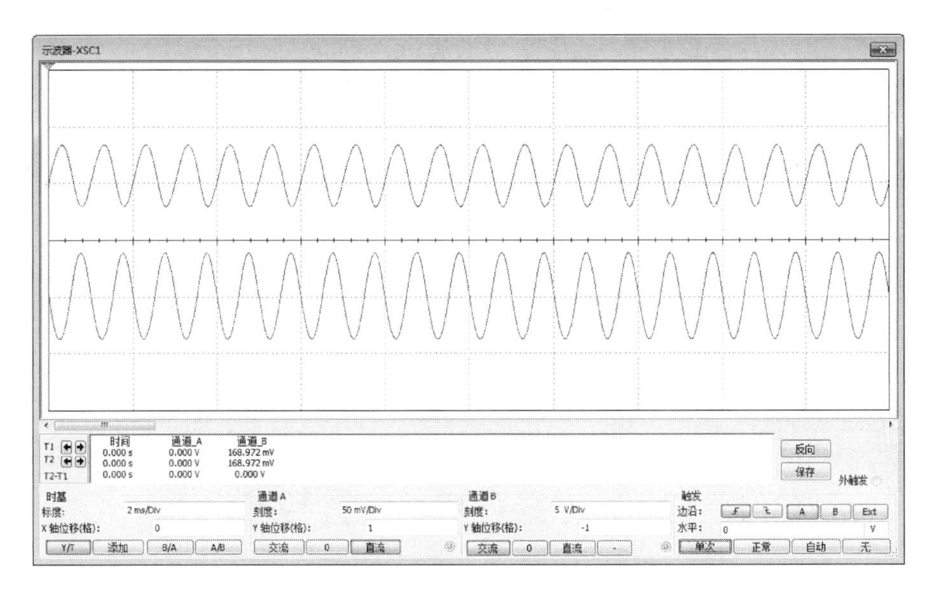

图 3.5.3　OTL 功率放大电路信号波形

实操 1：OTL 功率放大电路的仿真

(1) 用 Multisim 软件绘制电路图，如图 3.5.4 所示。图中 XDA_1 为失真分析仪，XSC_1 为示波器，XBP_1 为波特测试仪。

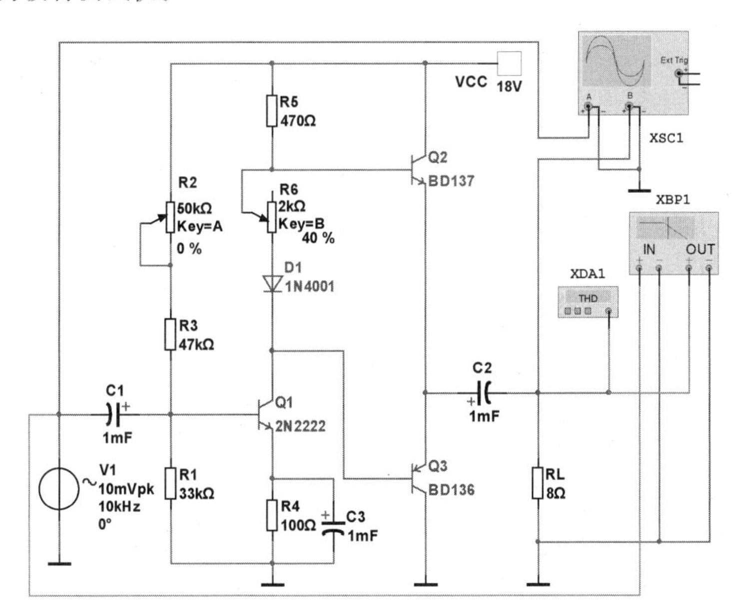

图 3.5.4　OTL 功率放大电路仿真

(2) 运行仿真，用示波器观察输入、输出波形，测试电路通频带宽度，测试失真度，测试电压放大倍数，测试负载 R_L 上的功率。

(3) 调节电位器 R_6，用示波器观察波形，用失真分析仪观察失真度数值的变化。当电位器 R_6 阻值调节到最小时，可以观察到交越失真的波形，如图 3.5.5 所示。

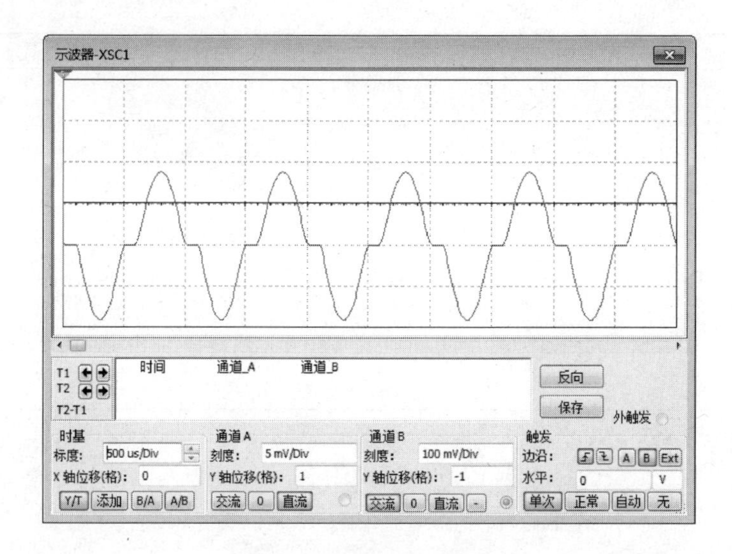

图 3.5.5　交越失真的波形

(4) 图 3.5.4 所示的 OTL 功率放大电路通频带不能覆盖较低的频率，在 1 kHz 以下电压放大倍数较小，失真较大，可以采用负反馈拓展通频带，如图 3.5.6 所示，图中 R_4 是直流负反馈，R_7 既是直流负反馈，也是交流负反馈。直流负反馈的总反馈电阻值没有变化，而交流负反馈的引入降低了放大倍数，展宽了通频带。

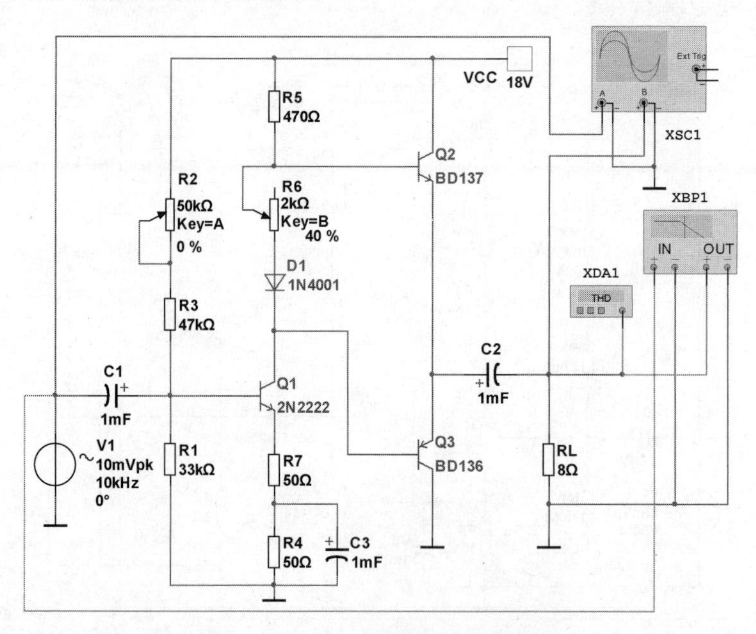

图 3.5.6　负反馈展宽通频带

(5) OTL 功率放大电路的电源电压虽然较高，但是输出信号的幅度却不能充分利用电源电压的幅度，引入自举电路可以改善这种情况。图 3.5.7 为引入自举电路的 OTL 功率放大电路，图中 C_4 和 R_8 是构成自举电路的主要元件。当 C_4 和 R_8 的充放电时间常数比较大时，电容 C_4 两端的电压提升了三极管 Q_2 的基极和发射极之间的电压。

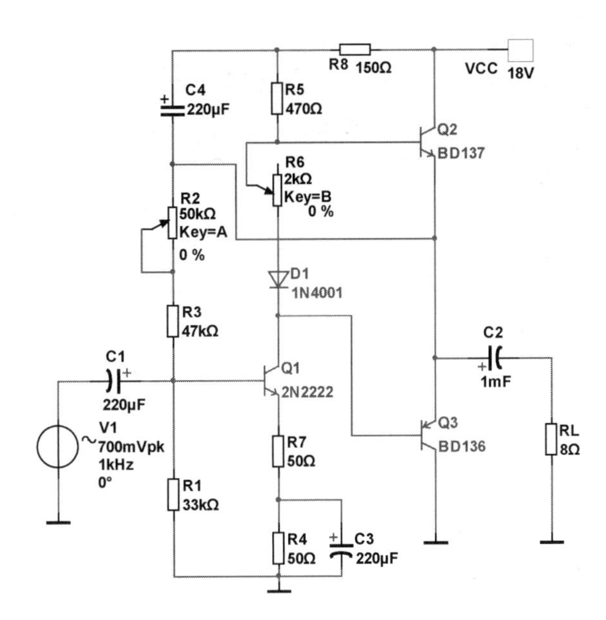

图 3.5.7　引入自举电路

实操 2：OTL 功率放大器的制作与调试

(1) 按照表 3.5.1 所列元器件和耗材进行装接准备工作，对元器件进行检查测试。可用备注中的 3 个三极管取代图 3.5.7 中的 3 个三极管。用扬声器取代图 3.5.7 中的负载 R_L。

表 3.5.1　OTL 功率放大器耗材清单

序号	标号	名称	型号	数量	备注
1	R_1	电阻	33 kΩ	1	
2	R_2	电位器	50 kΩ	1	
3	R_3	电阻	47 kΩ	1	
4	R_4、R_7	电阻	50 Ω	2	
5	R_5	电阻	470 Ω	1	
6	R_6	电位器	2 kΩ	1	
7	R_8	电阻	150 Ω	1	
8	C_1、C_3、C_4	电解电容	220 μ/25 V	3	
9	C_2	电解电容	1 000 μ/25 V	1	
10	Q_1	三极管	2N2222	1	3DG6
11	Q_2	三极管	BD137	1	3DG12
12	Q_3	三极管	BD136	1	3CG12
13	D_1	二极管	1N4001	1	
14	SPEAKER	扬声器	0.5 W，8 Ω	1	负载 R_L
15		万能板	单面三联孔	1	焊接用
16		单芯铜线	Φ0.5 mm		若干
17		稳压电源	18 V	1	

(2) 按照图 3.5.7 安装、焊接元器件，剪去多余管脚，检查焊点，清除多余焊渣。

(3) 通电前检查有无短路情况，电路连接是否可靠，元器件有无错装、漏装现象。

(4) 通电检查，应密切注意观察有无糊味、有无冒烟或集成电路过热等现象，一旦发现异常应立即断电，断电之后详细检查电路。

(5) 通电检查没问题后，用函数发生器当作信号源进行调试，用示波器观察输入、输出信号波形，调节电位器 R_2 和 R_6，使输出波形失真较小，幅度较大。若有失真分析仪，调试时应使用失真分析仪监督失真度的变化，使失真度尽可能小。调试过程中应注意观察有无元器件过热现象。

(6) 用交流电压表测量输入、输出电压并记录，计算电压放大倍数。用功率表(瓦特计)测量扬声器上的功率。

(7) 若有条件，可以使用频率特性测试仪测量电路的幅频特性，通过改变 R_4 和 R_7 观察负反馈对放大倍数和通频带的影响。

(8) 使用双电源±9 V 供电，去除电容 C_2，将电路改造为 OCL 功率放大器，进行测试。

(9) 尝试前级加上话筒和项目二制作的小信号放大器，使用项目一制作的直流稳压电源供电。

知识拓展

1. 场效应管

场效应管晶体管(FET)简称为场效应管，是区别于半导体三极管(双极型晶体管 BJT)的一种半导体器件。半导体三极管是用微弱电流控制大电流的电流控制器件，场效应管是利用电场效应控制电流的器件。场效应管具有输入电阻高($10^7 \sim 10^{15}\ \Omega$)、噪声小、功耗低、动态范围大、易于集成、没有二次击穿现象、安全工作区域宽等优点，应用非常广泛。

场效应管主要分为结型(JFET)和绝缘栅型(IGFET)两大类，都是利用一种载流子导电的器件，所以也被称为单极型晶体管。

所有的场效应管都有栅极(gate)、漏极(drain)、源极(source)三个管脚，除结型场效应管以外，其余的场效应管都有第四端，被称为体、基或衬底，不过多数场效应管的第四端并没有引出管脚，外观与半导体三极管类似，如图 3.拓.1 所示。

场效应管的符号与结构有关，结型场效应管分为 N 沟道和 P 沟道两种结构，这两种结构的结型场效应管都有 PN 结的结构，在应用时，PN 结应该反偏，利用栅极电压对源极和漏极之间的电流大小进行控制，符号如图 3.拓.2 所示，符号中箭头的方向为 PN 结的方向，从 P 型半导体指向 N 型半导体。

图 3.拓.1 场效应管外观

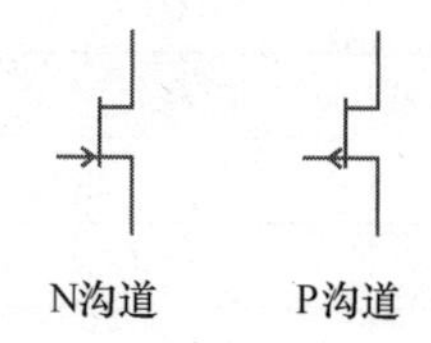

图 3.拓.2 结型场效应管符号

绝缘栅型场效应管分为耗尽型和增强型两类，每类都有 N 沟道和 P 沟道两种符号，

图 3. 拓. 3为增强型场效应管符号，图 3. 拓. 4 为耗尽型场效应管符号。

图 3. 拓. 3　增强型场效应管符号　　　图 3. 拓. 4　耗尽型场效应管符号

场效应管的直流参数主要有开启电压、夹断电压、饱和漏电流和直流输入电阻等，交流参数主要有低频跨导、极间电容和低频噪声系数等，极限参数主要有最大漏极电流、最大耗散功率、漏源击穿电压和栅源击穿电压等。

不同结构类型的场效应管具有不同的伏安特性曲线，以 N 沟道为例，结型场效应管的伏安特性曲线如图 3. 拓. 5 所示。增强型效应管的伏安特性曲线如图 3. 拓. 6 所示。耗尽型场效应管的伏安特性曲线如图 3. 拓. 7 所示。其中主要的区别在于，结型和耗尽型场效应管不需要加源极偏置电压就有导电沟道存在，而增强型场效应管需要加源极偏置电压才能出现导电沟道。结型场效应管只能采用反偏电压，而耗尽型场效应管可以加正偏电压也可以加反偏电压。

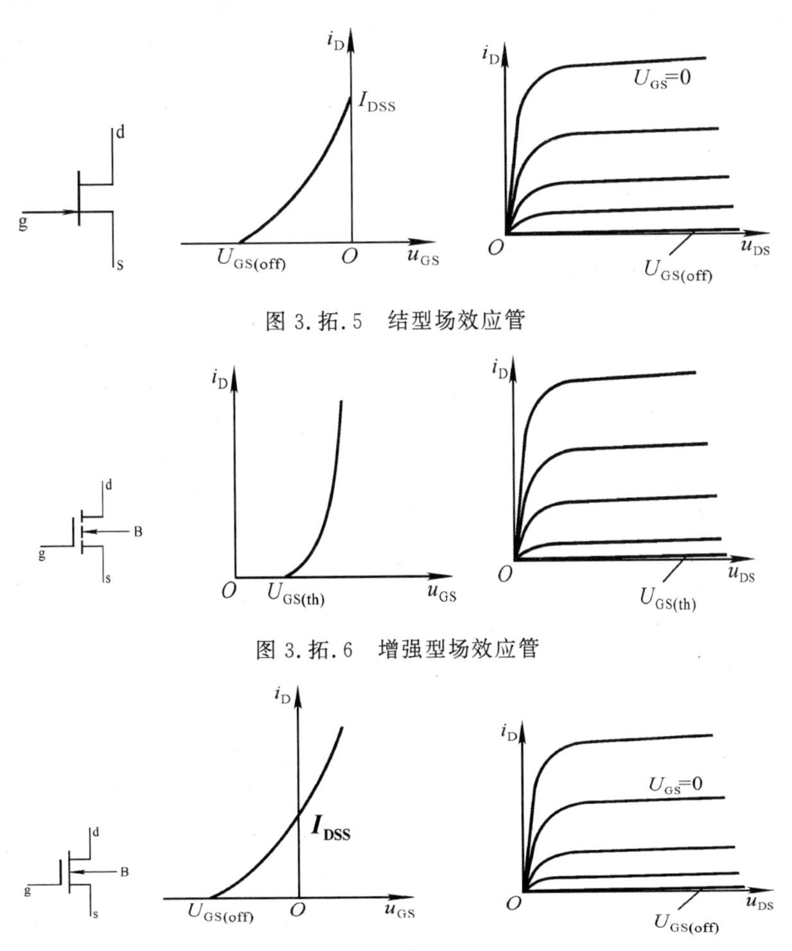

图 3. 拓. 5　结型场效应管

图 3. 拓. 6　增强型场效应管

图 3. 拓. 7　耗尽型场效应管

2. 温度对三极管的影响

几乎所有的三极管参数都与温度有关,因此不容忽视。温度对以下三个参数影响最大。

(1) 对发射结电压U_{be}的影响

三极管输入特性曲线随温度升高左移,和二极管的正向特性一样,温度每上升 1 ℃,U_{be}将下降 2~2.5 mV,这样,当I_B不变时,所需的U_{BE}将减小,如图 3.拓.8 所示。

(2) 对β的影响

三极管的β随温度的升高将增大,温度每上升 1 ℃,β值增大 0.5%~1%,其结果是在相同的I_B情况下,集电极电流I_C随温度上升而增大,如图 3.拓.9 所示。

(3) 对反向饱和电流I_{CBO}的影响

温度对I_{CBO}的影响与二极管一样,它与环境温度关系很大,I_{CBO}随温度上升会急剧增加。温度每上升 10 ℃,I_{CBO}将增加一倍。由于硅管的I_{CBO}很小,所以,温度对硅管I_{CBO}的影响较小。I_{CEO}随温度的变化规律与I_{CBO}基本相同。

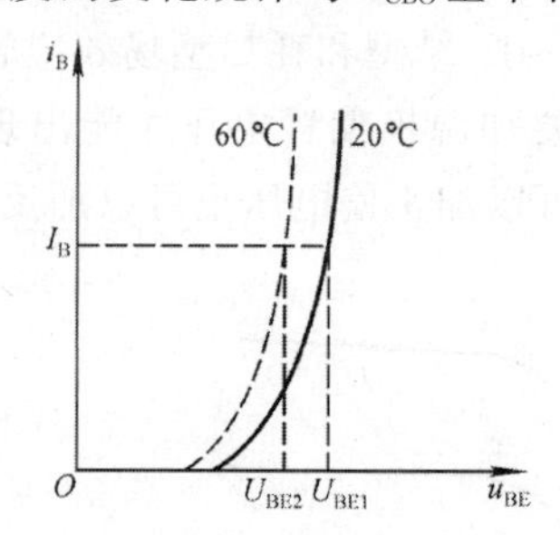

图 3.拓.8 温度对三极管输入特性的影响

图 3.拓.9 温度对三极管输出特性的影响

三极管参数随温度变化容易导致电路工作不稳定。为了对抗温度对三极管的影响,在设计电路时可以采用直流负反馈稳定静态工作点,也可以采用温度补偿电子元器件进行温度补偿。

3. 光敏三极管

光敏三极管又称光电三极管,这是一种光电转换器件,其基本原理是光照到 PN 结上时,吸收光能并转变为电能。当光敏三极管加上反向电压时,管子中的反向电流随着光照强度的改变而改变,光照强度越大,反向电流越大。

不同材料制成的光敏三极管具有不同的光谱特性,与光敏二极管相比,具有很大的光电流放大作用,即很高的灵敏度。

光敏三极管如图 3.拓.10 所示,(a)为内部结构示意图,(b)为器件符号,(c)为外观。

光敏三极管输出特性如图 3.拓.11 所示。

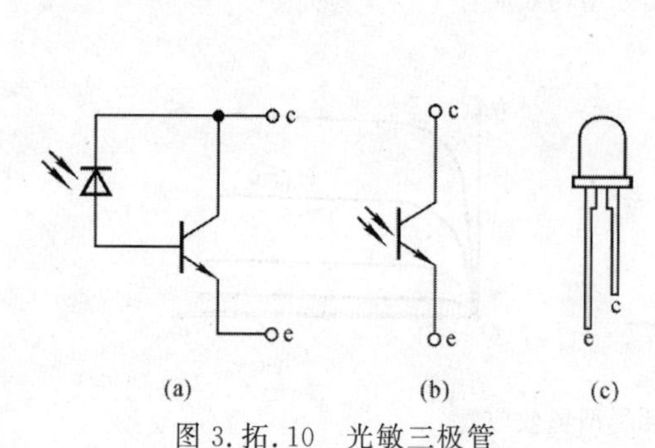

图 3.拓.10 光敏三极管

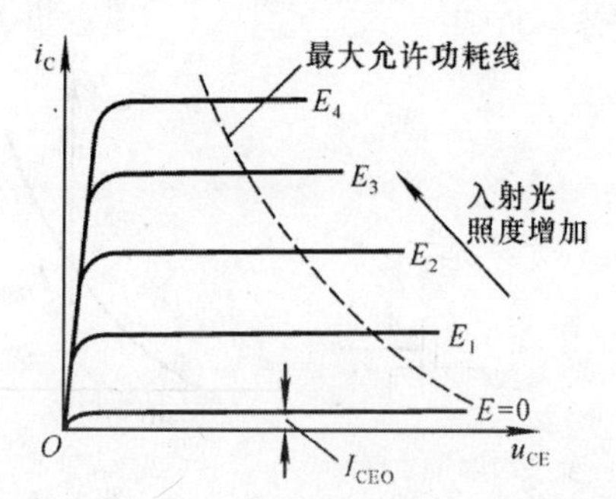

图 3.拓.11 光敏三极管输出特性曲线

4. 复合三极管

复合三极管也称为达林顿管，是将两个或多个三极管的管脚联结在一起，最后引出 E、B、C 三个电极，其电流放大倍数是这些三极管电流放大倍数的乘积。复合三极管一般应用于功率放大器、稳压电源电路中。

两个三极管复合在一起共有四种接法，如图 3. 拓. 12 所示。复合三极管可以等效为高放大倍数的前一个三极管的类型，如前一个三极管是 NPN 类型，则复合后等效为 NPN 三极管，如前一个三极管是 PNP 类型，则复合后等效为 PNP 三极管。

复合三极管中前面三极管的实际工作功率一般比后面三极管的要小，可以使用较小功率的三极管，也可以使用和后面三极管同功率或同型号的三极管。

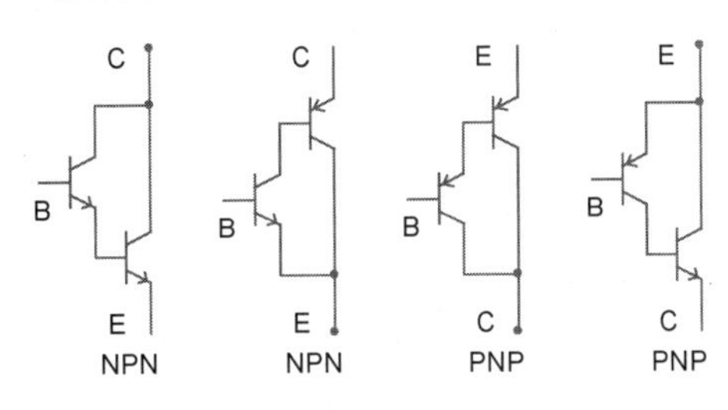

图 3. 拓. 12　复合三极管的连接方式

复合三极管的特点是放大倍数大，放大倍数可达数百、数千倍；驱动能力强；功率大；开关速度快；易于集成化，可做成功率放大模块。

复合三极管常见于集成电路内部的输出级，也常见于大负载驱动电路、音频功率放大器电路和大容量的开关电路等。

5. 三极管选择和使用注意事项

为了防止三极管在使用中损坏，必须使它工作在安全区内，应根据三极管极限参数选择合适的三极管。

若要工作在较高频率下，则需要注意三极管极间电容的影响，三极管极间电容很小，在高频时会导致放大倍数下降，因此应选取高频三极管，开关电路应选取开关三极管。另外，电路中的耦合电容和旁路电容在不同频率下有不同的阻抗，也需要注意。

硅管的耐温高，受温度影响较小，反向漏电流小，应用较多，在要求导通电压低的场合可以考虑锗管。

需要功率较大时，可以采用复合三极管，或者将两个三极管组合起来使用。

正电源多使用 NPN 三极管，负电源多采用 PNP 三极管。

在焊接三极管时应选用 20～75 W 电烙铁，大功率的三极管散热快，使用功率较大的电烙铁，小功率三极管使用功率较小的电烙铁，每个管脚焊接时间应小于 4 s，并保证焊接部分与管壳间散热良好。

三极管装配时引出线弯曲处离管壳的距离不得小于 2 mm。

大功率三极管应按数据手册规定安装大小合适的散热器，散热器和管子低部接触应平整光滑，在散热器上用螺钉固定管子，要保证个螺钉的松紧一致，结合紧密。

三极管子应安装牢固，避免靠近电路中的发热元件。

6. 薄膜集成电路和厚膜集成电路

集成电路分为厚膜电路、薄膜电路和半导体集成电路。半导体集成电路通常功率很小，稍大的小功率场合可以采用薄膜集成电路，较大功率场合可采用厚膜集成电路。

薄膜集成电路是将整个电路的晶体管、二极管、电阻、电容和电感等元件以及它们之间的互连引线，全部用厚度在 1 微米以下的金属、半导体、金属氧化物、多种金属混合相、合金或绝缘介质薄膜，并通过真空蒸发、溅射和电镀等工艺制成的集成电路。薄膜集成电路中的有源器件，即晶体管，有两种材料结构形式：一种是薄膜场效应硫化镉或硒化镉晶体管，另一种是薄膜热电子放大器。更多的实用化的薄膜集成电路采用混合工艺，即用薄膜技术在玻璃、微晶玻璃、镀釉和抛光氧化铝陶瓷基片上制备无源元件和电路元件间的连线，再将集成电路、晶体管、二极管等有源器件的芯片和不使用薄膜工艺制作的功率电阻、大容量的电容器、电感等元件用热压焊接、超声焊接、梁式引线或凸点倒装焊接等方式，就可以组装成一块完整的集成电路。

薄膜电路的特点是所制作的元件参数范围宽、精度高、温度频率特性好，可以工作到毫米波段。并且集成度较高、尺寸较小。但是所用工艺设备比较昂贵、生产成本较高。

薄膜集成电路适用于各种电路，特别是要求精度高、稳定性能好的模拟电路。与其他集成电路相比，它更适合于微波电路。

厚膜电路与薄膜电路的区别有两点：其一是膜厚的区别，厚膜电路的膜厚一般大于10 μm，薄膜的膜厚小于10 μm，大多处于小于1 μm；其二是制造工艺的区别，厚膜电路一般采用丝网印刷工艺，最先进的材料基板使用陶瓷作为基板，(较多地使用氧化铝陶瓷)，薄膜电路采用的是真空蒸发、磁控溅射等工艺方法。

与薄膜集成电路相比，厚膜集成电路的特点是设计更为灵活、工艺简便、成本低廉，特别适宜于多品种小批量生产。在电性能上，它能耐受较高的电压、更大的功率和较大的电流。厚膜微波集成电路的工作频率可以达到4 GHz以上。它适用于各种电路，特别是消费类和工业类电子产品用的模拟电路，多应用于电压高、电流大、大功率的场合。

项目小结

(1) 半导体三极管(BJT)具有NPN和PNP两种结构，是电流放大器件，最重的参数是共射电流放大系数β。

(2) 半导体三极管具有三个管脚，构成放大电路主要有三种基本结构：共发射极、共集电极和共基极。共发射极放大电路具有电压放大和电流放大的能力，输入、输出电阻适中，输出和输入反相位，常用于普通的输入级、中间级和输出级等放大；共集电极放大电路具有高输入电阻和低输出电阻，电流放大倍数大，而电压放大倍数略小于1，输出与输入同相位，也被称为射极跟随器，常用于输入级、输出级和其隔离作用的中间级；共基极放大电路输入电阻低，输出电阻高，电流放大倍数略小于1，电压放大倍数较大，输出与输入同相位，常用于宽频带放大，或作为恒流源使用。

(3) 三极管放大电路的分析过程是先直流后交流，先画出直流通路等效电路图，分析三极管的静态工作点，然后画出交流通路的等效电路图，分析交流放大情况。

(4) 三极管的分析方法主要有微变等效法和图解法。微变等效法主要是利用基本电路元器件等效代替三极管，使用计算的方法进行分析。图解法是利用电路方程在三极管输入、输出特性曲线中绘图进行分析。

微变等效法用于小信号和高频等情况，图解法主要用于大信号的情况。微变等效法不能用于分析非线性失真，也不能用于静态分析。图解法不能分析高频工作情况，对于某些电路无法直接求出电压放大倍数等参数。

(5) 功率放大电路的主要目的是进行功率放大,通常是指大信号的功率放大。常用的功率放大电路有甲类、乙类、甲乙类和丙类等电路结构,他们的区别主要在于三极管的导通角不同。甲类放大电路的效率低,对失真度要求高的场合常采用甲类放大,共射放大电路就是甲类放大的典型电路。乙类放大使用两个三极管,效率较高,但是会有较大的交越失真,使用较少。甲乙类放大电路是对乙类放大电路的改进,工作效率略低于乙类,失真较小,应用广泛。丙类放大电路效率更高,通频带窄,属于窄带放大,主要用于高频放大。

(6) 集成功率放大器常用于中小功率放大,多数具有宽电源电压、增益可调、效率较高等优点,外围电路简单,性能较好,应用越来越广泛。

(7) OCL 功率放大电路使用双电源,工作在甲乙类状态,没有输出变压器和输出电容。OTL 功率放大电路使用单电源,也工作在甲乙类状态,具有输出电容。一些集成功率放大器既可以工作在 OCL 状态,也可以工作在 OTL 状态。

(8) 提高功率放大电路输出功率的方法主要有两种:一是提高电源电压,使用高耐压、大电流的大功率三极管;二是改善器件的散热条件,加大散热片,改善器件与散热片的接触面热阻,降低环境温度,采用风冷或水冷等散热方法。

思考与练习

(1) 功率放大的含义是什么?有哪些性能指标衡量功率放大器的好坏?

(2) 三极管有哪些参数?温度变化对三极管有哪些影响?

(3) 为使三极管处于放大区,应给三极管各管脚施加什么样的偏置电压?

(4) 如果发现共射放大电路输出的正弦波出现顶部失真,原因是什么?应如何调节电路?如果输出波形出现底部失真呢?

(5) 采用什么样的电路能够减小温度对三极管放大电路的不利影响?

(6) 功率放大电路的工作功率和散热有怎样的联系?限制三极管最高功率的最关键因素是什么?

(7) 集成功率放大器具有哪些特点?

(8) 功率放大器在工作中的实际功率是由什么决定的?

(9) OCL 电路或 OTL 电路如果有三极管的集电极和发射极接反,会导致什么现象?

项目四

正弦波振荡器的制作

项目剖析

（1）功能要求

实现正弦波振荡器功能。

（2）技术指标

输出：有效值 1 V、频率 5 kHz 正弦波，幅度和频率可以微调。

（3）系统结构

信号发生器是常见的基本电路单元，最重要的组成部分就是振荡器。振荡器不需要外部输入信号，由通电冲击电流和各种干扰就能启动工作，工作时能自我激励，维持源源不断的信号输出。

振荡器常采用正反馈结构，也有采用负阻器件的负阻振荡器，两者电路结构不同，但都形成了自我激励的效果。

不同场合的信号发生器功能、结构都有所不同。例如，函数发生器就比较复杂，能输出正弦波、三角波和矩形波，输出幅度还能调节，很多电子设备内部的信号发生器就很简单，仅仅产生固定频率和幅度的正弦波。

本项目采用正反馈振荡器，为减少负载对振荡电路的影响，增强带负载能力，输出环节采用电压跟随器电路。幅度调节采用同相比例放大电路，系统框图比较简单，如图 4.0.1 所示。

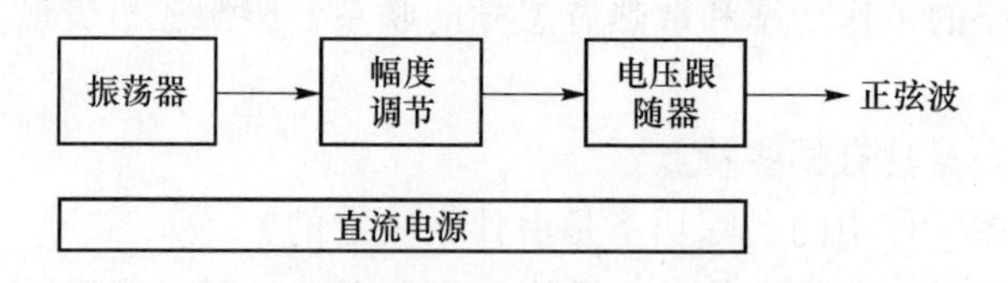

图 4.0.1　正弦波振荡器系统结构框图

项目目标

（1）知识目标

① 了解信号发生器的含义；

② 理解正反馈的含义、结构和特点；

③ 掌握 RC 正弦波振荡器的电路结构和特点；

④ 会计算 RC 正弦波振荡器的输出频率；

⑤ 了解石英晶体的特点；

⑥ 熟悉石英晶体振荡器的特点；

⑦ 熟悉石英晶体在振荡器电路中的两种用法。

(2) 技能目标

① 能够比较熟练地按照电路原理图安装电路；

② 能依据电路工作原理对电路进行调试；

③ 能较为熟练的利用电烙铁和吸锡器拆装元器件；

④ 能针对电路的关键参数提出测量方案；

⑤ 能熟练运用万用表和示波器对电路进行测量；

⑥ 能熟练运用仿真软件进行辅助设计。

任务一 *RC* 正弦波振荡器

知识1 信号发生器

凡是不需要输入信号就能输出一定频率、波形、幅度电信号的仪器，都可以称为信号发生器，也称为信号源。信号发生器应用十分广泛，绝大多数电子仪器设备中都有信号发生器电路。

信号发生器可以按照频率分为低频信号发生器、视频信号发生器、高频信号发生器、甚高频信号发生器和超高频信号发生器等。低频信号发生器的频率一般在 1 Hz～1 MHz，视频信号发生器的频率一般在 20 Hz～10 MHz，高频信号发生器的频率一般在 100 kHz～30 MHz，甚高频信号发生器的频率一般在 30～300 MHz，超高频信号发生器的频率一般在300 MHz以上。

信号发生器还可以按照波形分为正弦波信号发生器、脉冲信号发生器、噪声信号发生器和函数信号发生器等。正弦波信号发生器只能输出正弦波，脉冲信号发生器有的能输出矩形脉冲，有的能输出锯齿波等其他波形的脉冲信号，共同特点是信号具有比较陡峭的脉冲边沿，从频谱角度来说，具有较宽的带宽。噪声信号发生器输出的波形不规则，没有固定形状，没有固定周期，幅度变化也不可预知，属于随机信号，用于模拟噪声，主要用来对设备的抗干扰能力进行测试。函数信号发生器输出的信号波形、频率和幅度都是确定的，常见的函数信号发生器能够产生正弦波、三角波和矩形波，能调整三角波的波形，能调整矩形波的占空比，也能在一定范围内调整幅度和频率。

信号发生器的主要指标如下。

1. 带宽(输出频率范围)

带宽是指输出信号的频率的范围。一般来讲信号源输出的正弦波和矩形波的频率范围不一致，例如，某函数发生器产生正弦波的频率范围是 1～240 MHz，而输出矩形波的频率范围是 1～120 MHz，这主要是因为矩形波的陡峭边沿包含了大量的高频成分。

2. 频率(定时)分辨率

频率分辨率,即最小可调频率分辨率,也就是创建波形时可以使用的最小时间增量。

3. 频率准确度

信号源显示的频率值与真值之间的偏差,通常用相对误差表示,低档信号源的频率准确度只有 1%,而采用内部高稳定晶体振荡器的频率准确度可以达到 1 ppm(百万分之一)。

4. 频率稳定度

频率稳定度是指外界环境不变的情况下,在规定时间内,信号发生器输出频率相对于设置读数的偏差值的大小。频率稳定度一般分为长期频率稳定度(长稳)和短期频率稳定度(短稳)。其中,短期频率稳定度是指经过预热后,15 分钟内信号频率所发生的最大变化;长期频率稳定度是指信号源经过预热时间后,信号频率在任意 3 小时内所发生的最大变化。

5. 输出阻抗

信号源的输出阻抗是指从输出端看去,信号源的等效阻抗。例如,低频信号发生器的输出阻抗通常为 600 Ω,高频信号发生器通常只有 50 Ω,电视信号发生器通常为 75 Ω。

6. 输出电平范围

输出幅度一般由电压或者分贝表示,指输出信号幅度的有效范围。另外,信号发生器的输出幅度读数定义为输出阻抗匹配的条件下,所以必须注意输出阻抗匹配的问题。

知识 2 正反馈

在项目二中曾经提到正反馈的概念,在图 2.2.1 中,负反馈 $X_{id}=X_i-X_f$,正反馈 $X_{id}=X_i+X_f$。换句话说,如果只考虑绝对值的话,净输入 X_{id}大于输入量 X_i时,该反馈就是正反馈;净输入 X_{id}小于输入量 X_i时,该反馈就是负反馈;净输入 X_{id}等于输入量 X_i时,反馈量为 0,该反馈消失,变成了开环系统。

负反馈减弱了输入量变化带来的影响,使系统趋于平静稳定;正反馈加剧了输入量的影响,迅速使系统脱离原来的状态。由于系统都是有边界的,正反馈将使系统迅速到达系统边界,如果没有约束,系统将崩溃,以电子设备来说,电源电压就是电压的边界约束,发生电压正反馈的时候,如果没有特殊设计拦阻,系统输出将迅速接近或达到电源电压。仅仅输出电源电压的系统并没有什么用处,所以,要么系统采用负反馈避免正反馈,要么系统在设计时控制正反馈的速度或者进程,巧妙利用正反馈实现设计目的。振荡器就是控制正反馈,使系统输出电压在电源的两个边界之间摇摆,达到输出一定频率周期信号的目的。

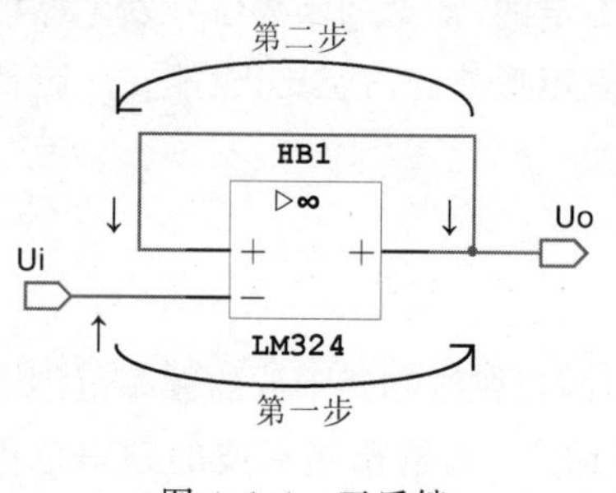

图 4.1.1 正反馈

正反馈也可以采用瞬时极性法进行判断,如图 4.1.1 所示。分析方法如下:

第一步,假设某时刻输入信号 u_i突然有一个小的正跃变(增大了),该输入接在运放的反相输入端上

$$u_i = u_-$$

根据运放的输入输出关系式

$$u_o = A_{od}(u_+ - u_-)$$

可知,该跃变将使输出 u_o变小,在输出端用↓表示。

跃变传导过程是：$u_i\uparrow\rightarrow u_-\uparrow\rightarrow(u_+-u_-)\downarrow\rightarrow u_o\downarrow$

第二步，输出端负向跃变的信号经反馈导线连接到 LM324 的同相输入端，导线不会导致信号极性变化，所以 LM324 的同相输入端也会有负向跃变，用$\downarrow$表示。

跃变传导过程是：$u_o\downarrow\rightarrow u_+\downarrow$

第三步，根据运放的输入输出关系式，同相输入端变小将会减小 u_o，这与第一步的效果相同。

跃变传导过程是：$u_+\downarrow\rightarrow(u_+-u_-)\downarrow\rightarrow u_o\downarrow$

综上所述，若没有反馈，输入 u_i的正向跃变将使输出 u_o变小，而加入反馈后，反馈也会使 u_o变小，两者合力作用，会使 u_o迅速减小到最小值，所以该反馈为正反馈。

知识 3 *RC* 正弦波振荡器

1. 振荡器的组成环节

振荡器是不需要输入信号就能源源不断输出一定频率、幅度波形的设备或电路单元，振荡器的原理类似于荡秋千，荡秋千主要有两个条件：一是要有能量补充，不然不可能振荡起来，即使振荡起来之后撤销能量补充，也会由于空气阻力和拉环摩擦力逐渐停下来；二是补充的能量必须顺势而为，不能反向作用，否则就会减弱振荡，不能越荡越高。荡秋千的这两个条件对应于振荡器的幅度条件和相位条件。

振荡器的幅度条件就是指电路必须要有放大功能，把直流电源的能量补充到交流信号中去，否则电路中的阻抗会使信号衰减到 0；相位条件就是补充进来的能量必须起到推波助澜的效果，信号才能越来越大，信号大到一定程度后，补充进来的能量必须及时反转方向，使信号减小，这样才能反复振荡。

振荡器内部通常都有正反馈、放大、选频和稳幅等环节。

振荡器有两类电路结构来完成相位条件，一类使用正反馈满足相位条件，这类电路最多。还有一类振荡器没有正反馈结构，而是采用了负阻器件来实现移相的效果。

振荡器都有放大环节，用于给信号补充能量，起振时使信号幅度增大和抵抗电路中的各种衰减。

振荡器的选频环节非常重要，选频环节滤除无用频率分量，实现特定频率的输出。选频和滤波是同一件事情的两个描述角度，选频侧重于选择有用频率，滤波侧重于滤除无用频率，类似于筛子，关键是看想要漏下去的东西，还是想要留在筛子里的东西。

稳幅环节用于稳定输出信号幅度，避免输出信号幅度发生波动。很多场合对信号幅度的稳定性都有要求，尤其是在调幅发射机里，振荡器幅度的稳定度是个非常重要的参数。稳幅方法分为内稳幅和外稳幅两种。内稳幅利用放大电路的非线性实现幅度的稳定，很多放大电路在信号幅度比较小时，放大倍数较大，信号幅度较大时，电路接近饱和状态，放大倍数变小，从而实现幅度的基本稳定。外稳幅是借助二极管等非线性元件实现的幅度稳定，需要额外的非线性元件。

2. *RC* 滤波器基本单元

RC 振荡器采用了电阻和电容作为选频电路元件，电路简单，抗干扰性强，有较好的低频性能，并且容易得到标准系列的阻电阻、电容元件，所以常用于低频选频或滤波。

RC 滤波基本单元有两种，一种是低通滤波器，如图 4.1.2 所示；另一种是高通滤波器，如

图 4.1.3 所示。

图 4.1.2 中电阻与电容串联分压，输出电压为电容上所分得的电压。由电容阻低频、通高频的性质易知：频率越高，电容上分得的电压越低，输出电压就越小。对于频率极低的情况，电容接近于开路，若空载，输出电压将等于输入电压（无电流，则 R_1 无压降）。所以该电路为低通滤波器，意为低频信号容易通过。通过仿真可知，图中电路的通频带为 0～8 Hz。

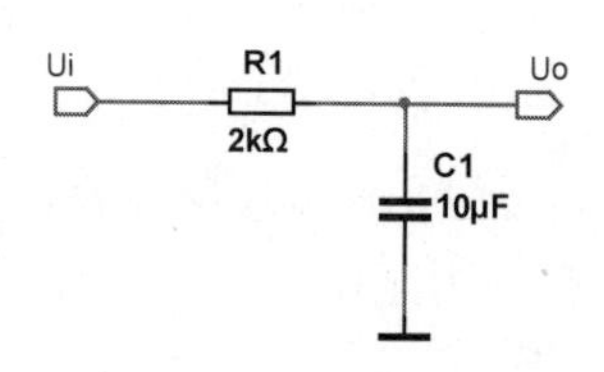

图 4.1.2　*RC* 低通滤波器

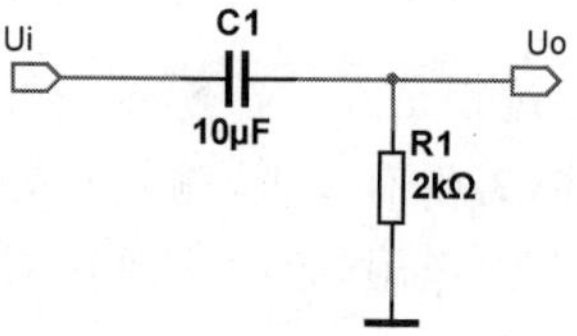

4.1.3　*RC* 高通通滤波器

图 4.1.3 中电阻与电容也是串联分压的情况，只不过与图 4.1.2 比，图中电阻和电容的位置互换了，输出电压为阻上所分得的电压。同样由电容阻低频、通高频的性质易知：频率越高，电阻上分得的电压越高，输出电压就越大。对于频率极低的情况，电容接近于开路，几乎没有电流流过电容，若空载，输出电压将等于 0（无电流，则 R_1 无压降）。所以该电路为高通滤波器，意为高频信号容易通过。通过仿真可知，图中电路的通频带为大于 8 Hz。

3. *RC* 振荡器中的滤波电路

RC 振荡器中的滤波电路如图 4.1.4 所示。

根据电容通高频、阻低频的特点可知，图 4.1.4 中 u_i 信号中的极低频成分很难通过电容 C_1 到达输出端，所以 u_o 中几乎没有频率特别低的成分，而 u_i 中的极高频成分虽然很容易透过电容 C_1，但是会被电容 C_2 所旁路，所以 u_o 中也没有频率特别高的成分。对于频率既不是特别高，也不是特别低的信号，C_1、R_1 串联与 C_2、R_2 并联，输出信号是它们对输入信号的分压。也就是说，某些频率的信号能够比较容易地通过电路，其他频率信号很难通过该电路，这种电路被称为带通滤波电路。

为了定量计算图 4.1.4 中的电路，可以将 C_1、R_1 等效为 Z_1，将 C_2、R_2 等效为 Z_2，如图 4.1.5所示。

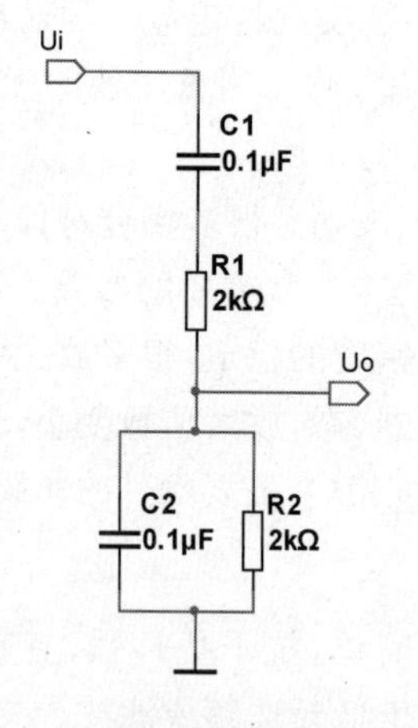

图 4.1.4　*RC* 振荡器中的滤波电路

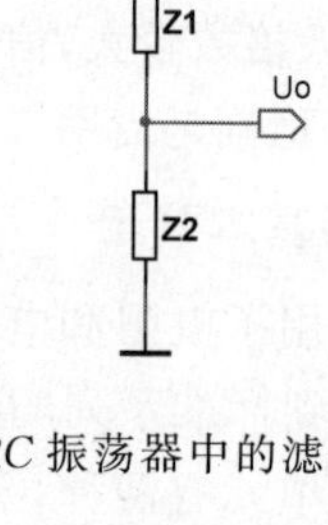

图 4.1.5　*RC* 振荡器中的滤波等效电路

$$Z_1 = R_1 + \frac{1}{j\omega C_1}$$

$$Z_2 = \frac{1}{\frac{1}{R_2} + j\omega C_2}$$

$$u_o = \frac{Z_2}{Z_1 + Z_2} u_i$$

$$u_o = \frac{\frac{1}{\frac{1}{R_2} + j\omega C_2}}{R_1 + \frac{1}{j\omega C_1} + \frac{1}{\frac{1}{R_2} + j\omega C_2}} u_i$$

经整理可得

$$\frac{u_o}{u_i} = \frac{1}{\left(1 + \frac{R_1}{R_2} + \frac{C_2}{C_1}\right) + j\left(\omega R_1 C_2 - \frac{1}{\omega R_2 C_1}\right)}$$

显然该式有极大值，当 $\omega R_1 C_2 = \frac{1}{\omega R_2 C_1}$ 时

$$\left(\frac{u_o}{u_i}\right)_{max} = \frac{1}{1 + \frac{R_1}{R_2} + \frac{C_2}{C_1}}$$

此时电路呈现纯阻性，电抗分量为 0，相移为 0。此时的电路状态称为谐振状态，工作频率称为谐振频率，谐振角频率记作 ω_0 。

若 $R_1 = R_2 = R$ 且同时 $C_1 = C_2 = C$

$$\left(\frac{u_o}{u_i}\right)_{max} = \frac{1}{3}$$

$$\omega_0 RC = \frac{1}{\omega_0 RC}$$

即

$$\omega_0 = \frac{1}{RC}$$

因为

$$\omega = 2\pi f$$

所以谐振频率

$$f_0 = \frac{1}{2\pi RC}$$

对图 4.1.4 仿真，可得幅频特性曲线如图 4.1.6 所示，相频特性曲线如图 4.1.7 所示，可知谐振频率约 800 Hz，谐振点相移为 0，通频带为 240 Hz～2.6 kHz。

4. *RC* 振荡器

RC 振荡器的电路如图 4.1.8 所示，图中 C_1、R_1、C_2 和 R_2 构成正反馈网络，R_3 和 R_4 构成负反馈网络。

根据前面的分析可知，在谐振频率，正反馈的反馈电压为输出电压的$\frac{1}{3}$。负反馈负责控制

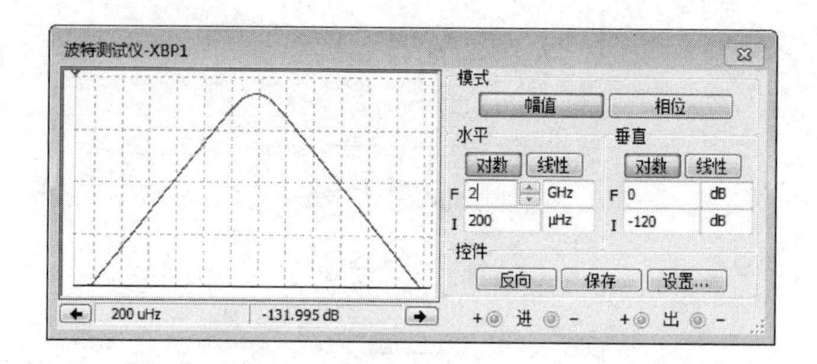

图 4.1.6 *RC* 振荡器选频电路的幅频特性曲线

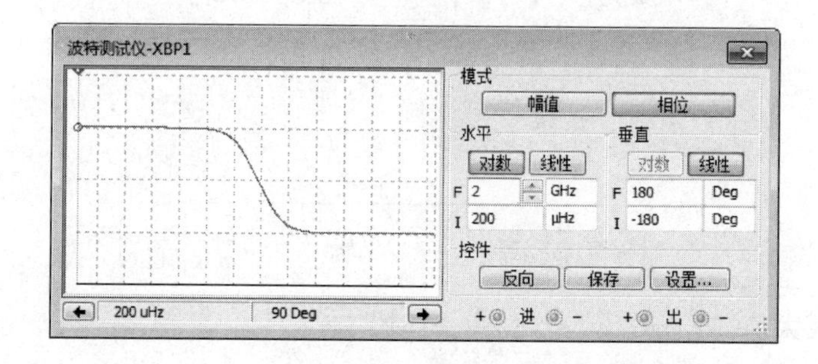

图 4.1.7 *RC* 振荡器选频电路的相频特性曲线

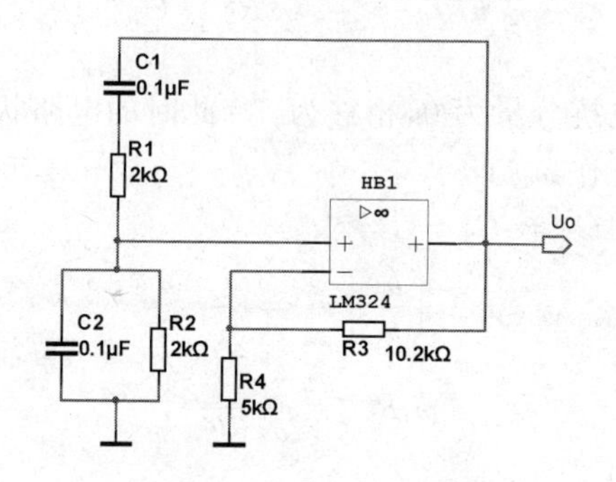

图 4.1.8 *RC* 振荡器

放大倍数，为了补充信号能量，放大倍数应为 3 倍，该放大电路为同相比例放大电路，因此 R_3 应为 R_4 的 2 倍。考虑到开始起振时，信号从小变大的过程，R_3 应比 R_4 的 2 倍略大一些。

对该电路进行仿真，可以清晰地看到起振过程，如图 4.1.9 所示。

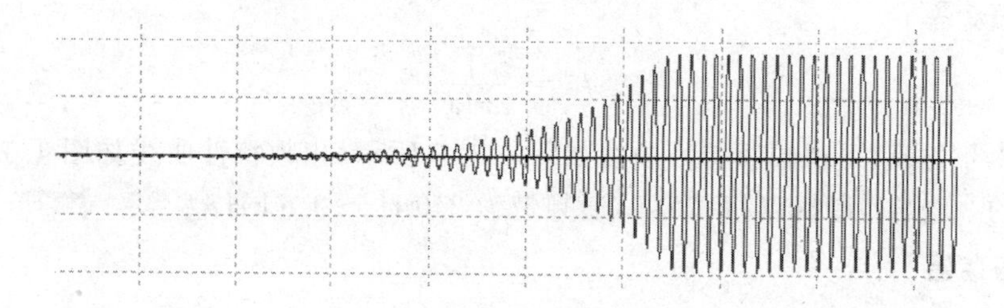

图 4.1.9 振荡器起振

由于运放的线性区内线性度非常好，和非线性区交界区域非常窄，很难实现内稳幅，所以运放在线性区内波形非常好，只要超出线性区进入非线性区，波形立刻被削平，出现严重失真，如图 4.1.10 所示。

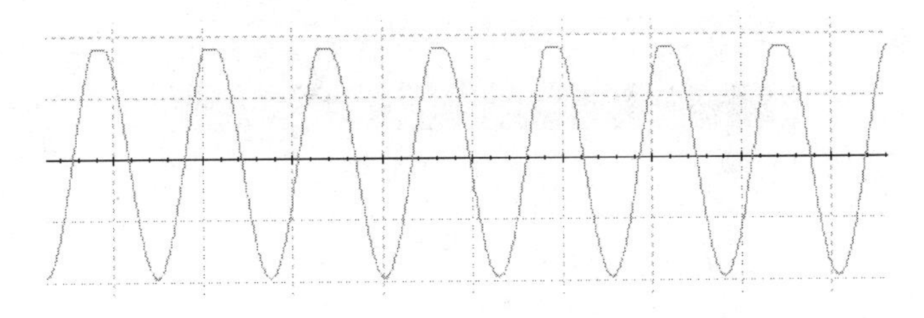

图 4.1.10　顶部出现失真

使用运放作为放大环节的 RC 振荡器常采用二极管作为外稳幅器件，对电路做出改进，如图 4.1.11 所示。改进之后的波形没有明显失真，如图 4.1.12 所示。

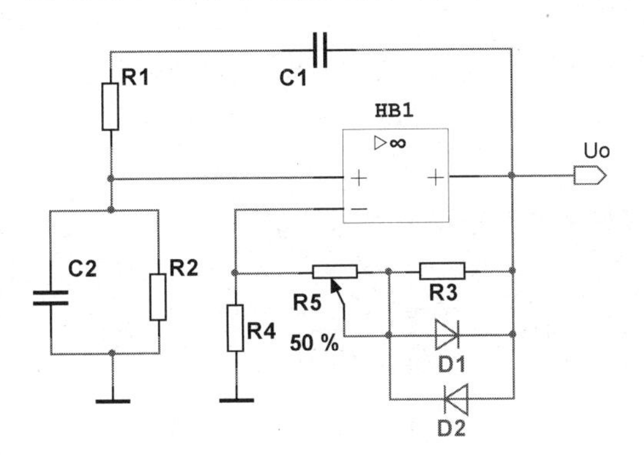

图 4.1.11　改进的 RC 振荡电路

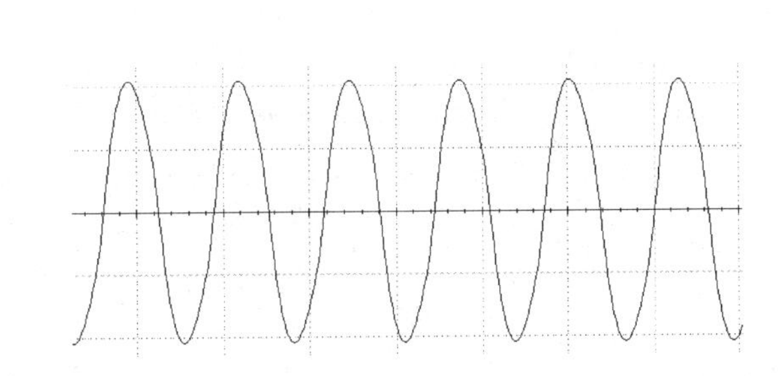

图 4.1.12　改进之后的波形

实操 1：RC 正弦波振荡器的仿真

(1) 用 Multisim 软件绘制电路图，如图 4.1.13 所示。图中 XFC_1 为频率计数器，XSC_1 为示波器，V_{CC} 为正电源，V_{EE} 为负电源，R_1、C_1、R_2 和 C_2 为选频网络，同时也是正反馈网络电阻，电位器 R_3 和电阻 R_4 构成负反馈网络。

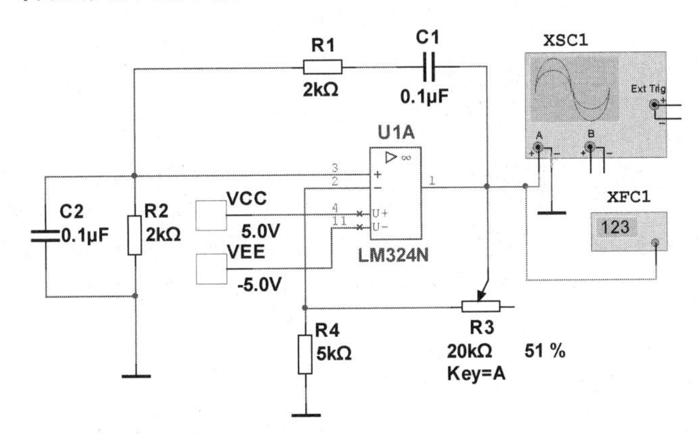

图 4.1.13　RC 振荡器仿真电路

(2) 运行仿真。用示波器观察振荡器输出信号波形，用频率计数器测量其频率，测量时应根据信号幅度大小调节频率计数器的灵敏度，如图 4.1.14 所示。记录测量结果，并与理论计算值进行比对。

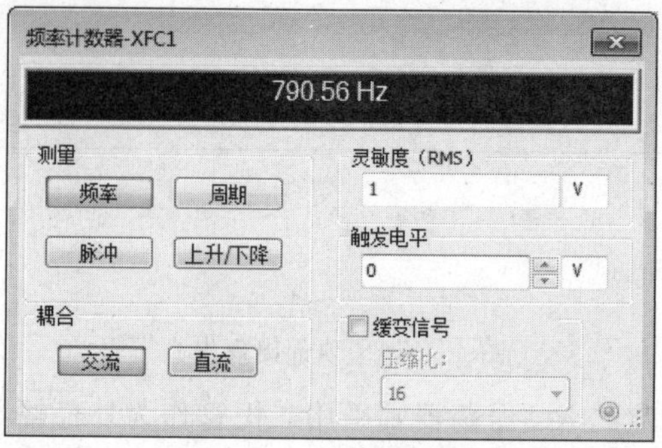

图 4.1.14 频率计数器

(3) 用示波器观察同相输入端和反相输入端的波形,并进行比较,说明运放的工作状态。

(4) 改变电路中电阻和电容的大小,重新启动仿真,用示波器观察电路能否起振,波形和频率是否发生变化。

(5) 用图 4.1.15 所示的改进电路进行仿真,观察振荡器输出波形和频率。

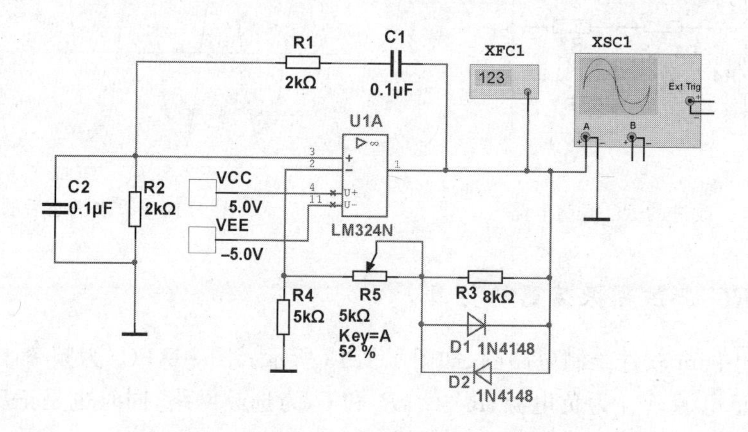

图 4.1.15 *RC* 振荡器改进电路的仿真

知识 4 设计 *RC* 正弦波振荡器

1. 设计简单电路的主要流程

设计简单电路和复杂系统有所不同,简单电路往往有固定几种方案可供选择。在设计类似振荡器这样的常见电路单元的时候,一般现根据电路的功能和技术指标选择成熟的电路类型,比如普通低频场合首选 *RC* 振荡器,一般高频场合首选 *LC* 振荡器,对稳定度要求高的场合必选石英晶体振荡器等。

在确定电路类型后,要确定电路结构,电路结构非常重要,不过,常见的电路结构都已经非常成熟了,优点和缺点都很明确,如果没有特殊需求,很容易选择。

电路结构确定后,就要计算和选择元器件参数,成熟电路的计算都可以直接套用公式,困难的是选择元器件参数,主要是没有经验,不知道应该选用元器件的参数大致范围,这可以通过参考别的电路设计图进行借鉴学习来提高设计水平。

有了电路结构和元器件参数，就可以绘制出原理图了，原理图设计完成。在设计原理图过程中，仿真软件的使用是必要的，仿真软件的合理使用能够大大降低电路设计失败的风险，提高设计效率，降低工作强度。

广义的电路设计不仅是设计原理图，还需要将原理图细化成实用电路图。比如，在设计原理图时，计算出某个电容需要1微法，直接标在原理图上就可以了，但实际安装电路时就要面临很多问题：这个1微法电容耐压应该是多少？有没有正负极性的要求？用瓷片电容还是用电解电容？体积大小重要不重要？还有很多类似问题，这些问题都考虑清楚了，才算完成了实用电路图。在设计实用电路图时往往还需要考虑电磁兼容性、系统稳定性等因素，批量生产的话，还需要绘制印刷电路板的版图。

另外，广义的电路设计还包括工艺设计，就是安装、调试的过程是怎样的，详细内容相当复杂，此处不赘述。

2. 电路结构设计

按照本项目要求，振荡器需要能输出有效值1 V、频率5 kHz正弦波，幅度和频率可以微调。这个频率属于低频范畴，所以首选*RC*振荡器。电路结构就采用改进后的*RC*振荡器结构，如图4.1.11所示。

项目要求频率可以微调，根据公式

$$f_0 = \frac{1}{2\pi RC}$$

可知，改变振荡器电阻阻值或者电容容量都可以调节振荡器输出信号的频率。那么，是改变电阻合理呢？还是改变电容合理呢？还是两者都改变更好呢？通常一个电路越简洁越好，因为电路越简洁，一般来说，电路可靠性越好，越省电，体积越小，成本越低，越易于维修。所以，同时调节电容和电阻显然不如只调一种好，除非只调一种不能满足频率范围的要求。

那么，只调一种是调电容好，还是调电阻好？通常可调电容的调节范围较窄，能调节范围较大的电容往往体积也非常大，而电阻在这些方面优势明显。根据公式可知，两者在改变频率方面的贡献相同，所以应该选择调节电阻的方案。

振荡器输出信号的幅度调节是个难题，通过前面的学习和仿真可以知道，振荡器的输出信号幅度主要由电源电压和运放的自身参数决定，难以调节大小。常见的电路输出幅度调节方案有两种：一种方案是通过电阻衰减实现的，比如，收音机的音量调节就是内部采用了一个电位器，利用电阻分压对信号进行衰减输出；另一种方案是调节后级放大倍数，从而改变输出幅度。在振荡器的电路里一般都是采用后一种方案，原因在于调节振荡器的负载容易改变振荡器的工作状态，造成振荡器工作不稳定。采用调节放大倍数方案的电路如图4.1.16所示。当然也可以在振荡器后面加一级隔离电路。例如，电压跟随器，在电压跟随器后面再用电位器对信号进行衰减，如图4.1.17所示。

对比这两个电路可以发现，两者使用的元器件数量和种类一样多，复杂程度一样，不过，图4.1.16可以调节放大倍数，使后级总输出高于前级振荡器的输出，而图4.1.17的总输出幅度只能低于前级振荡器的输出，这是由电阻衰减的特性决定的。

两个电路最末级都采用了电压跟随器提高带负载能力，这不是必需的，在某些场合可以省略。对于LM324而言，里面有四个运放，如果有富裕的运放，可以考虑使用电压跟随器进行级间隔离，能够增加系统的稳定性，便于系统调试。

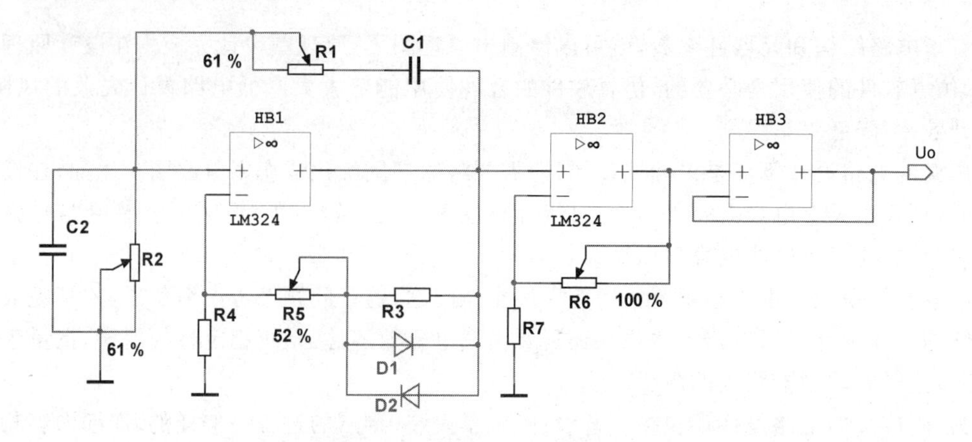

图 4.1.16　改变放大倍数方式

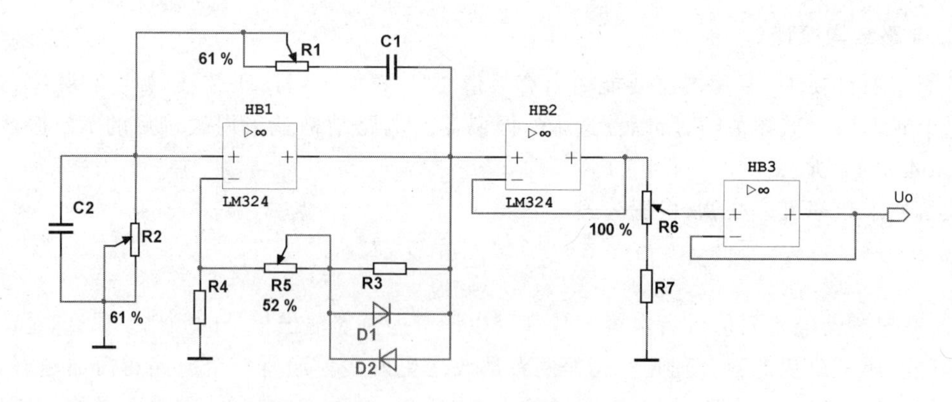

图 4.1.17　电位器衰减方式

3. 元器件参数选择

设计一个电路时，很重要的一个问题就是如何选择元器件参数。在一般的运放电路里，欧姆级电阻就是很小的电阻了，百欧、千欧级常用，兆欧级电阻是非常大的电阻；皮法级电容是非常小的电容，纳法到微法级电容比较常用，几百微法的电容是很大的电容；常用电感一般是毫亨级的，亨利级的电感非常笨重，微亨级电感常用于高频电路。

按照项目要求的谐振频率 $f_0=5$ kHz 代入公式，可求得

$$RC = 3.18 \times 10^{-5}\ \mathrm{s}$$

其中，RC 的单位为秒(s)，代表频率的倒数。

如果假设电阻 R 取 1 kΩ，则电容 $C=32$ nF，必须注意到电容系列标称值里没有 32 nF 这个数值，因此不能在电路图里标注这个数值。由于电路采用通过电阻调节频率的方案，所以电容值有偏差也没问题，电容可以选择 33 nF 或者 30 nF。电阻可以选用 2 kΩ 电位器。

另一种方法是先确定电容的大小，比如电容 C 取 0.1 μF，则电阻 $R=318$ Ω，可以选择 500 Ω电位器，也可以选择 1 kΩ 电位器。

R_3、R_4、R_5、R_6、R_7 都选用千欧级电阻或电位器，其中振荡器起振的幅度条件要求

$$R_3 + R_5 > 2R_4$$

由于在±5 V 电源下振荡器的输出能在 0.6～1.3 V 调节，所以后级同相比例放大电路的放大倍数没必要太大，有 1～2 倍的调节范围就能满足项目要求，$R_6=R_7$ 即可。

两个二极管选用导通压降在 0.6 V 左右的普通二极管就可以。

4. 绘制电路图并进行仿真

选定元器件参数后就可以利用仿真软件进行仿真，在仿真时可以调节元器件参数，观察电路效果。仿真电路如图 4.1.18 所示。

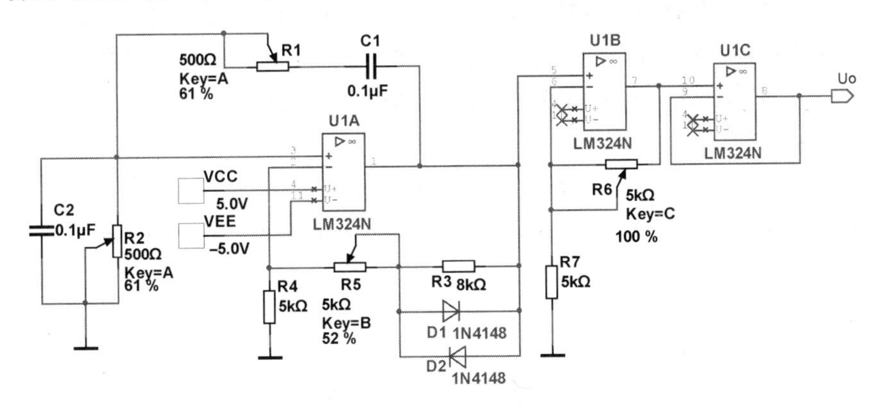

图 4.1.18　*RC* 振荡器仿真电路图

实操 2：*RC* 正弦波振荡器的制作与调试

(1) 按照表 4.1.1 所列元器件和耗材进行装接准备工作，对元器件进行检查测试。

表 4.1.1　*RC* 正弦波振荡器耗材清单

序号	标号	名称	型号	数量	备注
1	R_1、R_2	电位器	500 Ω	2	
2	R_3	电阻	8 kΩ	1	
3	R_4、R_7	电阻	5 kΩ	2	
4	R_5、R_6	电位器	5 kΩ	2	
5	C_1、C_2	瓷片电容	0.1 μF	2	
6	D_1、D_2	二极管	1N4148	2	
7	U1A、U1B、U1C	集成运放	LM324	1	
8		万能板	单面三联孔	1	焊接用
9		单芯铜线	Φ0.5 mm		若干
10		稳压电源	双电源可调	1	

(2) 按照电路图 4.1.18 安装、焊接元器件，剪去多余管脚，检查焊点，清除多余焊渣。

(3) 通电前检查有无短路情况，电路连接是否可靠，元器件有无错装、漏装现象。

(4) 通电检查，应密切注意观察有无糊味、有无冒烟或集成电路过热等现象，一旦发现异常应立即断电，断电之后详细检查电路。

(5) 通电检查没问题后，先用示波器观察 LM324 的 1 脚是否有输出信号，信号波形如何，幅度如何。如果没有正弦波输出，说明振荡器没有起振，应先调节 R_5，如果调节无效，则应检查电源电压是否为 5 V 双电源，电路连接有无错误，集成电路有无损坏等情况。

如果有正弦波输出，应调节 R_5，尽量使波形不失真。然后调节 R_6，使电路总输出信号有效值达到 1 V，如果调节 R_6 不能使输出信号有效值达到 1 V，应再调节 R_5 减小前级信号。

(6) 通过调节 R_1 和 R_2 改变振荡器的振荡频率，用示波器观察信号波形变化，用交流电压表测量各运放输出管脚的电压有效值并记录，用频率计(或示波器)测量输出信号的频率变化范围。

(7) 将项目二中制作的小信号放大器的话筒去掉，用本电路的输出与小信号放大器的输入相连，调节 RC 振荡器输出信号的幅度和频率，使用示波器观察小信号放大器的输出。如果有条件，使用失真度测量仪测量电路各处的失真情况。

(8) 通过扬声器直观体验各个频率的声音效果。

(9) 尝试采用项目一中制作的直流稳压电源给本项目制作的电路供电。

(10) 尝试将本项目与项目二、项目三制作的电路连接起来，用扬声器直观体验不同频率的声音。

任务二　*LC* 正弦波振荡器

知识 1　*LC* 正弦波振荡器

1. *LC* 滤波器

RC 桥式正弦波振荡器用于产生低频信号(1 MHz 以下)，高频信号(1 MHz 以上)常采用 LC 正弦波振荡器，LC 正弦波振荡器采用 LC 滤波器作为选频环节。

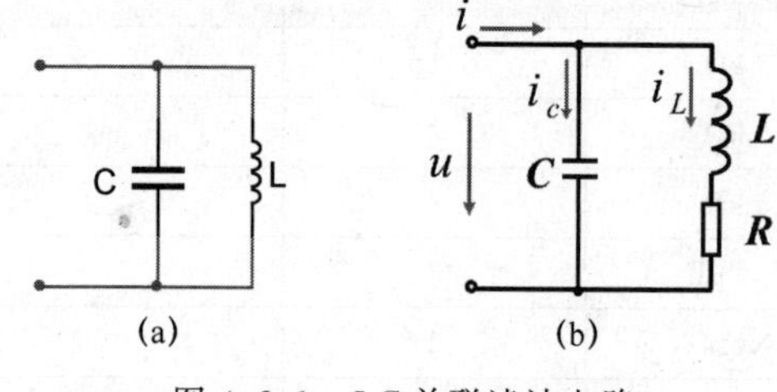

图 4.2.1　*LC* 并联滤波电路

LC 滤波器有串联和并联两种形式，恒流源适合采用并联谐振，恒压源适合采用串联谐振，三极管属于流控电流源，所以三极管振荡器电路常使用并联形式，电路如图 4.2.1(a)所示。电感由铜丝绕制而成，具有较小的电阻值，考虑这个阻值，绘制等效电路如图 4.2.1(b)所示。

按照等效电路，LC 并联滤波电路的总阻抗 Z 为

$$\frac{1}{Z}=\frac{1}{Z_C}+\frac{1}{R+Z_L}$$

因为

$$Z_C=\frac{1}{\mathrm{j}\omega C}$$

$$Z_L=\mathrm{j}\omega L$$

所以

$$Z=\frac{\frac{1}{\mathrm{j}\omega C}(R+\mathrm{j}\omega L)}{\frac{1}{\mathrm{j}\omega C}+R+\mathrm{j}\omega L}$$

因为频率较高时，ω 很大，$R \ll \omega L$，所以

$$Z \approx \frac{\frac{L}{C}}{R + \mathrm{j}\left(\omega L - \frac{1}{\omega C}\right)}$$

当 $\omega L = \frac{1}{\omega C}$ 时，Z 由复数变为实数，有最大值

$$Z_0 = \frac{L}{RC}$$

此时总阻抗为纯电阻性质，此时的状态称为谐振状态，此时角频率

$$\omega_0 = \frac{1}{\sqrt{LC}}$$

因为

$$\omega = 2\pi f$$

所以

$$f_0 = \frac{1}{2\pi\sqrt{LC}}$$

ω_0 被称为谐振角频率，f_0 被称为谐振频率。

总阻抗 Z 的幅频曲线和相频曲线如图 4.2.2 所示，当信号频率高于谐振频率时，LC 并联电路相当于电容；当信号频率低于谐振频率时，LC 并联电路相当于电感；当信号频率等于谐振频率时，LC 并联电路相当于纯电阻。

2. 变压器反馈式

LC 正弦波振荡器按反馈的方式不同分变压器反馈式、电容三点式和电感三点式等。

变压器反馈式振荡器如图 4.2.3 所示，三极管采用了稳定静态工作点电路，变压器提供了反馈通路，变压器 N_1 和 N_2 两个绕组打点的端子为同名端，两个同名端同相位。用"+"表示正跃变，"−"表示负跃变，利用瞬时极性法可以判断出反馈为正反馈，反馈电压为 u_f。

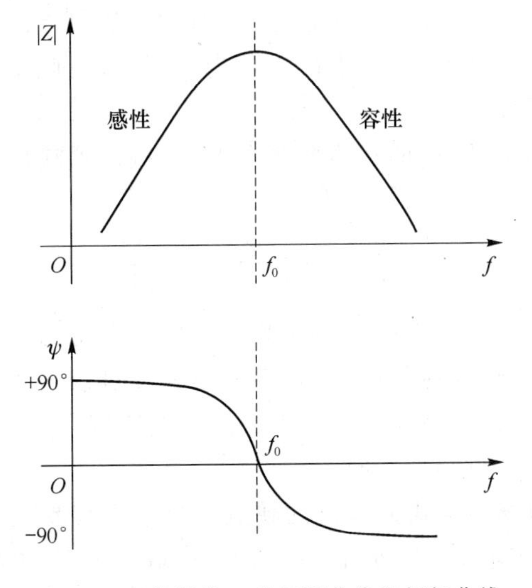

图 4.2.2 总阻抗 Z 的幅频曲线和相频曲线

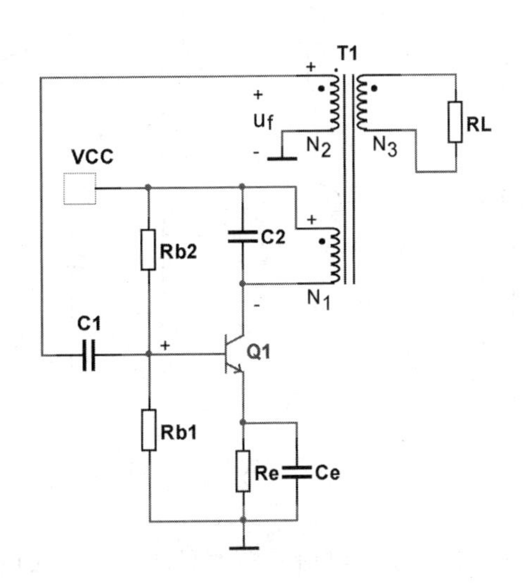

图 4.2.3 变压器反馈式振荡器

忽略掉变压器其他绕组的影响，振荡器的频率应为变压器绕组 N_1 的电感和电容 C_2 构成的并联谐振频率，若变压器绕组 N_1 的电感为 L，则振荡器输出正弦波的频率为

$$f_0 = \frac{1}{2\pi\sqrt{LC_2}}$$

3. 电感三点式振荡器

电感三点式振荡器如图 4.2.4 所示，电路中的 L_1 和 L_2 为自耦变压器两部分的电感，中间抽头接电源，该电路中 C_1、L_1 和 L_2 构成选频网络，C_b 为交流反馈耦合电容，C_e 为直流反馈旁路电容，C_2 为输出耦合电容，R_L 为负载电阻。三极管采用了稳定静态工作点典型电路。

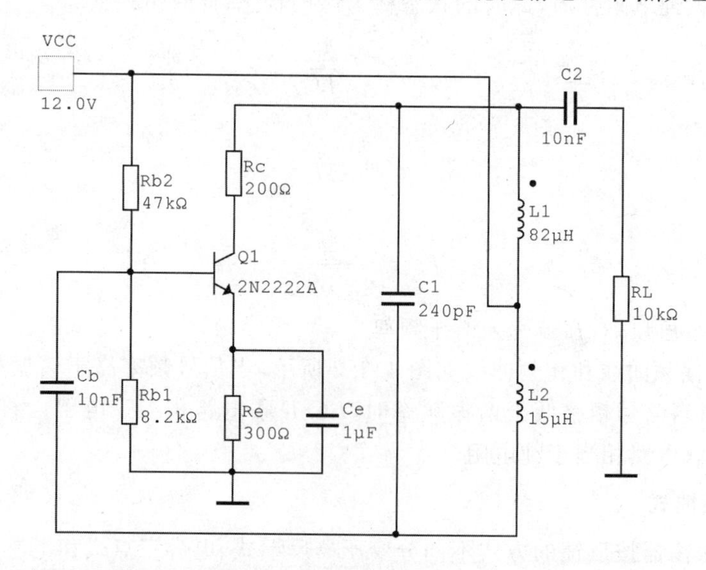

图 4.2.4 电感三点式振荡器

电感三点式振荡器的交流等效电路如图 4.2.5 所示，由三极管放大的三种基本结构可知，若三极管基极突然有一个正跃变，则发射极也会有正跃变，集电极则是负跃变。利用瞬时极性法可知，三极管基极的正跃变会导致电感打点的同名端有负跃变，不打点的端子为正跃变，因此反馈为正反馈。

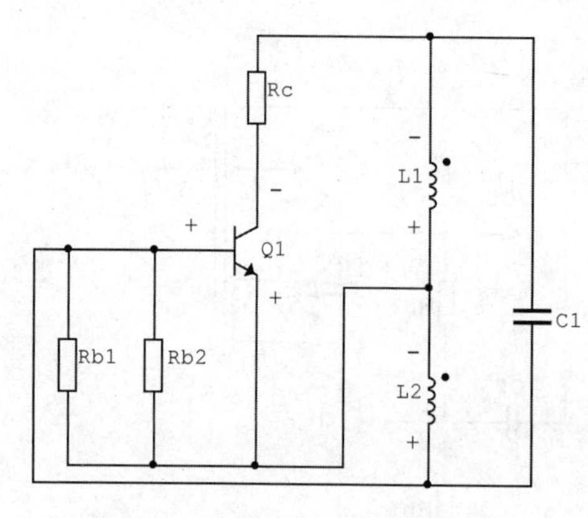

图 4.2.5 电感三点式振荡器交流通路

若 L_1 和 L_2 的互感系数为 M，则振荡器输出信号频率为

$$f_0 = \frac{1}{2\pi\sqrt{(L_1 + L_2 + 2M)\,C_1}}$$

电感三点式振荡器的两个电感大小比例合适的话，比较容易起振，一般集电极和发射极之间的电感(L_1)大，基极和发射极之间的电感(L_2)小，L_1 一般为 L_2 的 4～8 倍。

电感三点式振荡器的缺点是电感不容易调节大小，要改变输出信号频率只能调节选频网络中的电容。另外，由于反馈电压取自电感，电感对高次谐波阻抗较大，导致输出信号波形较差。

4. 电容三点式振荡器

电容三点式振荡器如图 4.2.6 所示，该电路中 C_1、C_2 和 L_1 构成选频网络，C_b 为交流反馈耦合电容，C_e 为直流反馈旁路电容，L_2 对直流短路，对交流为高阻抗。三极管采用了稳定静态工作点典型电路。

电容三点式振荡器的交流等效电路如图 4.2.7 所示，根据选频网络的谐振频率可得输出信号频率为

$$f_0 = \frac{1}{2\pi\sqrt{L\dfrac{C_1 C_2}{C_1 + C_2}}}$$

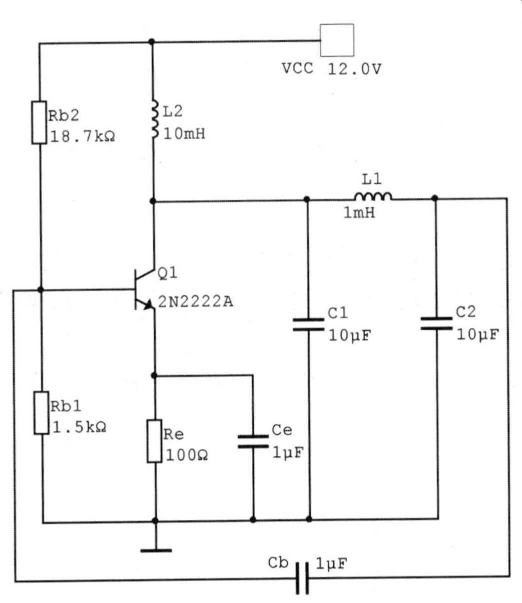

图 4.2.6　电容三点式振荡器

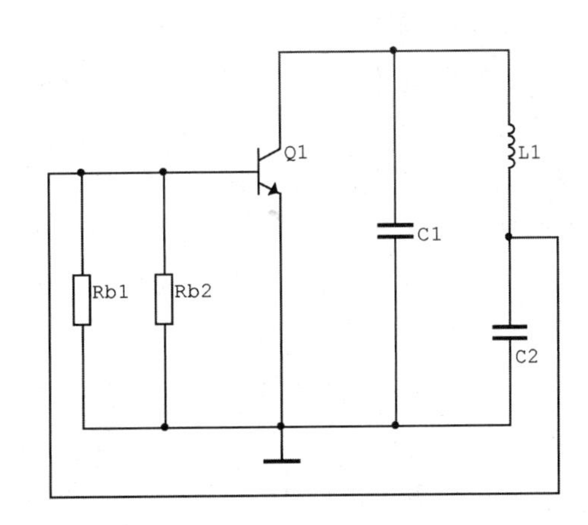

图 4.2.7　电容三点式振荡器交流通路

改变选频网络中的电容大小即可以调节输出信号的频率，电路如图 4.2.8 所示。

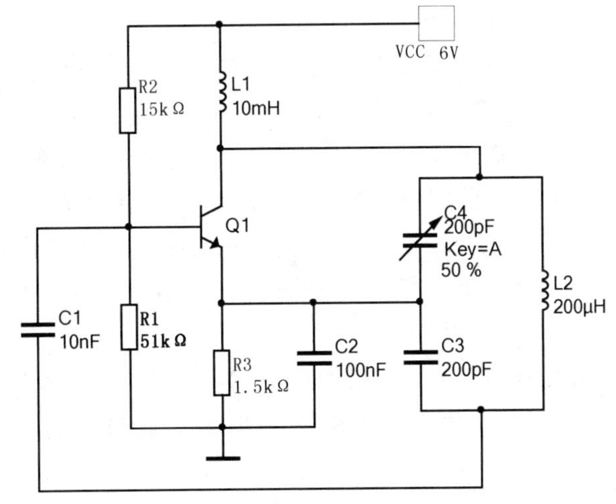

图 4.2.8　能调节频率的电容三点式振荡器

实操1：*LC* 正弦波振荡器的仿真

(1) 用 Multisim 软件按照图 4.2.4 绘制电路图。

(2) 运行仿真，用示波器观察电路起振过程，观察电路各处波形，用频率计数器测量电路输出信号频率，将频率测量结果与理论计算值进行比较。

(3) 用 Multisim 软件按照图 4.2.6 绘制电路图。

(4) 运行仿真，用示波器观察电路起振过程，观察电路各处波形，用频率计数器测量电路输出信号频率，将频率测量结果与理论计算值进行比较。

(5) 用 Multisim 软件按照图 4.2.8 绘制电路图。

(6) 运行仿真，用示波器观察电路起振过程，观察电路各处波形，用频率计数器测量电路输出信号频率，通过调节电容 C_4 的大小调节输出信号频率。

知识2 石英晶体振荡电路

1. 石英晶体

石英的化学成分是二氧化硅，广泛存在于自然界中，砂石的主要成分是二氧化硅，玻璃的主要成分也是二氧化硅。很多天然石英晶体非常漂亮，包括水晶、玛瑙和燧石等，用力敲击摩擦燧石时会产生火花，这是古老的取火方法。

燧石取火其实是石英晶体压电效应的表现形式，石英晶体具有强烈的压电效应，能把电信号转换为机械形变，也能把机械形变转换为电信号，是性能非常好的频率选择元件。石英晶体最重要的参数是它的标称频率，标称频率取决于几何尺寸和形状，因此不容易受到电磁波的干扰，工作稳定度非常高，能够满足日常生活中的钟表、电视机、计算机、手机等绝大多数场合的需求。

从一块石英晶体上按一定方位角切下薄片(称为晶片，它可以是正方形、矩形或圆形等)，在它的两个对应面上涂敷银层作电极，在每个电极上各焊一根引线接到管脚上，再加上封装外壳就构成了石英晶体元件，外观如图 4.2.9 所示。从图中可以看到，石英晶体元件的标称频率都标注在外壳上，单位通常为 MHz，有一种石英晶体元件的标称频率为 32 768 Hz，体积较小，应用十分广泛，主要用于计量时间的仪器仪表。

石英晶体元件有时候也被称为“晶振”，这是不准确的名称。“晶振”的准确含义为：石英晶体振荡器，也就是说“晶振”是包含石英晶体元件的振荡器电路。石英晶体元件必须放在振荡器电路中才能起到重要的元件作用，输出信号是由整个电路产生的，不是由石英晶体元件单独产生的。市场上另有一类封装好的“晶振”器件，里面包括了完整的振荡器电路，电路中包含石英晶体元件，通电就能输出信号波形，一般被称为“有源晶振”，外观如图 4.2.10 所示。有源晶振的体积较大，管脚数量多，价格明显高于石英晶体元件。由于有源晶振使用简便，性能稳定，产品一致性较好，也得到了广泛应用。

石英晶体元件的电路符号和电抗频率特性曲线如图 4.2.11 所示。石英晶体元件的电抗 X 随电信号频率 f 变化而变化，分为三个区域，频率低于 f_s 和高于 f_p 为容性区，相当于电容，频率介于 f_s 和 f_p 之间为感性区，相当于电感。

石英晶体元件有两个谐振频率，一个是串联谐振频率 f_s，一个是并联谐振频率 f_p。在串联谐振频率点时，石英晶体的电抗为 0，阻抗达到最小值，为纯阻性。在并联谐振频率点会发生类似机械共振的现象，石英晶体机械形变非常大，阻抗趋于无穷大。

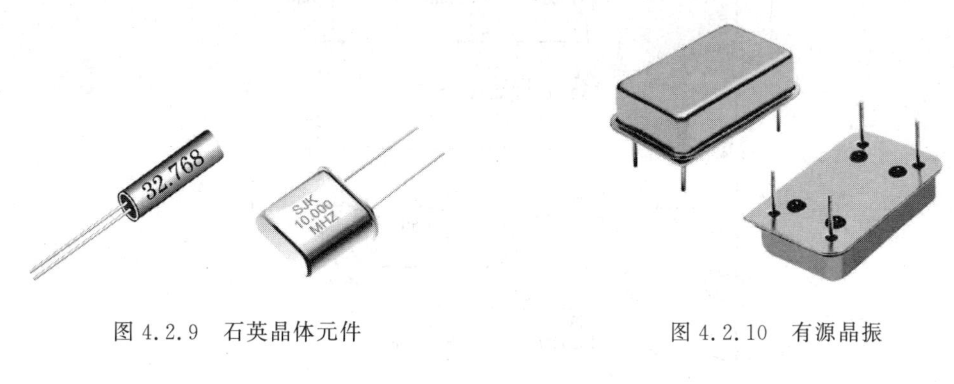

图 4.2.9　石英晶体元件　　　　图 4.2.10　有源晶振

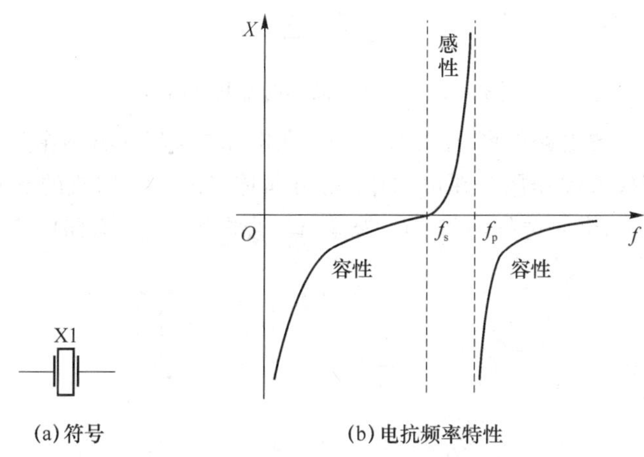

(a) 符号　　(b) 电抗频率特性

图 4.2.11　石英晶体元件符号和电抗频率特性

使用石英晶体元件时，有两种方法，一种是串联应用，工作在串联谐振频率，让石英晶体元件在电路中作为选频环节，石英晶体元件的选频性能非常好，品质因数 Q 可达 $10^4 \sim 10^6$。另一种方法是并联应用，让石英晶体元件工作在 $f_s \sim f_p$ 之间，当作大电感来用，这时候电路中还会有电容配合，石英晶体元件和电容共同构成 LC 选频环节和移相环节。

石英晶体元件外壳上所标示的标称频率是并联谐振频率 f_p，这个频率是石英晶体元件在配有指定大小的电容情况下的并联谐振频率。

需要指出的是，f_s 和 f_p 的差值非常小，通常可以忽略这个差值，也就是说，由于石英晶体元件的高频率选择性，只要振荡器电路中有石英晶体元件，则不管这个石英晶体元件是当作选频元件还是当作电感元件，可以直接得出该电路输出的振荡信号频率近似等于石英晶体的标称频率 f_p。

2. 石英晶体振荡电路

石英晶体串联应用的电路如图 4.2.12 所示，在这个振荡电路中，将石英晶体换成耦合电容将不影响电路起振，也不影响电路维持振荡，石英晶体通过滤波限制其他频率的波形，使输出波形更加接近正弦波。图中 L_1 和 C_3、C_4、CT_1 构成选频网络，C_6、C_7 和 L_2 构成 π 型低通滤波电路，C_2 为旁路电容，C_1 和 C_5 为耦合电容，R_L 为负载。

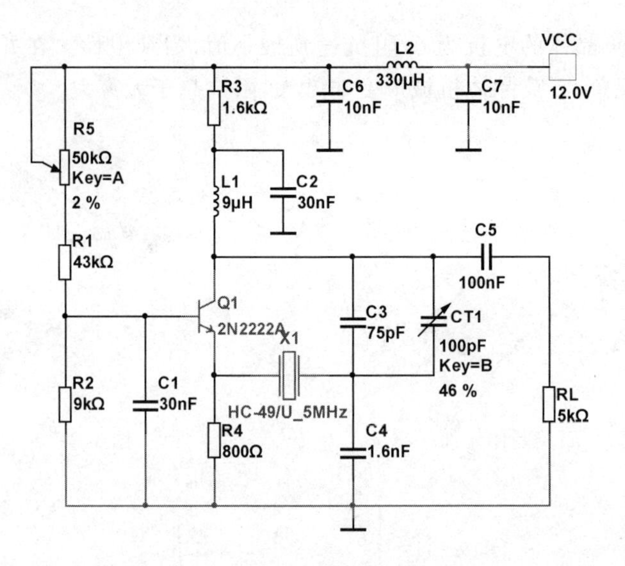

图 4.2.12 石英晶体的串联应用

石英晶体并联应用的电路如图 4.2.13 所示，在电路中，石英晶体作为 LC 选频网络中的大电感与电容共同完成选频作用。在电路中，石英晶体和 C_3、C_6 构成的支路可以等效为一个电感，这个电感和 C_1、C_2 构成选频网络。C_5 为输出耦合电容，C_4 为旁路电容。

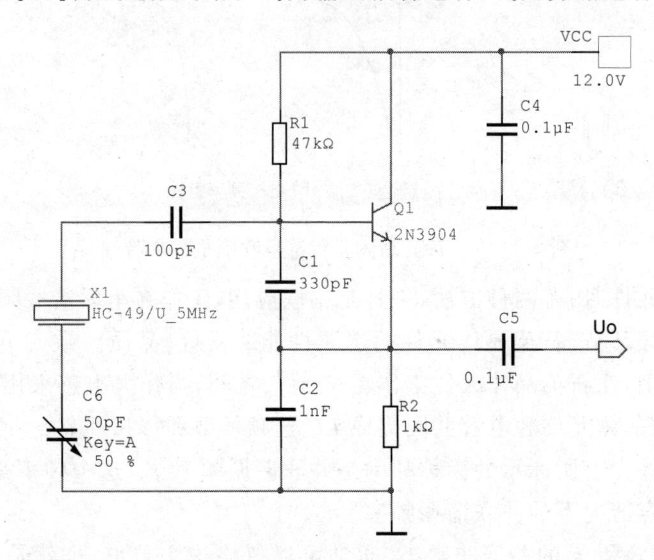

图 4.2.13 石英晶体的并联应用

实操 2：石英晶体振荡电路的仿真

(1) 用 Multisim 软件按照图 4.2.12 绘制电路图。

(2) 运行仿真，用示波器观察电路起振过程，用频率计数器测量电路输出信号频率。

(3) 用 Multisim 软件按照图 4.2.13 绘制电路图。

(4) 运行仿真，用示波器观察电路起振过程，用频率计数器测量电路输出信号频率。

知识拓展

1. 负阻器件

一般的电阻在电流增加时，电压也会增加，负阻器件的特性恰好与电阻的特性相反。实际上没有单一的电子元件可以在所有工作范围都呈现负阻特性，不过有些二极管(例如隧道二极管)在特定工作范围下会有负阻特性。有些气体在放电时也会出现负阻特性。而一些硫族化物的玻璃、有机半导体及导电聚合物也有类似的负阻特性。

负阻器件分为电流控制型和电压控制型，电流控制型负阻器件的伏安特性曲线如图 4.拓.1所示，其电压为电流的单值函数，在 AB 段呈现出负阻特性，属于这一类的器件有单晶体管、硅可控整流器和弧光放电管等。

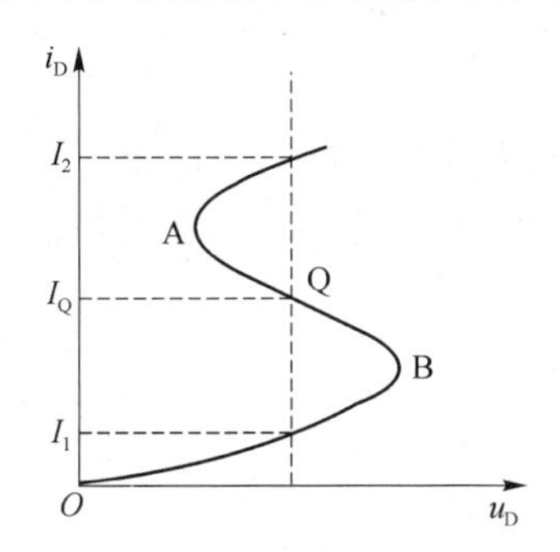

图 4.拓.1　电流控制型负阻器件的伏安特性

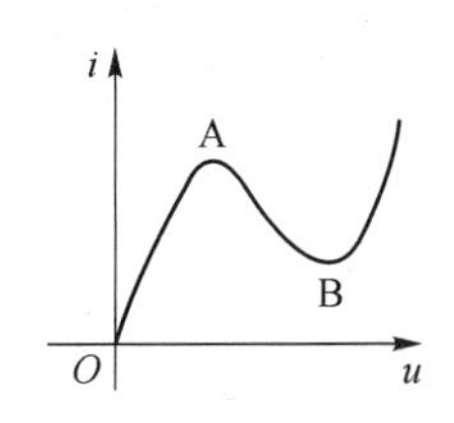

图 4.拓.2　电压控制型负阻器件的伏安特性

电压控制型负阻器件的伏安特性曲线如图 4.拓.2所示，其电流为电压的单值函数，在 AB 段呈现出负阻特性，具有这种特性的器件有隧道二极管、共发射极组态的某种点接触三极管和真空四极管等。

在很多场合可以用线性集成电路组成一个有源双网络来等效形成线性负阻抗，被称作负阻抗变换器。

2. 品质因数

品质因数是无功功率与有功功率的比值，常用 Q 表示，没有量纲。在 LC 串、并联回路中

$$Q=\frac{\omega_0 L}{R}=\frac{1}{R\omega_0 C}$$

回路中的电阻越大，品质因数越小，如图 4.拓.3所示。

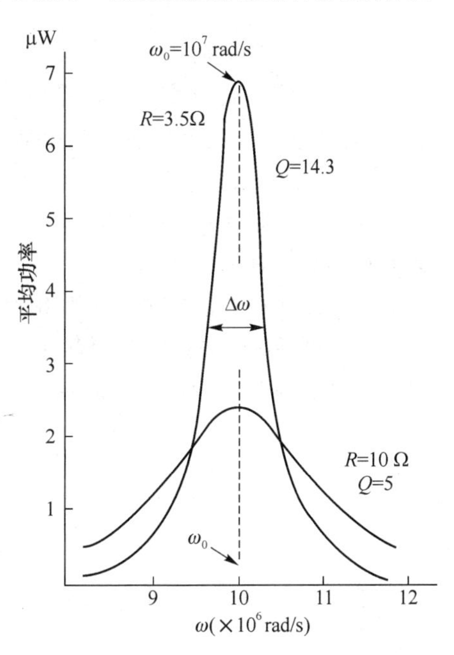

图 4.拓.3　品质因数与电阻的关系

LC 串并联回路的品质因数通常在几十到几

百之间。品质因数越大，频率选择性越好，通频带也越窄。

项目小结

(1) 正反馈将使系统迅速到达崩溃的边缘，所以任何系统都应该十分谨慎地对待正反馈。

(2) 振荡器巧妙地利用了正反馈，同时也引入了负反馈用于稳定系统。

(3) 振荡器有负阻振荡器和正反馈振荡器两种类型，负阻振荡器利用具有负阻的器件实现相位要求，正反馈振荡器利用正反馈实现相位要求，除相位要求外，振荡器还有幅度要求，以便将直流电源的能量源源不断地补充到振荡信号中去。正反馈振荡器更常见，正反馈振荡器都有正反馈、放大、选频和稳幅等环节。

(4) 低频振荡器一般采用 *RC* 振荡器结构，高频振荡器则使用 *LC* 振荡器结构。低频情况下如果采用 LC 滤波，需要使用大电感，大电感体积也大，不仅价格高，而且十分笨重，因此低频很少使用电感进行选频、滤波。

(5) 石英晶体具有非常好的稳定性和频率选择性，因此得到了广泛的应用。石英晶体在振荡器中有串联和并联两种用法。石英晶体振荡器最终的输出频率近似等于石英晶体的固有频率。

思考与练习

(1) 正反馈的含义是什么？日常生活中遇见过哪些正反馈？

(2) 构成正弦波振荡器需要有哪些环节？

(3) *RC* 正弦波振荡器的振荡频率如何计算？

(4) *LC* 串联谐振如何计算谐振频率？*LC* 并联谐振频率如何计算？

(5) 为什么低频常用 *RC* 振荡器，高频常用 *LC* 振荡器？

(6) 石英晶体具有哪些特点？

(7) 石英晶体在振荡器中有哪些用法？

(8) 如何判断 *LC* 振荡器能否起振？

(9) 振荡器源源不断地输出信号，能量从哪里来？

项目五

频率指示电路的制作

项目剖析

(1) 功能要求

实现频率指示电路的功能。

(2) 技术指标

输出:用发光二极管指示输入信号高频、低频电压的高低。

(3) 系统结构

从频率的角度看,绝大多数的信号都是包含很多不同频率分量复合信号,比如:人耳能听到的声音范围是20 Hz~20 kHz,平时说话的声音就是以1 kHz左右的频率为主的多种频率复合信号。

很多场合希望能够直观的观察到不同频率分量的电压高低情况,比如很多音响系统就有频率指示器,通过频率指示器就可以直观地看到高音(高频率声音)幅度大些,还是低音(低频率声音)幅度大些。

电压比较器是常见的基本电路单元,用来比较电压的高低。电压比较器的可以对两路输入信号比较大小,也可以将一路输入信号与一个固定电压进行比较。电压比较器的输出信号是高低跃变的电平,不是连续的模拟信号。

电压比较器常采用集成运放的开环应用,也有专门的集成比较器可供选用。

利用滤波电路选取信号的不同频率分量,然后将不同频率分量电压分别与固定电压进行比较,再将比较结果用发光二极管显示,就能指示出幅度高低的不同,从而实现频率的指示。

本项目利用滤波电路选取输入信号的不同频率分量,然后用电压比较器区分这些频率分量的电压幅度高低,通过发光二极管显示结果。系统框图如图5.0.1所示。

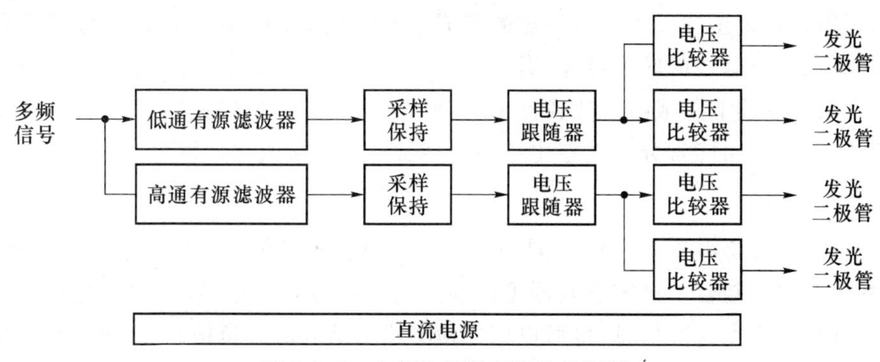

图5.0.1 电压比较器系统结构框图

项目目标

(1) 知识目标

① 了解比较器的含义；

② 理解集成运放开环应用的特点；

③ 掌握门限比较器的门限值计算；

④ 掌握滞回比较器的阈值计算；

⑤ 了解电压指示电路的功能；

⑥ 熟悉有源滤波电路。

(2) 技能目标

① 能够熟练地按照电路原理图安装电路；

② 能依据电路工作原理对电路进行调试；

③ 能熟练地利用电烙铁和吸锡器拆装元器件；

④ 能针对电路的关键参数提出测量方案；

⑤ 能熟练运用万用表和示波器对电路进行测量；

⑥ 能熟练运用仿真软件进行辅助设计。

任务一　集成运放的非线性应用

知识　集成运放过零比较器

1. 电压比较器

电压比较器是常见的电路单元之一，作用是对比输入的两路模拟信号大小，输出高低电平表示比较结果，也可以用来将模拟信号与固定电压进行比较，输出结果同样是高低电平。当输入信号和固定电压进行比较的时候，固定电压被称作参考电压。电压比较器常用于自动控制和自动测量等领域，也用于各种非正弦波信号的产生和变换电路等。

电压比较器通常可以用集成运放来实现。当集成运放工作在非线性区时，输出不是接近于正电源电压的高电平，就是接近于负电源电压的低电平。集成运放在开环应用时就工作在非线性区，所以多数电压比较器通过开环的集成运放实现，另外，有些电压比较器中引入了正反馈。由于普通集成运放的转换速率(压摆率)不够大，输出跃变慢，而且电压比较器市场很大，所以也有很多专门的集成电压比较器出现，如LM339、LM393等。

电压比较器按照功能常分为过零比较器、门限比较器、滞回比较器等。

2. 过零比较器

过零比较器的参考电压是0 V，就是将输入的信号和零电位进行比较，也可以视作门限电压为0 V的单门限比较器。过零比较器可以将交流信号转换为矩形波，利用过零比较器可以获取输入信号的过零点时间信息，也可以用于检测输入信号的正负信息，还可以当作检测周期信号频率的前级电路使用。

过零比较器有两种，一种是同相过零比较器，特点是随着输入信号的增大，输出会从低电平跃变为高电平，输出和输入变化同方向；另一种是反相过零比较器，特点是随着输入信号的增大，输出会从高电平跃变为低电平，输出和输入变化反方向。过零比较器的电压传输特性如图 5.1.1 所示。

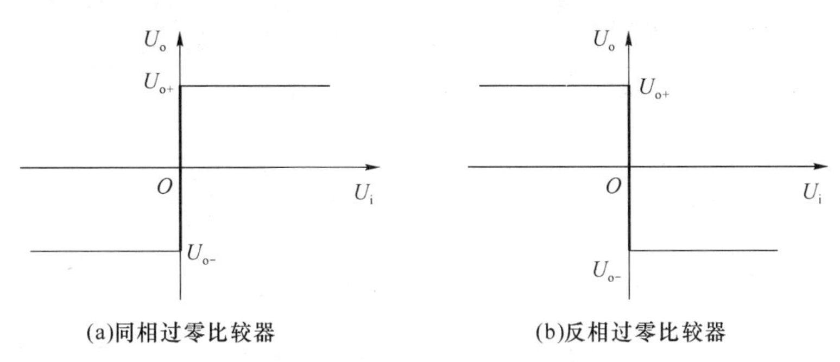

图 5.1.1 过零比较器传输特性

采用集成运放的过零比较器电路非常简单，只要将集成运放的两个输入端中的一个接输入信号，另一个接地就可以了。同相过零比较器需要将输入信号接在运放的同相输入端，如图 5.1.2所示，只要将图 5.1.2 两个输入端对调就变成了反相过零比较器。

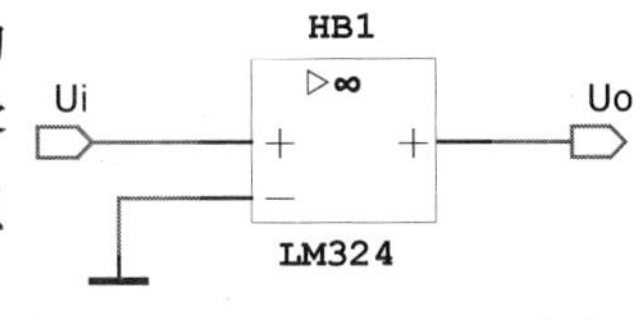

图 5.1.2 同相过零比较器

同相过零比较器的信号波形如图 5.1.3 所示，图中上面的波形为输入信号，下面的波形为输出信号。图中游标位置为门限电压位置。

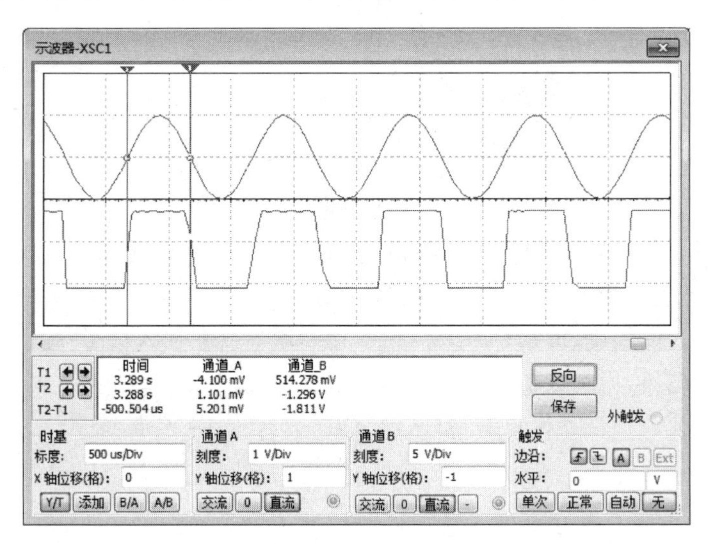

图 5.1.3 同相过零比较器信号波形

反相过零比较器的信号波形如图 5.1.4 所示，图中上面的波形为输入信号，下面的波形为输出信号。图中游标位置为门限电压位置。

实操：集成运放过零比较器的仿真

(1) 用 Multisim 软件绘制电路图，如图 5.1.5 所示。

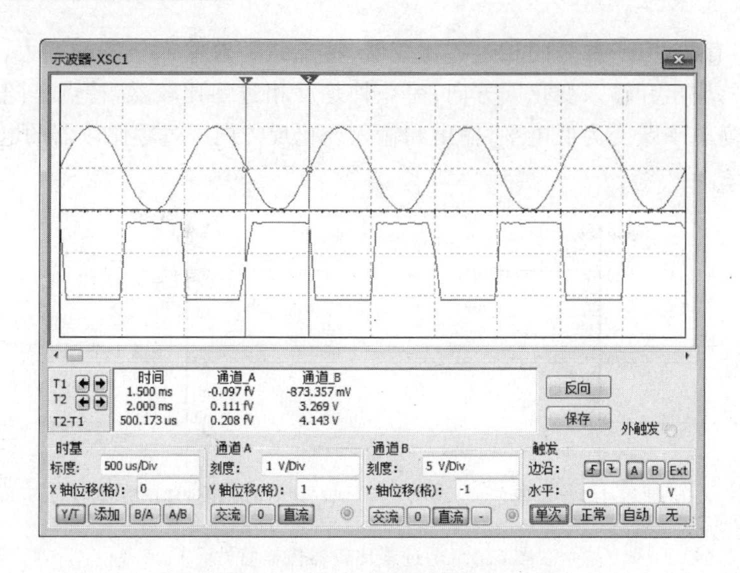

图 5.1.4 反相过零比较器信号波形

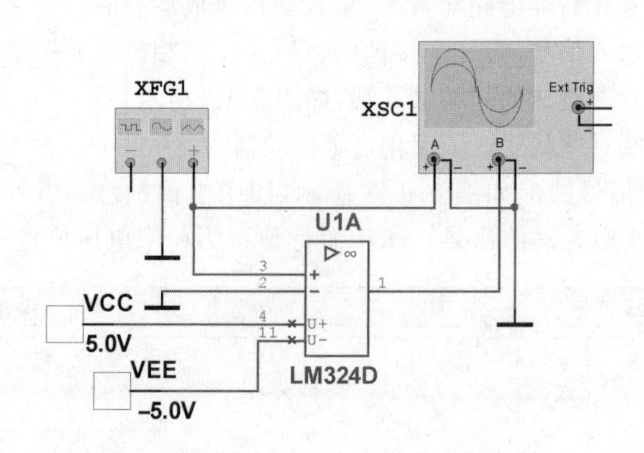

图 5.1.5 同相过零比较器仿真

(2) 运行仿真,用示波器观察输入、输出信号波形,利用游标测量输入信号过零时输出信号的幅度,测量输出高电平和低电平的电压值。

(3) 改变输入信号幅度、波形、频率等参数,用示波器观察输入信号、输出信号波形变化。

(4) 改变电源电压,用示波器观察输出信号幅度变化。

(5) 将电路接成反相过零比较器,再次进行第(2)、(3)、(4)步的测量。

任务二 门限比较器

知识 1 门限比较器

1. 单门限比较器

如果将过零比较器的参考电压换成别的值,则称为单门限比较器,这个参考电压也称为门限电压或阈值电压。单门限比较器的电压传输特性如图 5.2.1 所示,图中 U_T 为门限电压。

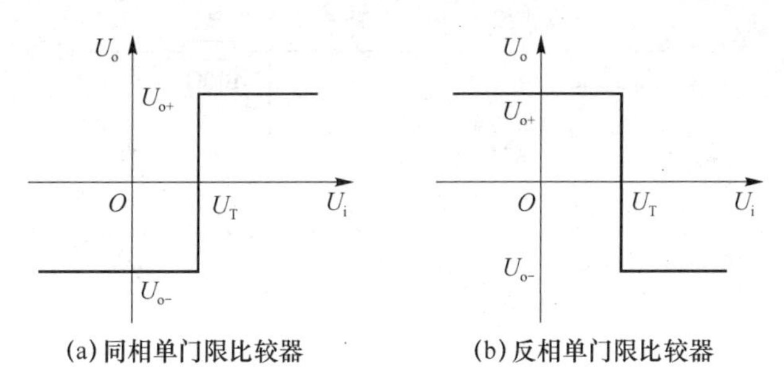

图 5.2.1 单门限比较器传输特性

同相单门限比较器电路如图 5.2.2 所示,图中 U_i 为输入信号,U_T 为参考电压(门限电压)。

后级电路常对比较器的输出电压幅度有限制,这时候常采用稳压管实现输出限幅的效果,如图 5.2.3 所示。假设稳压二极管的稳压值为 U_Z,正向导通的压降为 U_D,则该电路的电源电压应大于 $\pm(U_Z+U_D)$。当 $U_i>U_T$ 时,电路输出电压为 (U_Z+U_D);当 $U_i<U_T$ 时,电路输出电压为 $(-U_Z-U_D)$。

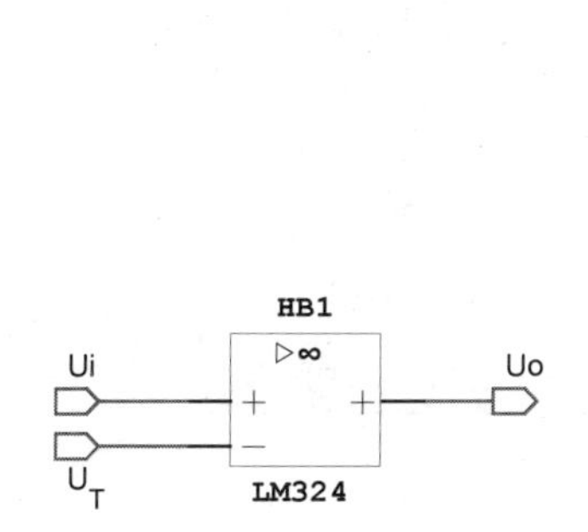

图 5.2.2 同相单门限比较器

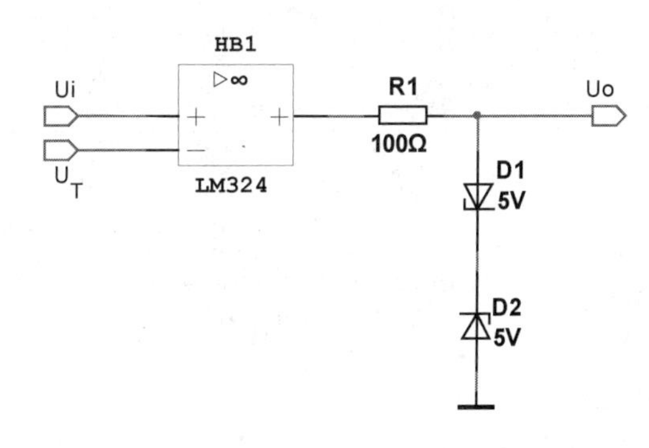

图 5.2.3 对输出限幅的比较器

2. 双门限比较器

双门限比较器具有两个门限电压,电压传输特性曲线如图 5.2.4 所示。当输入电压 U_i 小于低门限 U_{T-} 或高于高门限 U_{T+} 时,输出高电平,当输入电压在两个门限之间时,输出低电平。

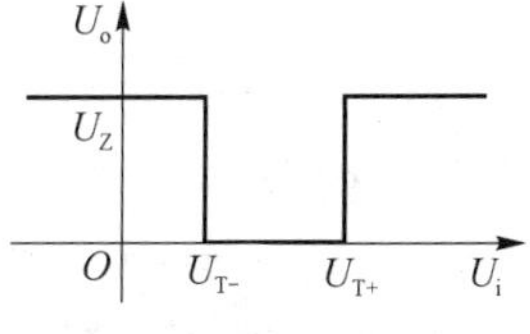

图 5.2.4 双门限比较器特性曲线

双门限比较器电路如图 5.2.5 所示。图中 D_2 和 D_3 用来保证电流的单向流动,从而实现双门限功能,R_1 和 D_1 构成稳压电路,实现输出限幅功能。

双门限比较器的波形如图 5.2.6 所示,图中上面的波形为输入信号波形,下面的波形为比较器输出波形。

实操 1:门限比较器的仿真

(1) 用 Multisim 软件绘制单门限比较器电路图,如图 5.2.7 所示。

(2) 运行仿真,用示波器观察输入、输出信号波形。

(3) 改变输入信号、参考电压、稳压管的稳压值等参数,用示波器观察信号波形变化。

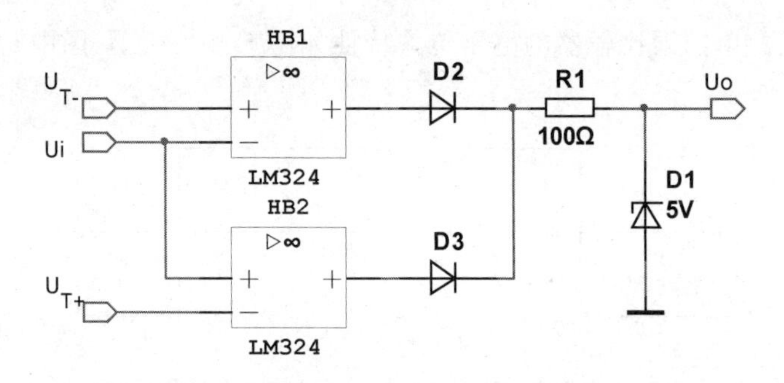

图 5.2.5　双门限比较器

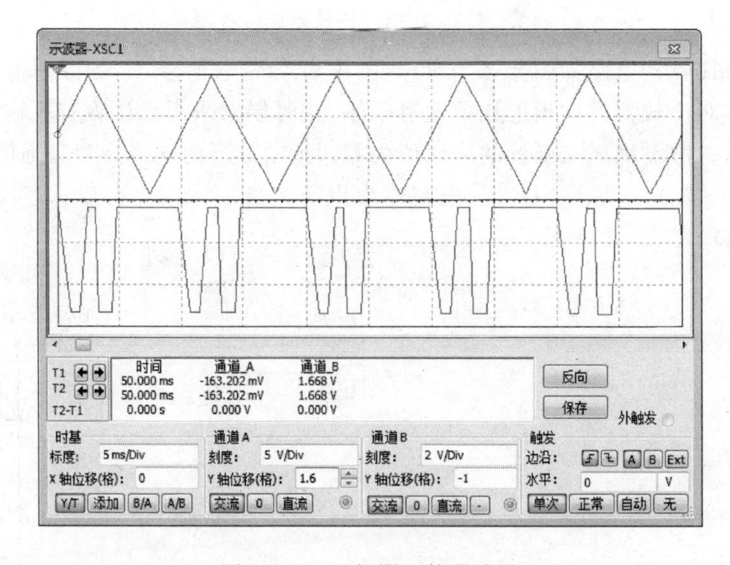

图 5.2.6　双门限比较器波形

(4) 将运放的同相输入端和反相输入端电路对调，再次运行仿真，用示波器观察信号波形变化。

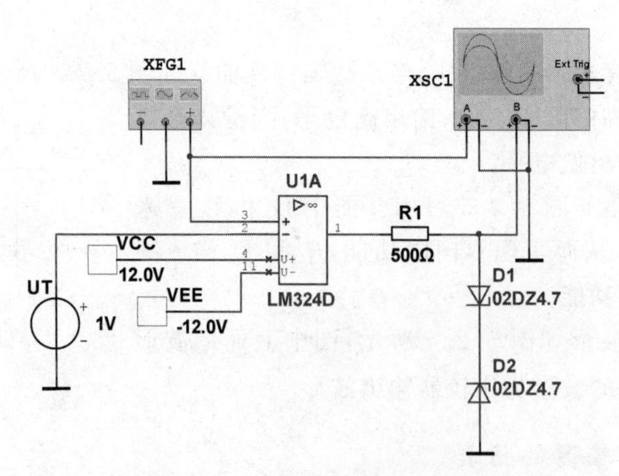

图 5.2.7　单门限比较器仿真

(5) 用 Multisim 软件绘制双门限比较器电路图，如图 5.2.8 所示。

(6) 运行仿真，用示波器观察输入、输出信号波形。

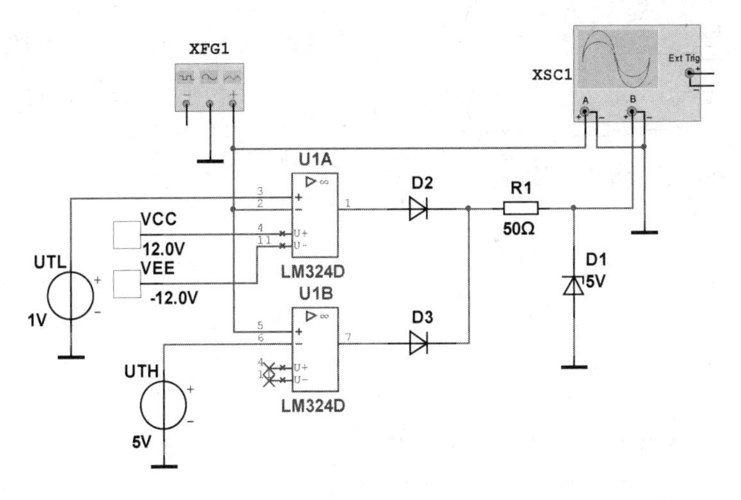

图 5.2.8　双门限比较器仿真

(7) 改变输入信号、参考电压、稳压管的稳压值等参数,用示波器观察信号波形变化。

知识 2　滞回比较器

门限比较器结构简单,灵敏度高,当用于工业环境或有较大干扰的场合时,容易在门限值附近反复触发跃变,导致误操作或设备损坏,在这些有抗干扰需求的场合常采用滞回比较器。

滞回比较器也叫迟滞比较器,又称为施密特触发器,数字电路中常采用施密特触发器的名称,模拟电路中常被称作滞回比较器,两者除了电压范围没有什么区别。

滞回比较器有两个门限电压,在输入信号从小变大时,遇到高门限电压 U_{T+} 时,输出跃变;在输入信号从大变小时,遇到低门限电压 U_{T-} 时,输出跃变。这两个门限电压的差值被称作回差或门限宽度,常用 ΔU_T 表示

$$\Delta U_T = U_{T+} - U_{T-}$$

滞回比较器同样分为同相和反相两种,其电压传输特性曲线如图 5.2.9 所示。

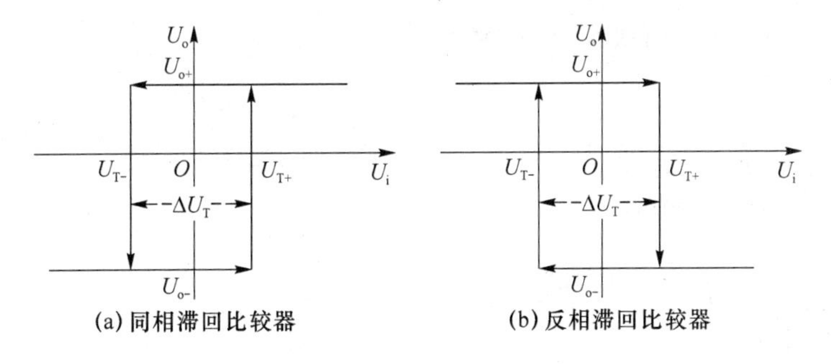

图 5.2.9　滞回比较器传输特性

反相滞回比较器的电路如图 5.2.10 所示,图中 D_1、D_2 和 R_3 构成输出限幅电路,R_1 和 R_2 构成正反馈。

假设稳压二极管的稳压值为 U_Z,正向导通的压降为 U_D,则该电路的输出电压为 $\pm(U_Z + U_D)$。当输出 $U_o = U_Z + U_D$ 时

$$U_{T+} = U_+ = \frac{R_1}{R_1 + R_2}(U_Z + U_D)$$

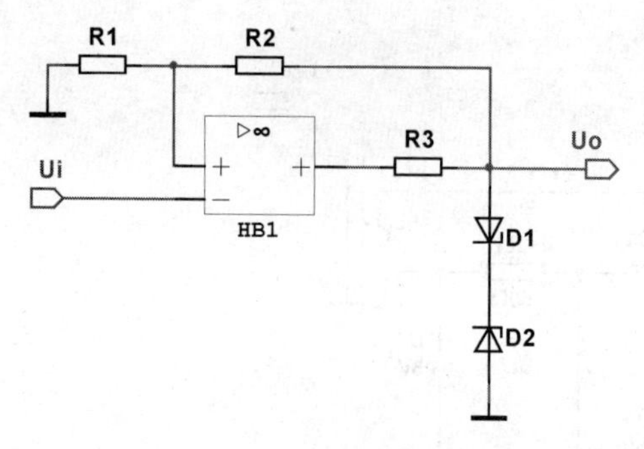

图 5.2.10 反相滞回比较器

当输出 $U_o=-(U_Z+U_D)$ 时，

$$U_{T-}=U_-=-\frac{R_1}{R_1+R_2}(U_Z+U_D)$$

门限宽度为

$$\Delta U_T=U_{T+}-U_{T-}=\frac{2R_1}{R_1+R_2}(U_Z+U_D)$$

反相滞回比较器信号波形如图 5.2.11 所示，上面的波形为输入信号，下面的波形为输出信号。图中游标位置为门限电压位置。

能改变滞回比较器门限值的电路如图 5.2.12 所示，图中 U_{ref} 为参考电压，改变 U_{ref} 就能调节门限值。图中 R_4 为平衡电阻。

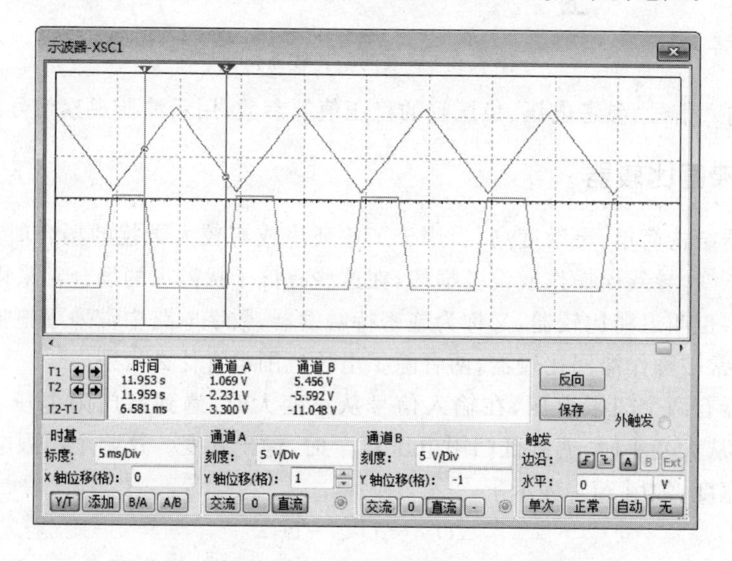

图 5.2.11 反相滞回比较器信号波形

利用叠加定理可知，U_{ref} 单独作用时，运放同相输入端电压 U_+ 为

$$U_+=\frac{R_2}{R_1+R_2}U_{ref}$$

当输出电压 U_o 单独作用时

$$U_+=\pm\frac{R_1}{R_1+R_2}(U_Z+U_D)$$

两者同时作用时

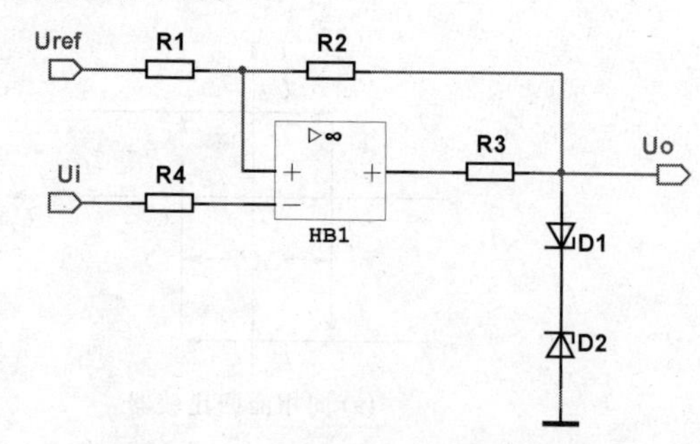

图 5.2.12 调节滞回比较器门限值

$$U_{T+}=\frac{R_2}{R_1+R_2}U_{ref}+\frac{R_1}{R_1+R_2}(U_Z+U_D)$$

$$U_{T-}=\frac{R_2}{R_1+R_2}U_{ref}-\frac{R_1}{R_1+R_2}(U_Z+U_D)$$

门限宽度为

$$\Delta U_T=U_{T+}-U_{T-}=\frac{2R_1}{R_1+R_2}(U_Z+U_D)$$

实操 2：滞回比较器的仿真

(1) 用 Multisim 软件绘制滞回比较器电路图，如图 5.2.13 所示。图中的 LM393 是专门的集成比较器，X 端相当于集成运放的 U_+，Y 端相当于集成运放的 U_-，输出端为 $X>Y$。

LM393 的输出部分是集电极开路、发射极接地的 NPN 输出晶体管，被称为集电极开路结构(OC)。因此，LM393 使用时必须将输出端外接上拉电阻，如图 5.2.13 中 R_2 所示，才能输出高电平和低电平两种状态，否则输出端将只有低电平和悬空两种状态，而不能输出高电平。

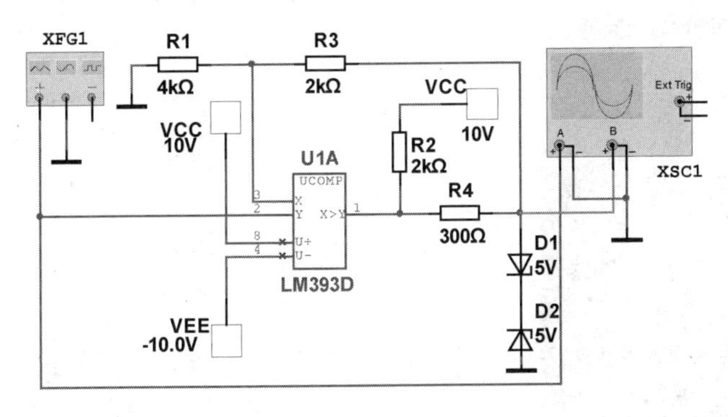

图 5.2.13　滞回比较器仿真

(2) 运行仿真，用示波器观察输入、输出信号波形，用示波器的 B/A 功能观察电压传输特性曲线。

(3) 改变电阻 R_1 和 R_2 的数值比例，用示波器观察信号波形变化和电压传输特性曲线的变化。

(4) 将运放的同相输入端和反相输入端电路对调，再次运行仿真，用示波器观察信号波形变化。

(5) 用 Multisim 软件绘制能调节门限的滞回比较器电路图，如图 5.2.14 所示。

(6) 运行仿真，用示波器观察输入、输出信号波形，用示波器的 B/A 功能观察电压传输特性曲线。

(7) 改变电阻 R_1 和 R_2 的数值比例，用示波器观察信号波形变化和电压传输特性曲线的变化。

(8) 将运放的同相输入端和反相输入端电路对调，再次运行仿真，用示波器观察信号波形变化。

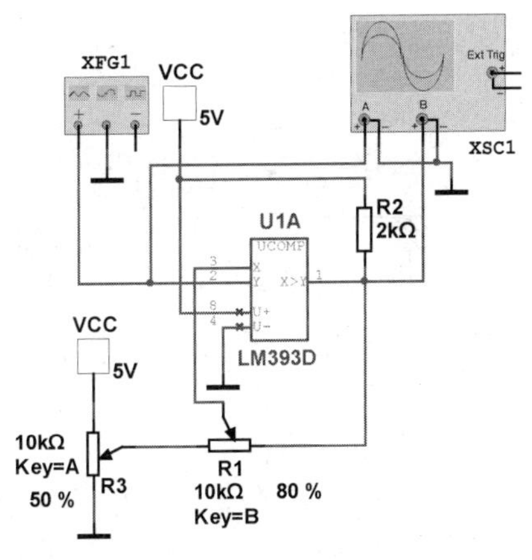

图 5.2.14　能调节门限值的滞回比较器仿真

任务三　电压指示电路

知识　电压指示电路

在很多地方需要显示电压的高低，这些场合可以采用多个发光二极管进行电压指示，也可以采用LED光柱显示器(LED bargraph)进行显示,LED光柱显示器内部具有很多发光二极管,外观如图5.3.1所示。工业过程控制用LED光柱显示器替代指针具有很多优点,一是光柱自身发光,醒目,便于远距离观察;二是光柱本身无机械传动部分,抗过载、抗振动性能好;三是光柱通过芯片矩阵排列,线性化处理,能精确示值,读数正确;四是LED光柱的平均无故障工作时间很长。

在简单的场合,可以使用图5.3.2所示的电路,合理设置分压电阻(R_1、R_2、R_3)和限流电阻(R_4、R_5)的大小,就可以让电压较低时只有LED_1亮,电压增高时,逐渐点亮LED_2和LED_3。

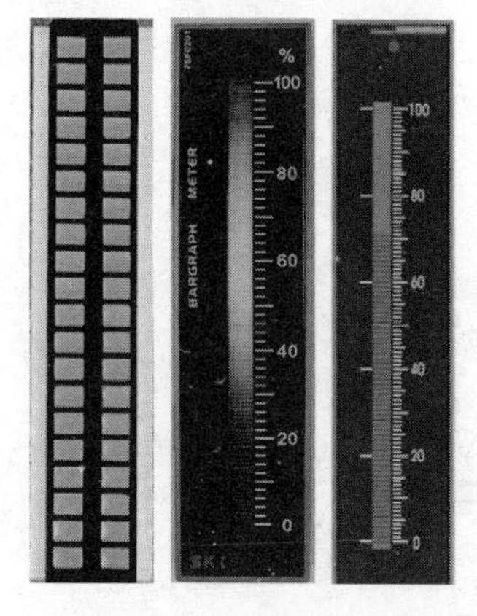

图5.3.1 LED光柱显示器

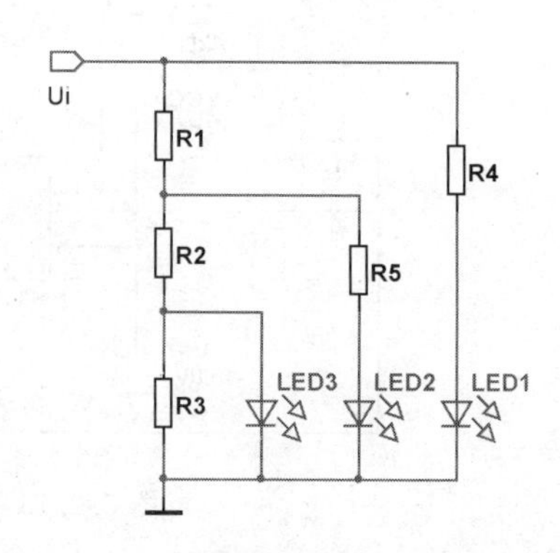

图5.3.2 简单的LED电压指示电路

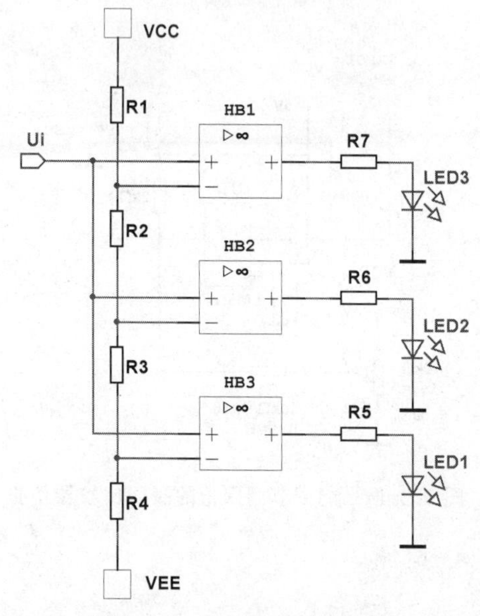

图5.3.3 LED电压指示电路

图5.3.2的缺点是:限流电阻R_4设置较为困难。当电压低时,如果LED_1亮度合适,则当电压高到三个LED都亮时,LED_1的电流会偏大。若要考虑高电压时LED_1电流合适,则低电压时亮度偏低,当LED数量多时,更难选取限流电阻的大小。

较好的LED电压指示电路如图5.3.3所示,图中采用单门限电压比较器电路,利用电阻R_1、R_2、R_3和R_4串联分压提供参考电压,输出端通过限流电阻R_5、R_6和R_7接发光二极管。随着输入信号电压的增高,LED_1、LED_2、LED_3会逐渐亮起,随着电压的降低,会从LED_3到LED_1逐渐熄灭。

图5.3.3所示电路易于拓展发光二极管数量,只要按照图中电路结构细分参考电压数量,对应增加比较器和发光二极管数量即可。只要合理选择参考电压和限流电阻,该电路就能获得令人满意的显示效果。图中的运放也可以使用专门的集成比较器代替,对于OC结构的集成比较器应注意增加上拉电阻。

实操1:电压指示电路的仿真

(1) 用Multisim软件绘制电压指示电路图,如图5.3.4所示。

(2) 将函数发生器的频率设置为0.1 Hz,幅值设置为10 V,波形选择为三角波,运行仿真,直接观察 LED 的闪烁情况。之后将输入信号频率调高，用示波器观察输入、输出信号波形。

(3) 流出集成电路的电流称为拉电流，流入集成电路的电流称为灌电流。OC 结构的 LM339 在输出低电平时，输出级三极管处于饱和状态，如果有电流，即为流入三极管的灌电流。LM339 在输出高电平时，输出级的三极管处于截止状态，既没有灌电流也没有拉电流。将图 5.3.4 中的运放改为集成比较器 LM339，增加上拉电阻，再次运行仿真，观察仿真运行结果。

(4) 在前一步(第 3 步)仿真时，LM339 输出高电平时 LED 才有可能亮，低电平时肯定不亮。如果将 LM339 两个输入端电路对调，再将发光二极管阴极接 LM339 输出端，不接上拉电阻，也能达到前述的功能，这是灌电流带负载的方法，如图 5.3.5 所示。

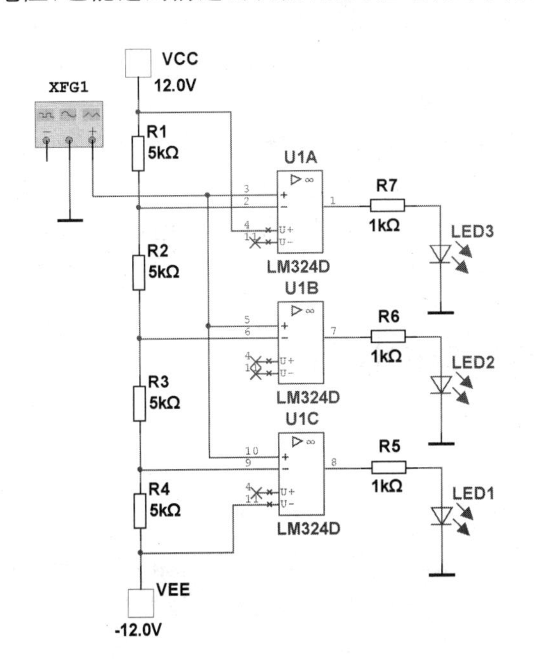

图 5.3.4　电压指示电路仿真

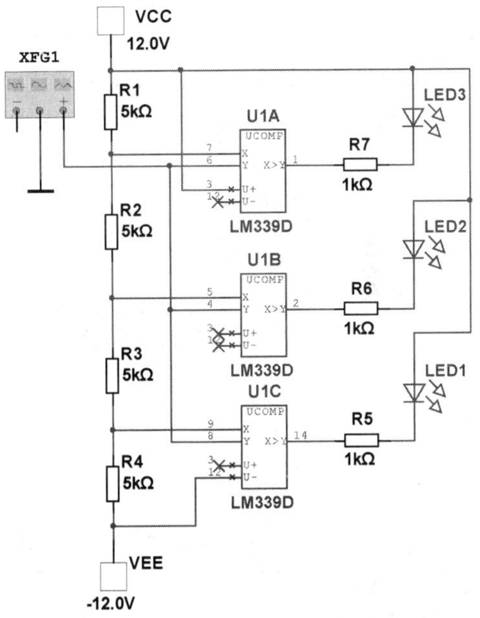

图 5.3.5　灌电流带负载的方法

按照图 5.3.5 绘制电路，运行仿真，观察仿真运行结果。

实操 2：电压指示电路的制作与调试

(1) 按照表 5.3.1 所列元器件和耗材进行装接准备工作，对元器件进行检查测试。

表 5.3.1　*RC* 正弦波振荡器耗材清单

序号	标号	名称	型号	数量	备注
1	R_1、R_2、R_3、R_4	电阻	5 kΩ	4	
2	R_5、R_6、R_7	电阻	1 kΩ	3	
3	U1A、U1B、U1C	集成比较器	LM339	1	
4	LED_1、LED_2、LED_3	发光二极管	ϕ5 mm	3	颜色无要求
5		万能板	单面三联孔	1	焊接用
6		单芯铜线	ϕ0.5 mm		若干
7		稳压电源	双电源可调	1	

（2）按照电路图 5.3.5 安装、焊接元器件，剪去多余管脚，检查焊点，清除多余焊渣。

（3）通电前检查有无短路情况，电路连接是否可靠，元器件有无错装、漏装现象。

（4）通电检查，应密切注意观察有无糊味、有无冒烟或集成电路过热等现象，一旦发现异常应立即断电，断电之后详细检查电路。

（5）通电检查没问题后，用函数发生器接输入端，观察三个发光二极管能否依次点亮、依次熄灭。函数发生器的频率不能过高，否则人眼睛反应速度跟不上，视觉暂留现象会导致无法发现 LED 的闪烁。

如果发光二极管亮度过亮，应增大 LED 的限流电阻，如果亮度较暗，则应减小限流电阻。如果有个别 LED 不亮，应检查该 LED 所在比较器的输入端是否连接可靠、参考电压是否接入正常、输出端连接是否可靠。一般集成比较器中有多个比较器，只损坏其中一个的可能性不大，但是在排查其他部分无效后，应考虑比较器是否损坏。

（6）将项目四中所制作的正弦波振荡器作为信号源代替函数发生器，观察 LED 闪烁效果。

（7）尝试采用项目一中制作的直流稳压电源给本项目制作的电路供电。

（8）尝试将本项目与项目二、项目三、项目四制作的电路连接起来，观察 LED 闪烁效果。

任务四　频率指示电路

知识 1　有源滤波器

无源滤波器对信号有衰减，在很多场合里，信号本来就很小，再经过滤波器衰减，将变得非常微弱，不仅带负载能力差，而且容易受到干扰，不利于后续处理。将无源滤波器和有源放大器结合起来就构成了有源滤波器。

按照无源滤波器的划分方法，有源滤波器也同样分为低通滤波器（LPF）、高通滤波器（HPF）、带通滤波器（BPF）和带阻滤波器（BEF）等。

1. 有源低通滤波器

在项目四中曾提到无源滤波器，无源一阶 RC 低通滤波器如图 4.1.2 所示，在其后面加上集成运放的比例放大电路就构成了有源低通滤波器，如图 5.4.1 所示。

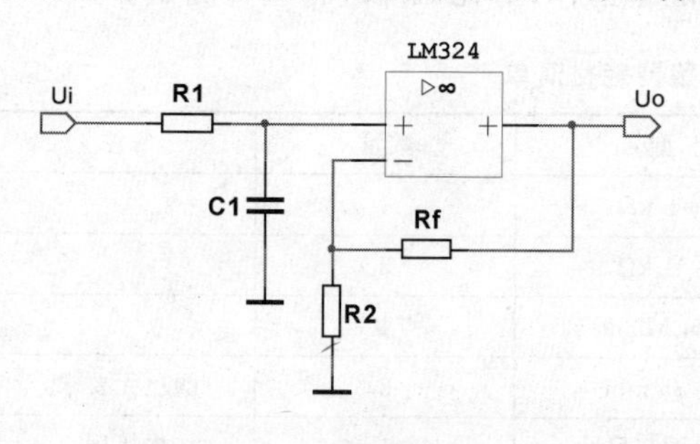

图 5.4.1　有源低通滤波器

在有源滤波器中，运放都工作在闭环状态，有

$$u_+ \approx u_-$$

$$i_+ = i_- \approx 0$$

根据分压公式可得

$$u_+ = \frac{\frac{1}{\mathrm{j}\omega C_1}}{R_1 + \frac{1}{\mathrm{j}\omega C_1}} u_\mathrm{i}$$

$$u_- = \frac{R_2}{R_2 + R_\mathrm{f}} u_\mathrm{o}$$

所以

$$\frac{\frac{1}{\mathrm{j}\omega C_1}}{R_1+\frac{1}{\mathrm{j}\omega C_1}}u_{\mathrm{i}}=\frac{R_2}{R_2+R_{\mathrm{f}}}u_{\mathrm{o}}$$

$$A_u=\frac{u_{\mathrm{o}}}{u_{\mathrm{i}}}=\left(1+\frac{R_{\mathrm{f}}}{R_2}\right)\frac{\frac{1}{\mathrm{j}\omega C_1}}{R_1+\frac{1}{\mathrm{j}\omega C_1}}=\left(1+\frac{R_{\mathrm{f}}}{R_2}\right)\frac{1}{1+\mathrm{j}\omega R_1C_1}$$

可见电压放大倍数由两部分相乘构成，一部分是同相比例放大电路的放大倍数

$$A_{ud}=\left(1+\frac{R_{\mathrm{f}}}{R_2}\right)$$

另一部分是 RC 无源低通滤波器的放大倍数

$$A_{RC}=\frac{1}{1+\mathrm{j}\omega R_1C_1}$$

如果考虑放大倍数与频率的关系，则只需考虑无源滤波器的 A_{RC} 部分，当 $\omega\ll\frac{1}{R_1C_1}$ 时，$|A_{RC}|$ 有最大值 1。当 $\omega=\frac{1}{R_1C_1}$ 时，电压放大倍数将降低到 $|A_{RC}|$ 最大值的 0.707 倍，此时的频率即该低通滤波器的 −3 dB带宽，也同时是通频带的上截止频率

$$f_{\mathrm{H}}=\frac{1}{2\pi R_1C_1}$$

当频率 $f\gg f_{\mathrm{H}}$ 时，无源滤波器电压放大倍数按照每 10 倍频率下降 20 dB 的速率下降，记作 −20 dB/十倍频程，无源低通滤波器幅频特性如图 5.4.2 所示。需要注意的是，有源滤波器由于有 PN 结电容效应的影响，高频时放大倍数的下降速率快于无源滤波器，有源低通滤波器幅频特性如图 5.4.3 所示。图中游标位置为 −3 dB 的频率。

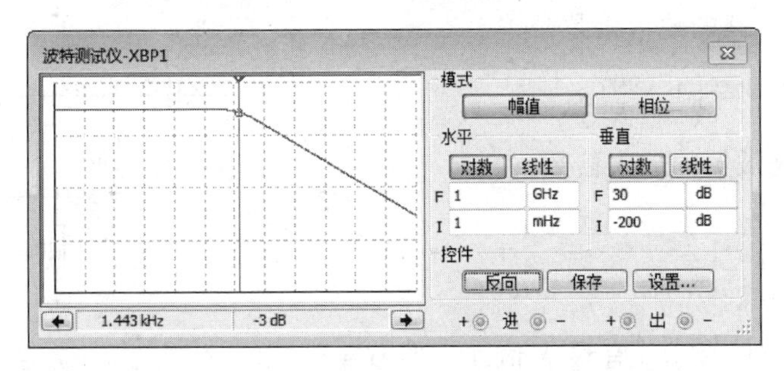

图 5.4.2　无源低通滤波器幅频特性

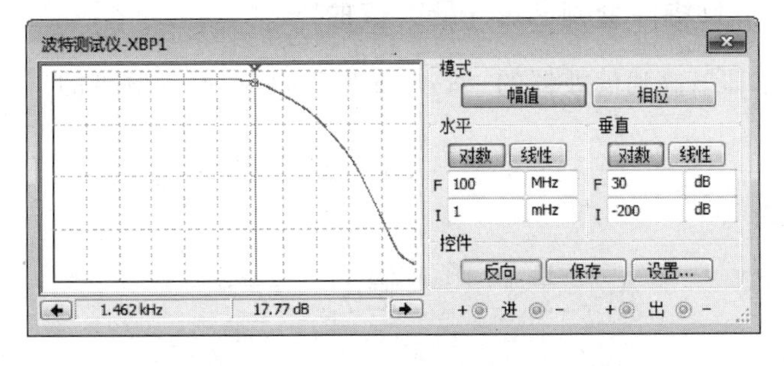

图 5.4.3　有源低通滤波器幅频特性

滤波器从通带到阻带之间的过渡部分称为过渡带，过渡带越陡峭(越窄)就越接近理想滤波器，对带外信号滤除的效果越好。滤波器可以多级级联，级联的级数越多，过渡带越陡峭，越接近理想滤波器。

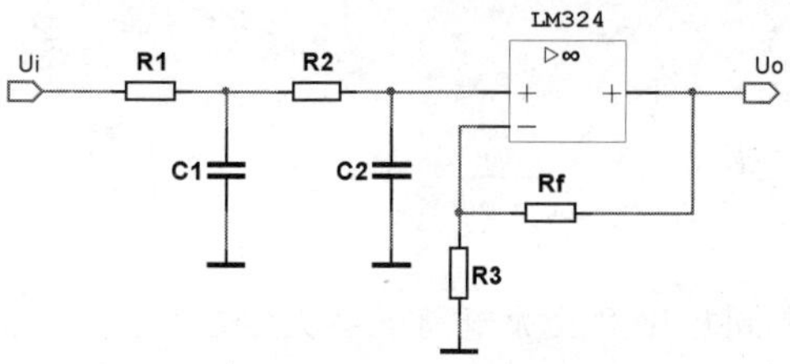

图 5.4.4 RC 二阶有源低通滤波器

前述一阶 RC 低通滤波器的过渡带为 -20 dB/十倍频程，二阶滤波器的过渡带可以达到 -40 dB/十倍频程。RC 二阶低通滤波器电路如图 5.4.4 所示。图中 R_1、C_1 构成第一级低通滤波器，R_2、C_2 构成第二级低通滤波器，R_3、R_f 和集成运放构成同相比例放大电路。

RC 二阶有源低通滤波器幅频特性如图 5.4.5 所示。图中游标位置为 -3 dB 的频率。

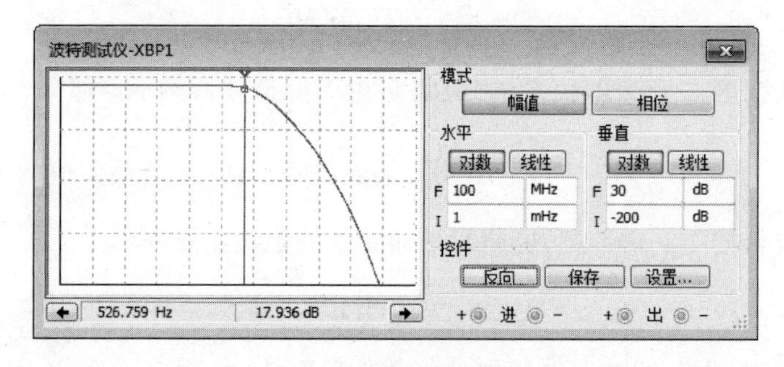

图 5.4.5 RC 二阶低通滤波器幅频特性

2. 有源高通滤波器

将低通滤波器的电容和电阻对调位置即为高通滤波器，如图 5.4.6 所示。

同相比例放大电路的放大倍数

$$A_{ud} = \left(1 + \frac{R_f}{R_2}\right)$$

RC 无源高通滤波器的放大倍数

$$A_{RC} = \frac{R_1}{R_1 + \dfrac{1}{j\omega C_1}} = \frac{1}{1 - j\dfrac{1}{\omega R_1 C_1}}$$

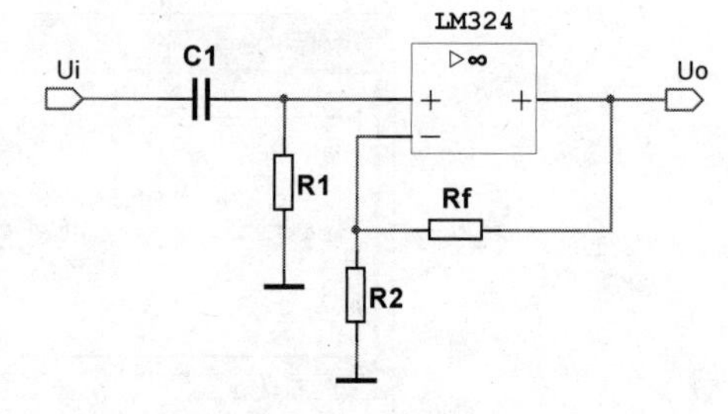

图 5.4.6 有源高通滤波器

当 $\omega \gg \dfrac{1}{R_1 C_1}$ 时，$|A_{RC}|$ 有最大值 1。当 $\omega = \dfrac{1}{R_1 C_1}$ 时，电压放大倍数将降低到 $|A_{RC}|$ 最大值的 0.707倍，此时的频率即该高通滤波器的 -3 dB 带宽，也同时是通频带的下截止频率

$$f_H = \frac{1}{2\pi R_1 C_1}$$

电压放大倍数为

$$A_u = \frac{u_o}{u_i} = \left(1 + \frac{R_f}{R_2}\right)\frac{1}{1 - j\dfrac{1}{\omega R_1 C_1}}$$

图 5.4.7 为无源高通滤波器的幅频特性曲线，图中游标位置为 -3 dB 的下截止频率。

图 5.4.8为有源高通滤波器的幅频特性曲线,图中游标位置为－3 dB 的下截止频率。对比两图,显然有源高通滤波器的幅频特性曲线并不理想,在高频时,由于集成运放内部的 PN 结电容效应,导致高频放大倍数下降,图 5.4.9 中游标位置即为－3 dB 的上截止频率。因此,任何有源高通滤波器其实严格来讲都是带通滤波器,仅能在有限的频率范围内作为高通滤波器使用。

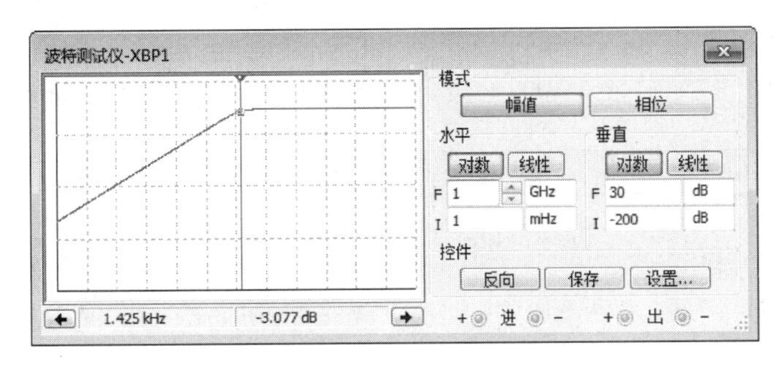

图 5.4.7 无源高通滤波器幅频特性

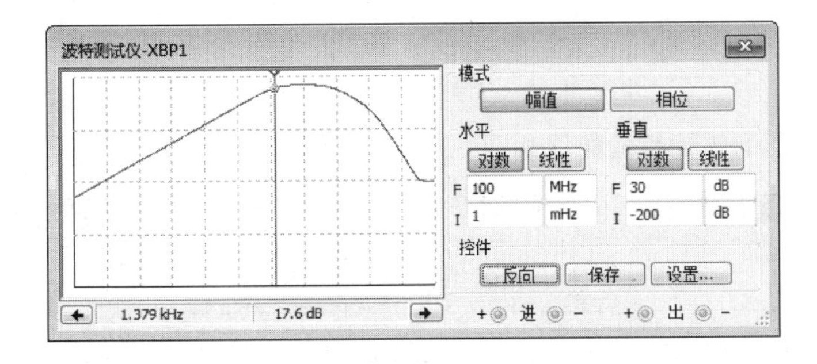

图 5.4.8 有源高通滤波器幅频特性下截止频率

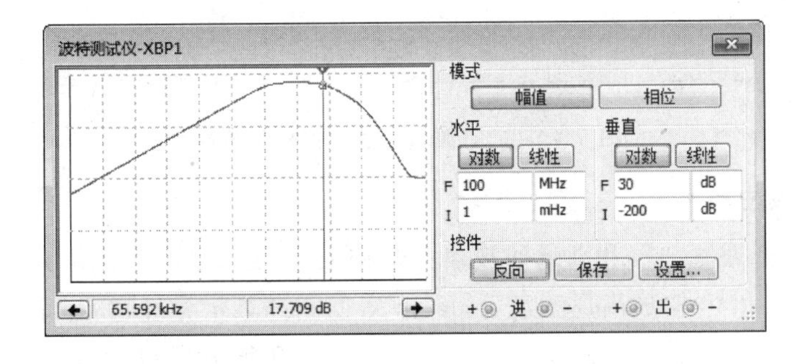

图 5.4.9 有源高通滤波器的幅频特性上截止频率

3. 有源带通滤波器

将低通滤波器和高通滤波器组合就可以构成带通滤波器和带阻滤波器,有源带通滤波器电路如图 5.4.10 所示。图中 R_1 和 C_1 构成无源低通滤波器,R_2 和 C_2 构成无源高通滤波器,R_3、R_f 和集成运放构成同相比例放大电路。输入信号依次通过串联的低通滤波器和高通滤波器,高频成分被低通滤波器滤除,低频成分被高通滤波器滤除,只有适中的频率能顺利通过低通滤波器,再通过高通滤波器进入到同相比例放大电路。

无源带通滤波器的幅频特性曲线如图 5.4.11 所示。

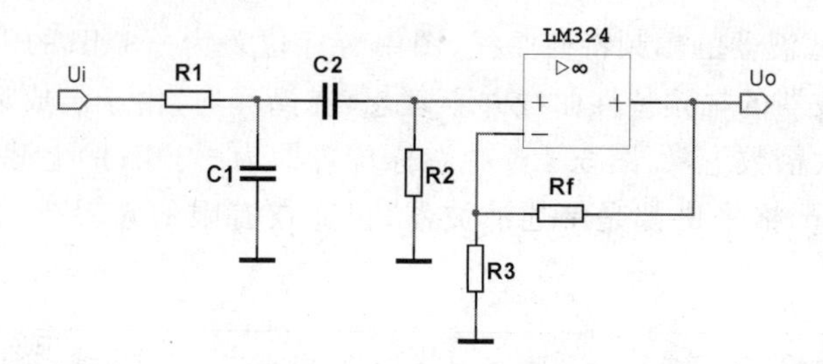

图 5.4.10 有源带通滤波器

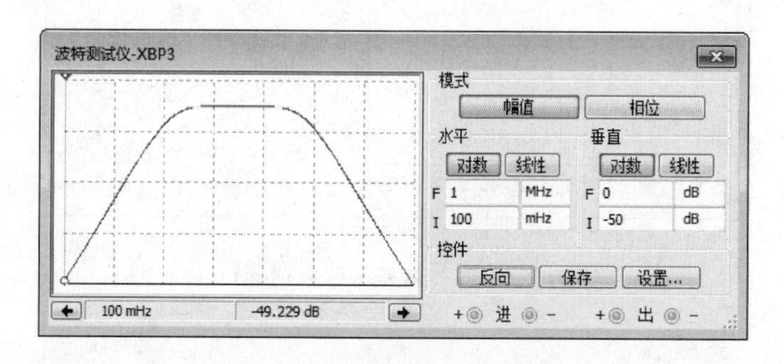

图 5.4.11 无源带通滤波器幅频特性

有源带通滤波器的幅频特性曲线如图 5.4.12 所示。

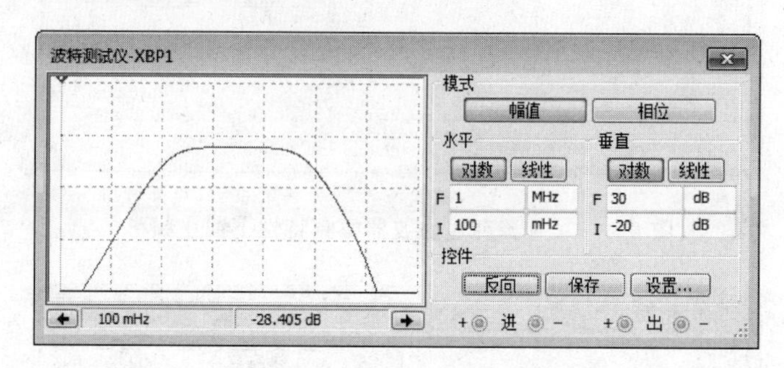

图 5.4.12 有源带通滤波器幅频特性

4. 有源带阻滤波器

带阻滤波器由低通滤波器和高通滤波器并联构成，电路如图 5.4.13 所示。图中 R_2 和 C_1 构成低通滤波器，R_3 和 C_2 构成高通滤波器，R_4 和 R_5 防止高频信号经过 C_2 后通过 C_1 对地短路，R_1、R_f 和集成运放构成同相比例放大电路。高频信号经过 C_2 和 R_5 进入运放得到放大，低频信号经过 R_2 和 R_4 进入运放得到放大。中间频率的信号在上面的支路经过 R_2 后会经 C_1 流入地中，在下面的支路会在 C_2 遇到极大的阻抗，所以中间的频率很难进入运放进行放大。

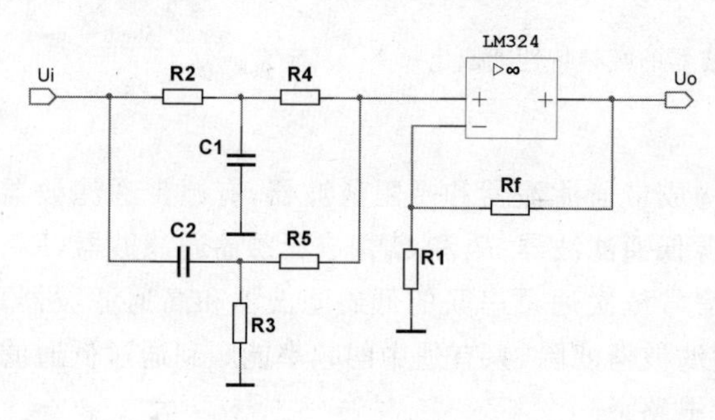

图 5.4.13 有源带阻滤波器

无源带阻滤波器的幅频特性曲线如图 5.4.14 所示。

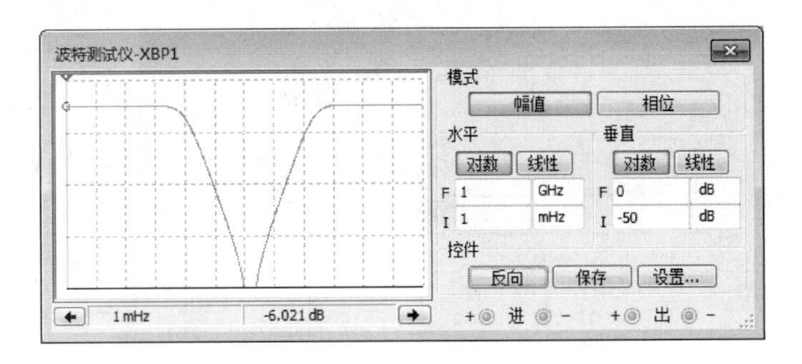

图 5.4.14　无源带阻滤波器幅频特性

有源带阻滤波器的幅频特性曲线如图 5.4.15 所示。

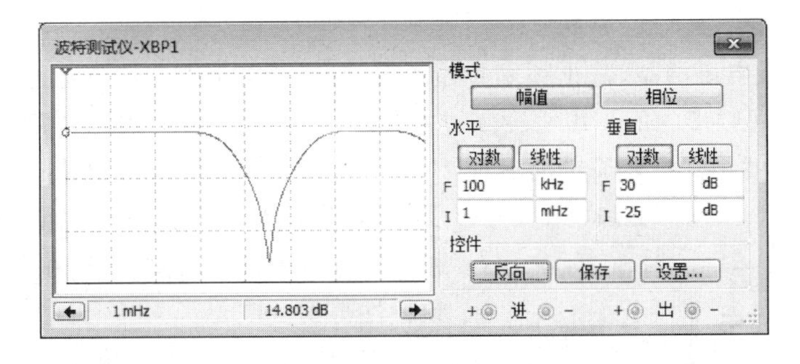

图 5.4.15　有源带阻滤波器幅频特性

实操 1：有源滤波器的仿真

(1) 用 Multisim 软件绘制一阶有源低通滤波器电路图，如图 5.4.16 所示。

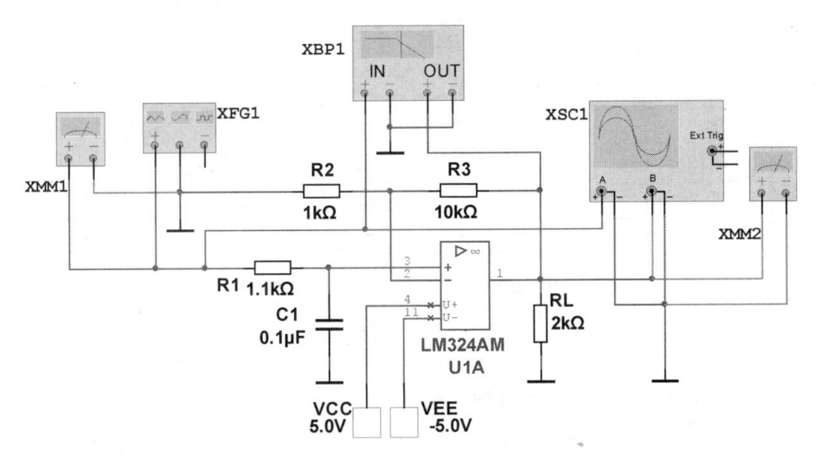

图 5.4.16　一阶有源低通滤波器仿真

(2) 将函数发生器的频率设置为 1 kHz，幅值设置为 100 mV，波形选择为矩形波，运行仿真。用示波器观察输入、输出信号波形，用万用表测量电压放大倍数。用波特测试仪观察幅频特性曲线，测量电压增益、截止频率和通频带宽度，并与无源一阶低通滤波器进行对比。

(3) 用 Multisim 软件绘制二阶有源低通滤波器电路图，如图 5.4.17 所示。

(4) 用示波器观察输入、输出信号波形，用万用表测量电压放大倍数。用波特测试仪观察

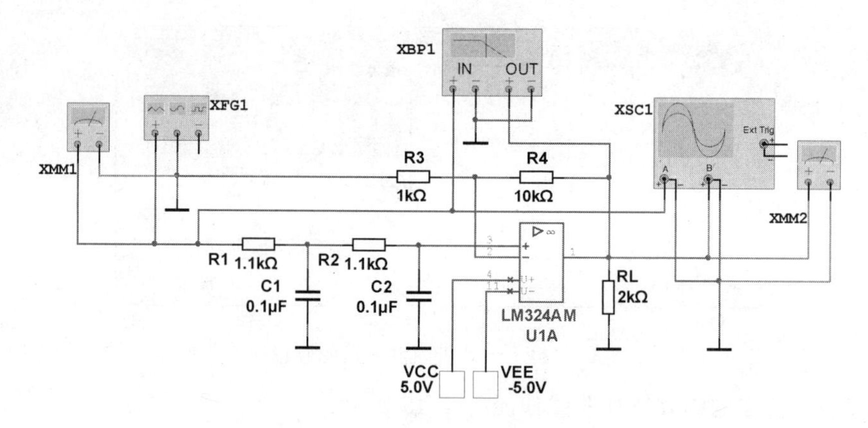

图 5.4.17　二阶有源低通滤波器仿真

幅频特性曲线,测量电压增益、截止频率和通频带宽度,并与无源二阶低通滤波器进行对比。

(5) 为了改善通频带内的平坦程度和过渡带的陡峭程度,各种改进电路种类繁多,通常比较复杂,图 5.4.18 就是其中较简单的一种。电容 C_1 对于某些频率成分来说,相当于引入了正反馈,合理调节反相比例放大电路的放大倍数,则通频带内放大倍数下降较慢,在截止频率附近的幅频特性得到了改善。

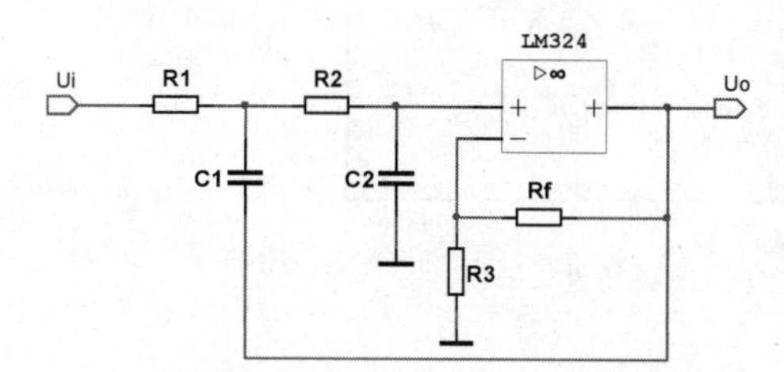

图 5.4.18　改进的二阶低通滤波器

按照图 5.4.18 进行仿真电路图的绘制,运行仿真,观察其幅频特性曲线。调节 R_f 和 R_3,改变反相比例放大电路的放大倍数,使 R_f/R_3 在 0.5～3 之间变化,观察对应的幅频特性曲线变化情况。

(6) 用 Multisim 软件绘制一阶有源高通滤波器电路图,如图 5.4.19 所示。

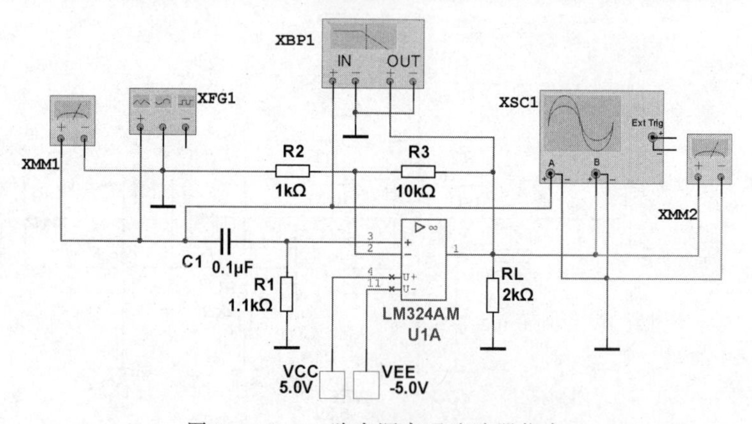

图 5.4.19　一阶有源高通滤波器仿真

(7) 运行仿真,用示波器观察输入、输出信号波形,用万用表测量电压放大倍数。用波特测试仪观察幅频特性曲线,测量电压增益、截止频率和通频带宽度,并与无源一阶高通滤波器进行对比。

(8) 仿照二阶低通滤波器绘制二阶有源高通滤波器仿真电路图,运行仿真,观察幅频特性曲线与无源二阶高通滤波器和一阶有源高通滤波器的区别。

(9) 用 Multisim 软件绘制有源带通滤波器电路图,如图 5.4.20 所示。

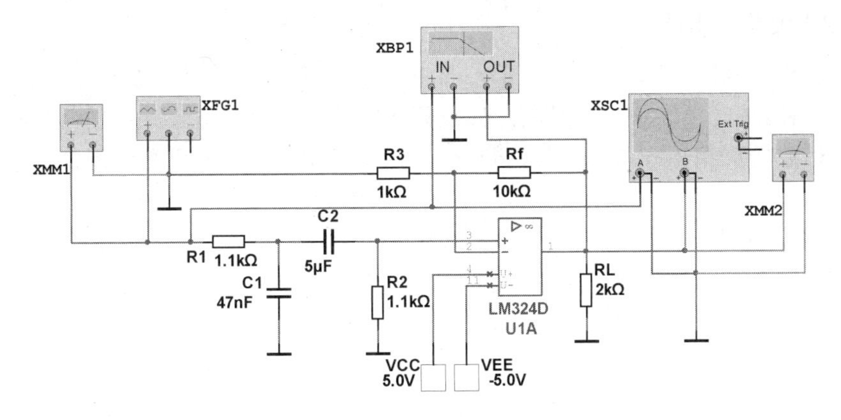

图 5.4.20　有源带通滤波器仿真

(10) 运行仿真,用示波器观察输入、输出信号波形,用万用表测量电压放大倍数。用波特测试仪观察幅频特性曲线,测量电压增益、截止频率和通频带宽度,并与无源一阶低通滤波器和无源一阶高通滤波器进行对比。

(11) 用 Multisim 软件绘制有源带阻滤波器电路图,如图 5.4.21 所示。

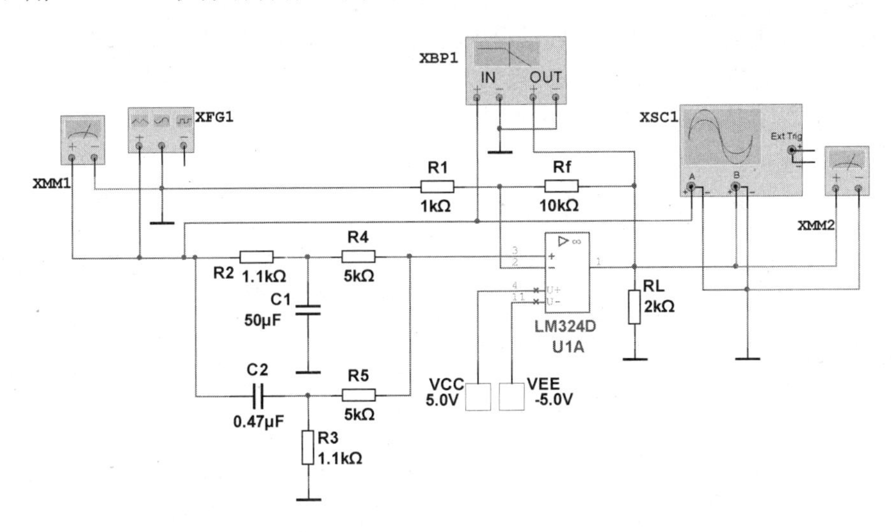

图 5.4.21　有源带阻滤波器仿真

(12) 运行仿真,用示波器观察输入、输出信号波形,用万用表测量电压放大倍数。用波特测试仪观察幅频特性曲线,测量电压增益、截止频率和通频带宽度,并与无源一阶低通滤波器和无源一阶高通滤波器进行对比。

知识 2　精密整流电路

受二极管导通压降的影响,二极管整流电路的输出电压总是低于输入电压。二极管导通压降受温度和电流大小的影响,经常发生波动,在某些需要精确测量的场合就需要消除这些影响,以得到更为准确的输入电压值。精密整流电路就可以消除二极管导通压降的影响,使输出电压和输入电压几乎完全相等。

1. 精密半波整流电路

精密半波整流电路如图 5.4.22 所示。图中 R_3 为平衡电阻。图中二极管和电阻构成了反馈，所以需要利用瞬时极性法进行判断。假设开始时输入信号 u_i 有正跃变，输入信号经过电阻 R_1 到达集成运放的反相输入端，则集成运放输出端有负跃变，该负跃变导致二极管 D_2 反偏截止，电流从输入端 u_i 依次经过 R_1、R_2、D_1 流入运放输出端，所以，此时运放为闭环线性应用。因此，若忽略微小误差，

$$u_+ = u_- = 0$$

$$i_+ = i_- = 0$$

有

$$i_{R1} = i_{R2}$$

若

$$R_1 = R_2$$

则

$$u_o = -u_i$$

2. 精密全波整流电路

在精密半波整流电路的基础上，可以得到精密全波整流电路。精密全波整流电路有很多种，图 5.4.23 就是其中一种。图中集成运放 LM_1 和 R_1、R_2、R_4、D_1、D_2 共同构成了精密半波整流电路，集成运放 LM_2 和 R_3、R_5、R_6、R_7 共同构成了反相求和电路。该电路要求 $R_2 = 2R_1$ 且 $R_1 = R_3 = R_5 = R_7$。

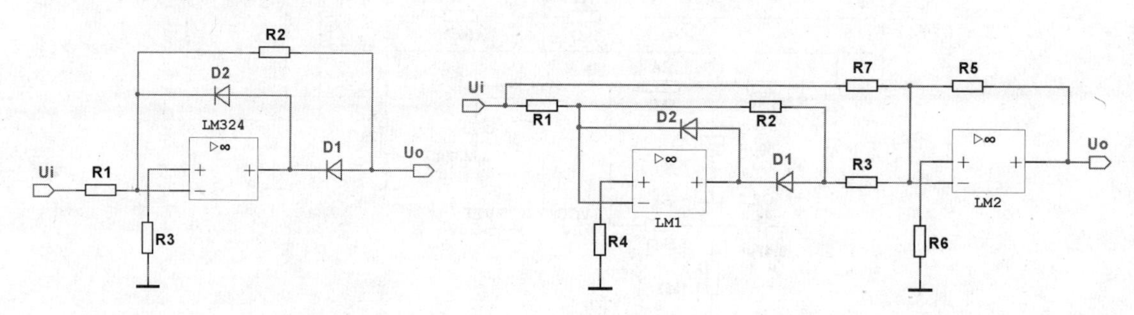

图 5.4.22 精密半波整流电路

图 5.4.23 精密全波整流电路

实操 2：精密整流电路的仿真

(1) 用 Multisim 软件绘制精密半波整流电路图，如图 5.4.24 所示。

(2) 将函数发生器的频率设置为 1 kHz，幅值设置为 1 V，波形选择为正弦波，运行仿真，用示波器观察输入、输出信号波形，并进行幅度对比。

(3) 用 Multisim 软件绘制精密全波整流电路图，如图 5.4.25 所示。

(4) 将函数发生器的频率设置为 1 kHz，幅值设置为 1 V，波形选择为正弦波，运行仿真，用示波器观察输入、输出信号波形，并进行幅度对比。

知识 3 峰值检测电路

峰值检测电路用于检测信号中的峰值，获取峰值后，需要保存一段时间，以便后续处理，后

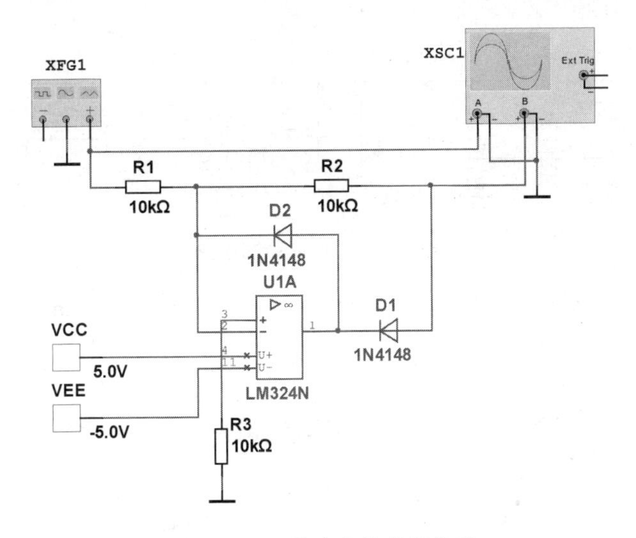

图 5.4.24　精密半波整流仿真

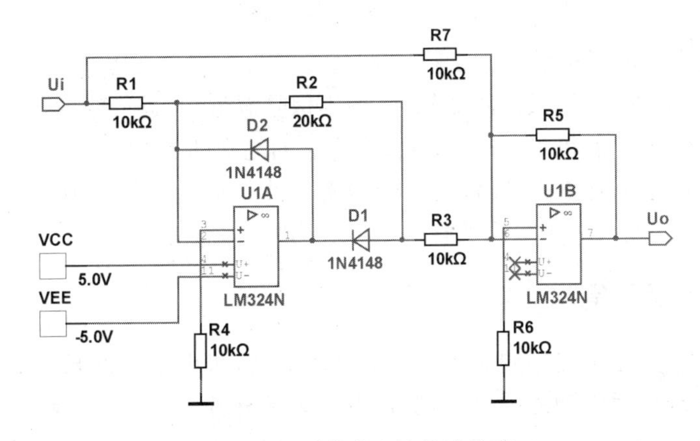

图 5.4.25　精密全波整流仿真

续处理完成后还需要能够及时获取新的峰值。

峰值检测电路的基本原理如图 5.4.26 所示，当输入信号电压高于电容电压时，将向电容充电，而输入信号电压低于电容电压时，二极管反偏，电容电压将保持前一个峰值电压，输出电压为电容上的电压。

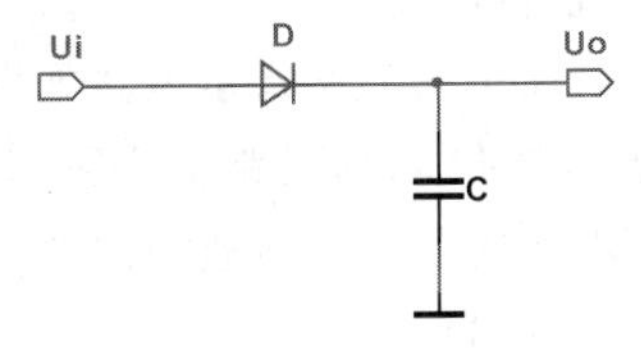

图 5.4.26　峰值检测原理

基本原理图的输出电压将比输入信号低一个二极管的导通压降，带负载的时候，输出电压下降的速率与负载大小有关，如果空载的话，电容上的电压只能越来越高，获取最高的信号电压值，而不能更新较低的峰值。

实用的峰值检测电路如图 5.4.27 所示。集成运放 LM_1 和 R_1、D_1、D_2 构成精密半波整流电路，用于消除二极管导通压降的影响。C_1 用于存储电压值，R_2 用于泄放电容上存储的电荷，以便更新峰值。运放 LM_2 构成电压跟随器，提高带负载能力。电容和泄放电阻的大小应与信号频率相适应，太大则不能及时更新峰值，太小则保持时间太短。

实操 3：峰值检测电路的仿真

(1) 用 Multisim 软件绘制峰值检测电路图，如图 5.4.28 所示。

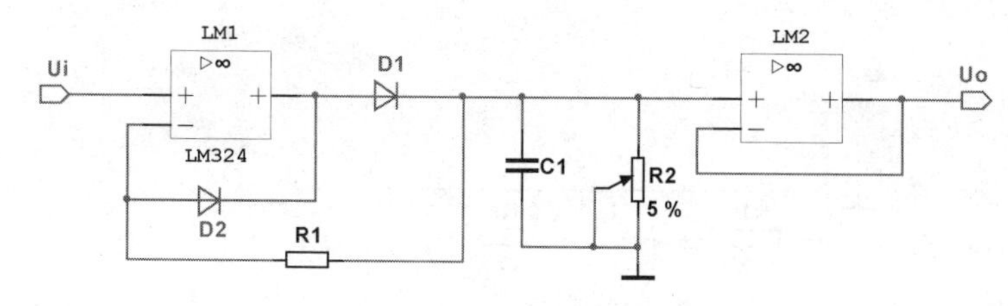

图 5.4.27 峰值检测电路

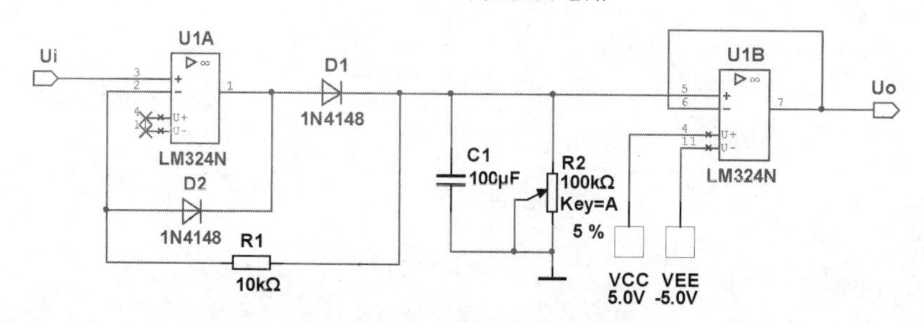

图 5.4.28 峰值检测电路仿真

(2) 将函数发生器的频率设置为 1 kHz,幅值设置为 1 V,波形选择为正弦波,把函数发生器接在输入端,运行仿真,用示波器观察输入、输出信号波形,并进行幅度对比。

(3) 调节输入信号频率和 C_1、R_2 的大小,观察它们之间的关系。

(4) 设计一个精密全波整流电路,用这个精密全波整流电路替代半波整流电路实现峰值检测功能,这个电路既能获取正半周的峰值,也能得到负半周的峰值。

知识 4 频率指示电路

频率指示电路可以显示出不同频率的信号电压幅度,将电信号的频率成分以可视化的形式展示出来。要实现这样的功能,首先需要将不同频率分开,可以使用滤波器完成这个功能。不同频率的信号分量走不同的路径,分别进行显示处理。交流信号需要用整流电路转换为广义直流信号,然后用峰值检测电路取得该信号的幅值,最后用电压指示电路将信号的电压幅值用发光二极管显示出来。将有源滤波器、精密整流电路、峰值检测电路、电压指示电路连接起来就构成了频率指示电路。

简单的频率指示电路如图 5.4.29 所示,图中展示的电路实现了低频和高频两路电压幅度显示的功能,这两路主要区别在于第一级有源滤波器结构的区别。R_1、R_2、R_3、C_1 和集成运放 LM_1 构成了有源低通滤波器,R_4、R_5、R_6、C_2 和集成运放 LM_5 构成了有源高通滤波器。

D_1、D_2、R_7 和运放 LM_2 构成低频信号的精密整流电路,D_3、D_4、R_9 和运放 LM_6 构成高频信号的精密整流电路。

C_3、R_8 构成低频信号的保持电路,C_4、R_{10} 构成高频信号的保持电路。C_3 比较大,C_4 比较小。R_8 和 R_{10} 采用电位器,便于调节峰值保持的时间长短。

R_{11}、R_{12} 和 R_{13} 用于得到低频信号电压比较器的参考电压,R_{14}、R_{15} 和 R_{16} 用于得到高频信号电压比较器的参考电压。

LM_3 和 LM_4 构成低频信号电压比较器电路,LM_7 和 LM_8 构成高频信号电压比较器电路。

R_{17}、R_{18}、R_{19} 和 R_{20} 为发光二极管的限流电阻,应该根据电压高低和电流大小选择阻值合适的电阻。

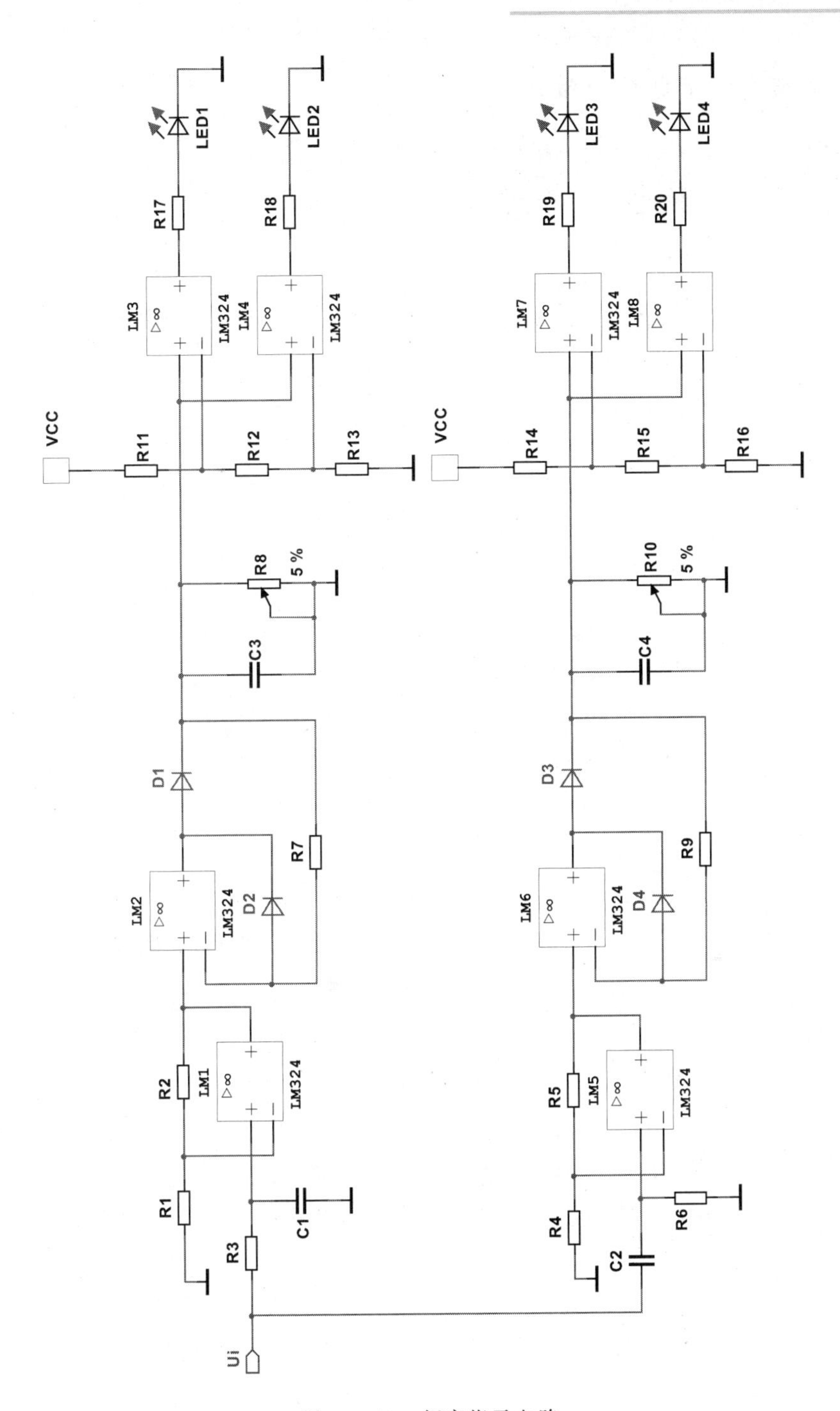

图 5.4.29　频率指示电路

LED$_1$、LED$_2$、LED$_3$和 LED$_4$用于发光指示电压高低。低频信号电压最低时 LED$_1$和 LED$_2$都不亮，随着电压的增高，LED$_1$首先发光，电压再增高，LED$_2$才会发光，当电压降低时，LED$_2$先熄灭，LED$_1$后熄灭。高频信号支路的 LED$_3$、LED$_4$和低频信号支路的 LED$_1$、LED$_2$道理相同。

实操 4：频率指示电路的仿真

(1) 用 Multisim 软件绘制频率指示电路图，如图 5.4.30 所示。

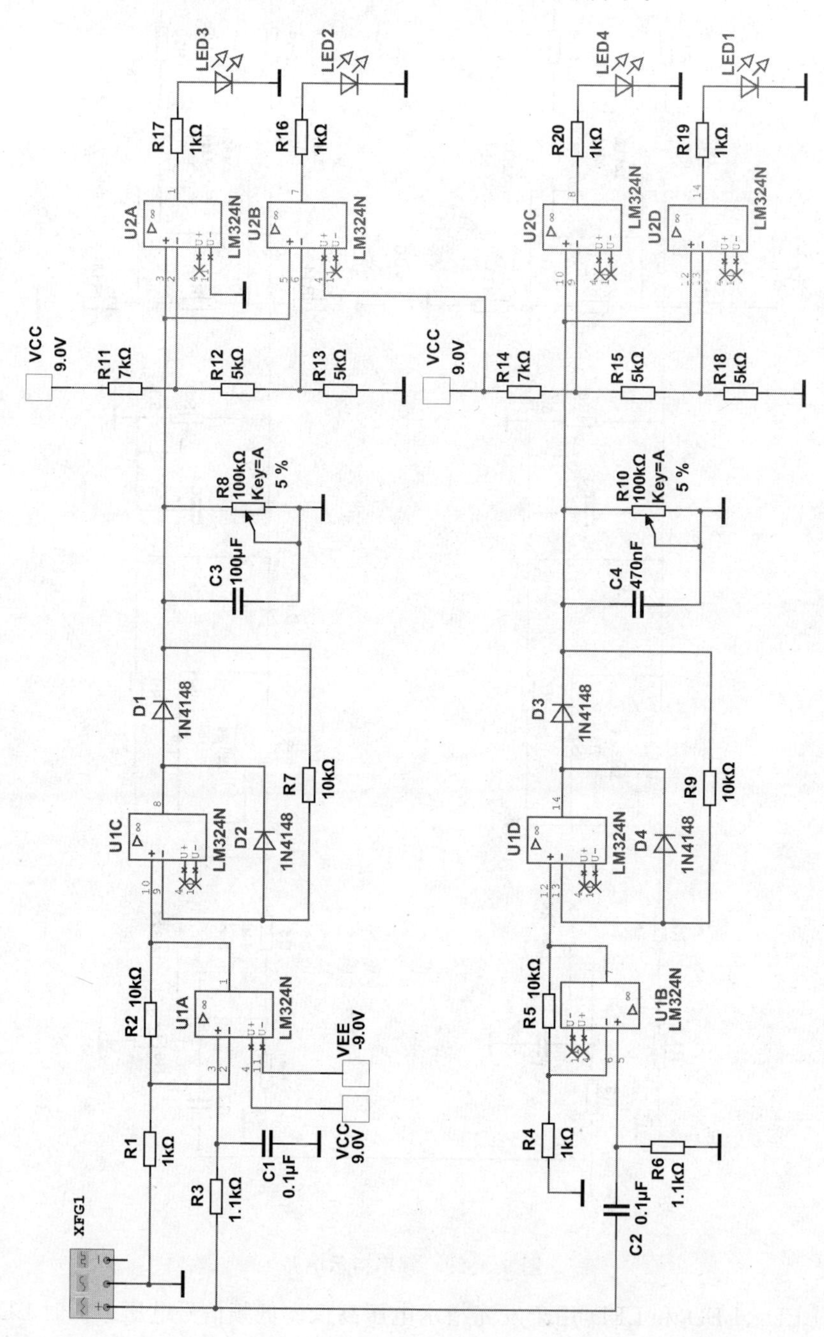

图 5.4.30 频率指示电路仿真

(2) 将函数发生器设置为 1 kHz、0.1 V 的正弦波，运行仿真，观察发光二极管的显示情况。

(3) 分别调节函数发生器的频率、幅度，观察发光二极管发光情况的不同。

(4) 调节比较器的参考电压,观察发光二极管发光情况的变化。

(5) 调节保持电路的两个电位器 R_8 和 R_{10},观察发光二极管发光情况的变化。

(6) 增加电压比较器的数量,低频和高频都用多个发光二极管或者用 LED 光柱显示器进行指示。

(7) 通过改变 C_1、C_2、R_3、R_6 等元器件的参数,实现有源滤波器的截止频率改变,观察不同频率下发光二极管的发光情况。

(8) 设计有源带通滤波器,增加中频指示。

(9) 将一阶有源滤波器改为二阶有源滤波器,观察发光二极管显示效果的变化。

实操 5:频率指示电路的制作与调试

(1) 按照表 5.4.1 所列元器件和耗材进行装接准备工作,对元器件进行检查测试。

表 5.4.1　频率指示电路耗材清单

序号	标号	名称	型号	数量	备注
1	R_2,R_5,R_7,R_9	电阻	10 kΩ	4	
2	R_1,R_4 R_{16},R_{17},R_{19},R_{20}	电阻	1 kΩ	6	
3	R_3,R_6	电阻	1.1 kΩ	2	
4	R_8,R_{10}	电位器	100 kΩ	2	
5	R_{11},R_{14}	电阻	7 kΩ	2	
6	R_{12},R_{13},R_{15},R_{18}	电阻	5 kΩ	4	
7	U_1、U_2	集成运放	LM324	2	
8	LED_1、LED_2、LED_3、LED_4	发光二极管	Φ5 mm	3	颜色无要求
9	D_1,D_2,D_3,D_4	二极管	1N4148	4	
10	C_1,C_2	电容	0.1 μF		
11	C_3	电容	100 μF		
12	C_4	电容	470 nF		
13		万能板	单面三联孔	1	焊接用
14		单芯铜线	Φ0.5 mm		若干
15		稳压电源	双电源可调	1	

(2) 按照电路图 5.4.30 安装、焊接元器件,剪去多余管脚,检查焊点,清除多余焊渣。

(3) 通电前检查有无短路情况,电路连接是否可靠,元器件有无错装、漏装现象。

(4) 通电检查,应密切注意观察有无糊味、有无冒烟或集成电路过热等现象,一旦发现异常应立即断电,断电之后详细检查电路。

(5) 通电检查没问题后,用函数发生器接输入端,调节输入信号的频率和幅度,观察各个发光二极管能否正确点亮、熄灭。

(6) 将项目四中所制作的正弦波振荡器作为信号源代替函数发生器,观察 LED 闪烁效果。

(7) 尝试采用项目一中制作的直流稳压电源给本项目制作的电路供电。

(8) 尝试将本项目与项目二、项目三、项目四制作的电路连接起来,观察 LED 闪烁效果。

知识拓展

1. A/D 转换电路

当计算机用于数据采集和过程控制的时候,采集对象往往是连续变化的物理量(如温度、压力、声波等),但计算机处理的是离散的数字量,因此需要对连接变化的物理量(模拟量)进行采样、保持,再把模拟量转换为数字量交给计算机处理、保存等。计算机输出的数字量有时需要转换为模拟量去控制某些执行元件(如声卡播放音乐等)。A/D 转换电路完成模拟量→数字量的转换,D/A 转换电路完成数字量→模拟量的转换。

A/D 转换电路也叫"模拟数字转换器",简称"模数转换器"。A/D 转换电路是将模拟量或连续变化的量进行量化(离散化),转换为相应的数字量的电路。A/D 变换包含三个部分:抽样、量化和编码。一般情况下,量化和编码是同时完成的。抽样是将模拟信号在时间上离散化的过程;量化是将模拟信号在幅度上离散化的过程;编码是指将每个量化后的样值用一定的二进制代码来表示。

A/D 转换电路的主要技术指标有分辨率、转换速率、量化误差等。分辨率是指数字量的最小非 0 值所对应的模拟信号量,定义为满刻度与 2^n 的比值。

转换速率是指完成一次从模拟转换到数字的 A/D 转换所需的时间的倒数。积分型 A/D 转换电路的转换时间为毫秒级的低速 A/D 转换器,逐次比较型 A/D 转换电路是微秒级的中速 A/D 转换器,并行比较型 A/D 转换电路可达到纳秒级,是高速 A/D 转换器。

量化误差是由 A/D 转换电路分辨率有限而导致的误差,分辨率越高,量化误差越小。量化误差通常是 1 个或半个最小数字量的模拟变化量,表示为 1LSB、1/2LSB。

A/D 转换电路主要分为积分型、逐次逼近型、并行比较型、Σ－Δ 调制型、电容阵列逐次比较型及压频变换型。

2. D/A 转换电路

D/A 转换电路又称为数模转换器,是把数字量转变成模拟量的电路。D/A 转换电路基本上由 4 个部分组成,即权电阻网络、运算放大器、基准电源和模拟开关。模数转换器中一般都要用到数模转换器。

D/A 转换电路的主要特性指标包括分辨率、线性度、转换精度和转换速度等。分辨率是指最小输出电压(对应的输入数字量只有最低有效位为"1")与最大输出电压(对应的输入数字量所有有效位全为"1")之比。在实际使用中,表示分辨率大小的方法也用输入数字量的位数来表示。

线性度是指非线性误差的大小,通常把理想的输入输出特性的偏差与满刻度输出之比的百分数定义为非线性误差。

D/A 转换电路的转换精度主要取决于分辨率的大小,在 D/A 转换过程中,影响转换精度的主要因素有失调误差、增益误差、非线性误差和微分非线性误差。

D/A 转换电路的转换速度一般由建立时间决定。从输入由全 0 突变为全 1 时开始，到输出电压稳定在 FSR±1/2LSB 范围内为止，这段时间称为建立时间，它是 DAC 的最大响应时间，所以用它衡量转换速度的快慢。

D/A 转换电路一般分为电压输出型、电流输出型和乘算型等类型。按内部模拟电子开关电路的不同可以分为 CMOS 开关型（速度不高）、双极型电流开关型（速度较高）和 ECL 电流开关型（转换速度高）等类型。

3. 矩形波振荡器

由于矩形波中包含极丰富的谐波，因此产生矩形波的电路又称为多谐振荡器。图 5.拓.1 是一个矩形波发生电路，该电路实际上是由一个迟滞比较器和一个 *RC* 充放电回路组成。图中集成运放和电阻 R_1、R_2 组成滞回比较器，电阻 R 和电容 C 构成充放电回路，电阻 R_3 和稳压管 V_{Dz1}、V_{Dz2} 对输出电压双向限幅，将迟滞比较器的输出电压限制在稳压管的稳定电压值 $\pm U_Z$。

当滞回比较器输出电压 u_o 为高电平时，运放输出电流通过电阻 R 向电容 C 充电。当滞回比较器输出电压 u_o 为低电平时，电容 C 通过电阻 R 向外放电。电容充放电过程如图 5.拓.2 所示。

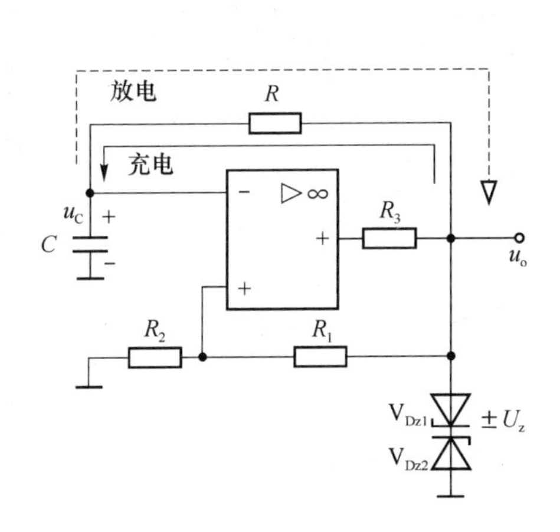

图 5.拓.1 矩形波发生电路

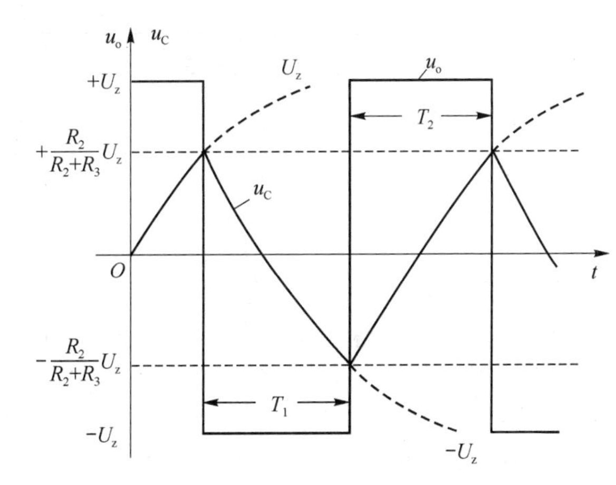

图 5.拓.2 电容的充放电过程

滞回比较器输出端从高电平向低电平跃变的时刻取决于电容 C 充电过程中电容两端电压达到高门限电压 U_{T+} 的时刻，显然电阻 R 和电容 C 越大，这个时间就越长。

同样的，滞回比较器输出端从低电平向高电平跃变的时刻取决于电容 C 放电过程中电容两端电压达到低门限电压 U_{T-} 的时刻，电阻 R 和电容 C 越大，这个时间也越长。

矩形波振荡器的振荡周期 T 为电容充电时间 T_1 和放电时间 T_2 之和：

$$T = T_1 + T_2 = 2RC\ln\left(1 + \frac{2R_2}{R_1}\right)$$

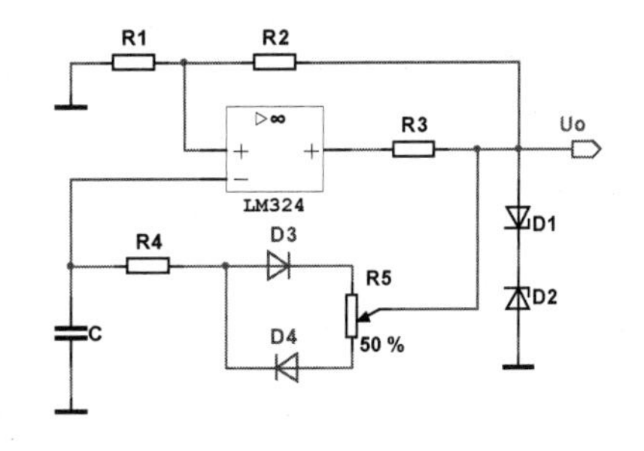

图 5.拓.3 占空比可调的矩形波振荡器

利用二极管改变电容充放电的路径，使充电路径的时间常数与放电路径的时间常数不同，就可以实现占空比可调的矩形波振荡器，如图 5.拓.3 所示。图中电容充电的路径为电位器 R_5 下半段、二极管

D_4、电阻 R_4，电容放电的路径为电阻 R_4、二极管 D_3、电位器 R_5 的上半段。

4. 三角波发生电路

在矩形波振荡器后面加上积分电路就可以得到三角波，如图 5. 拓. 4 所示。

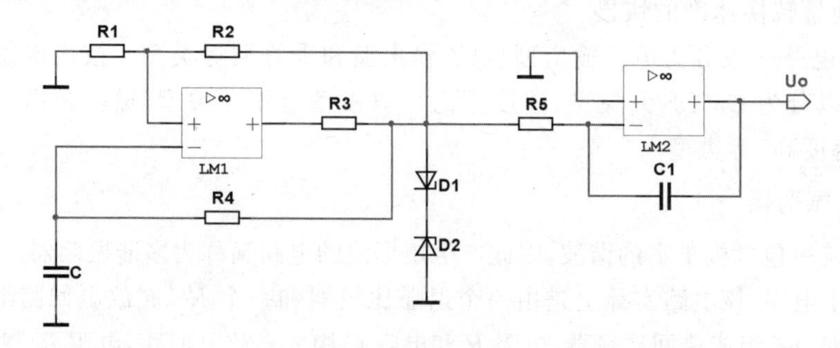

图 5. 拓. 4　矩形波转换为三角波

实际上，如果利用积分电路代替矩形波振荡器中的电容充放电，就可以实现三角波发生电路，如图 5. 拓. 5 所示。

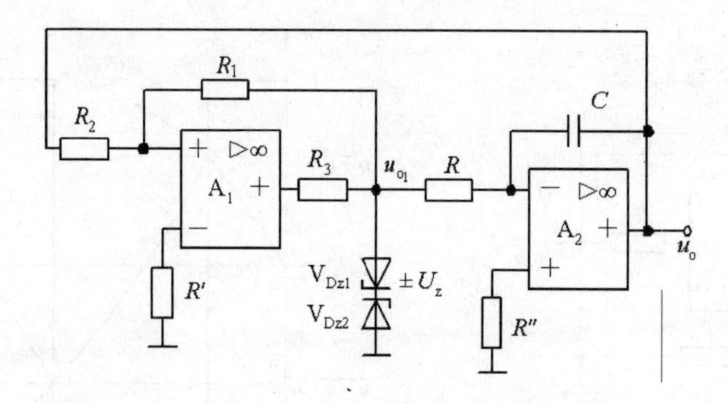

图 5. 拓. 5　三角波发生电路

5. 锯齿波发生电路

将图 5. 拓. 5 中三角波发生电路的电容充放电路径分开，使充电时间常数和放电时间常数不同，就可以实现锯齿波发生电路，如图 5. 拓. 6 所示，电路中的波形如图 5. 拓. 7 所示。

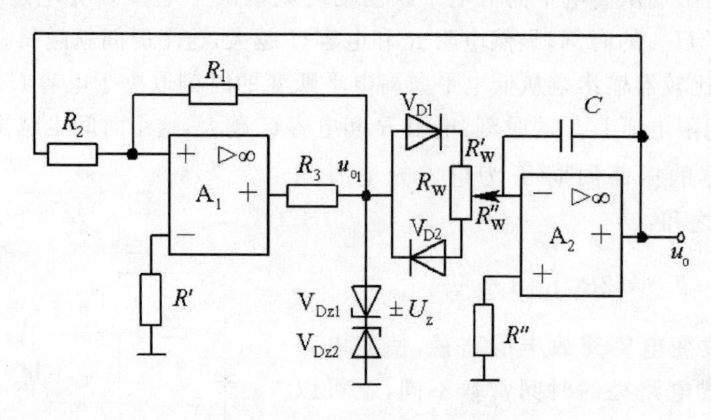

图 5. 拓. 6　锯齿波发生电路

6. 集成函数发生器

能够产生多种波形的电路被称为函数信号发生器。函数信号发生器通常能产生三角波、锯齿波、矩形波(含方波)和正弦波等常见波形。函数信号发生器在电路实验和设备检测中具有十分广泛的用途。

函数信号发生器可以由晶体管、运放 IC 等通用器件制作,更多的则是用专门的集成函数发生器产生。常见的集成函数发生器有 ICL8038、XR2206、MAX038 等。

集成函数发生器 ICL8038 是一种多用途的波形发生器,可以用来产生正弦波、方波、三角波和锯齿波,其振荡频率可以通过外加的直流电压进行调节。ICL8038 的典型应用电路如图 5.拓.8 所示。

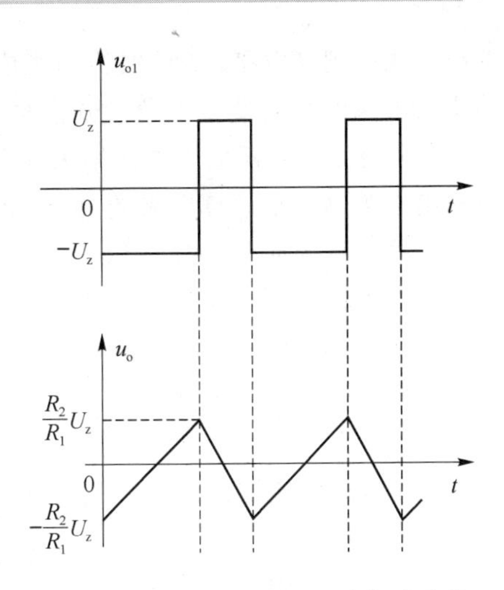

图 5.拓.7　锯齿波发生电路信号波形

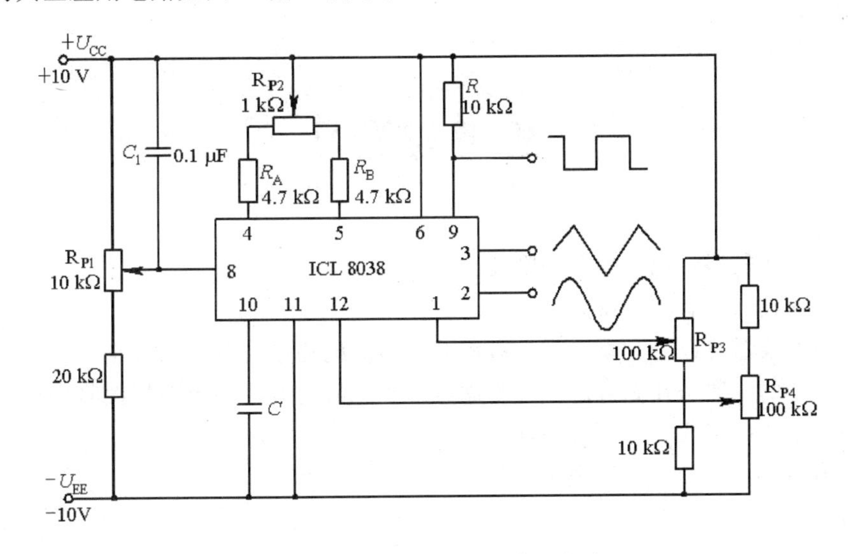

图 5.拓.8　ICL8038 典型应用电路

该电路的振荡频率可以通过电位器 R_{P1} 进行调节。电位器 R_{P2} 用于调节方波占空比和正弦波失真度,当 R_{P2} 位于中间时,可产生占空比为 50%的方波,对称的三角波和正弦波。R_{P3} 和 R_{P4} 是双联电位器,作用是进一步调节正弦波的失真度。

项 目 小 结

(1) 集成运放在非线性应用时,开环增益非常大,两个输入端稍有不同就会导致输出达到极限值,常在输出端使用稳压二极管来进行限幅。两个输入端电压并不能保证近似相等。

(2) 过零比较器是比较简单的单限比较器,以 0V 为门限参考电压。

(3) 常见的集成比较器输出端多采用 OC 结构,使用 OC 结构的集成比较器需要使用上拉电阻才能得到高电平。OC结构的集成比较器在接发光二极管时应采用上拉电阻,否则只能使用灌电流的方式带动发光二极管发光。

(4) 滞回比较器输入电压增大时和减小时的门限电压是两个不同的值,一个门限电压是以输出端为高电平计算出来的,另一个门限电压是以输出端为低电平计算出来的。两个门限电压的差值称为回差(或门限宽度)。

(5) 比较器都有同相和反相两种,同相是指输出随输入增大而增大,随输出减小而减小,反相则与同相相反。同相比较器一般将输入信号接在运放或集成比较器的同相输入端,反相比较器则将输入信号接在反相输入端。

(6) 电压指示电路是比较器的一种具体应用电路。

(7) 有源滤波器是无源滤波器和有源放大器的结合体。

(8) 精密整流电路具有消除二极管压降影响的效果,在很多场合得到了应用。

(9) 峰值检测电路中的泄放电阻在检测仪表中常用模拟开关(如场效应管)代替,在后级电路取样完成后,闭合这个模拟开关,使电容上的电荷泄放,然后断开这个模拟开关,电容充电并保持峰值,等待下一次取样。

思考与练习

(1) 什么是比较器?比较器分为哪几种?

(2) 滞回比较器具有哪些特点?

(3) 有源滤波器可以分为哪几类?有源滤波器的电路结构有什么特点?

(4) 滤波器的阶数是什么意思?一阶滤波器和二阶滤波器的幅频特性曲线有什么区别?

(5) 精密整流电路的工作原理是什么?

(6) 峰值检测电路的工作原理是什么?

参 考 文 献

[1] 童诗白,华成英. 模拟电子技术基础[M].3 版. 北京:高等教育出版社,2001.
[2] 康华光. 电子技术基础(模拟部分)[M].3 版. 北京:高等教育出版社,1988.
[3] 杨素行. 模拟电子电路[M]. 北京:中央广播电视大学出版社,1994.
[4] 贺力克,邱丽芳. 模拟电子技术项目教程[M].2 版. 北京:机械工业出版社,2016.
[5] 王继辉. 模拟电子技术与应用项目教程[M]. 北京:机械工业出版社,2016.
[6] 罗国强,罗伟. 实用模拟电子技术项目教程[M]. 北京:科学出版社,2009.
[7] 白广新. 应用电子技术实训教程[M]. 北京:机械工业出版社,2009.
[8] 谢兰清. 电子技术项目教程[M]. 北京:电子工业出版社,2009.
[9] 黄智伟. 基于 NI Multisim 的电子电路计算机仿真设计与分析[M]. 北京:电子工业出版社,2010.
[10] 王松武,赵旦峰,于蕾,等. 常用电路模块分析与设计指导[M]. 北京:清华大学出版社,2007.
[11] 张拥军. 电子电路图识图技巧[M]. 北京:机械工业出版社,2017.